企業風土とクルマ

——歴史検証の試み

桂木洋二

はじめに

当然といえば当然のことであるが、従業員がどんなに多くても、社長や会長など経営トップの方針や行動が企業の業績を大きく左右する。景気の動向や社会の変化の影響も小さくないものの、競争相手との比較で見れば、経営者がどのように企業を導いていったかは、決定的ともいえる要素である。自動車メーカーの場合は、開発されるクルマに経営者の意向や方針が反映される。それが各メーカーの特色となる。そこで、自動車メーカーが、どのようなクルマを世に出して現在にいたったかを経営トップの行動や考え、さらにはバトンタッチの仕方との関連で見ながら歴史をたどることも意味があるだろうと考えた。

これまで国内の多くの自動車メーカーの経営者の謦咳に接する機会があり、すばらしい経営者だと思うこともあれば、多くの従業員を抱えている責任を自覚しない経営トップが、いかにも自分が大物であるように振るまうのを見て、これで良いのだろうかと疑問を感じたこともある。さまざまなメーカーには、それぞれにタイプの異なる経営トップが次々に誕生し、それが大きな節目になったり、新しい展開が見られたりした。

本書をまとめるに当たっては、疑問に感じていることに対してヒントを得ようと、何人かの方々に話を改めて聞いているが、大半は、これまでに蒐集した各種の資料や書籍、雑誌や新聞など、さらには関係者たちとの何気ない話し合いやインタビュー、各メーカーから発表されるクルマや情報などをもとにしている。それらを自分なりに整理し、イメージして、本当のことに迫ろうと努力した。各メーカーの社史は重要な資料であるが、そのときの首脳陣に都合良く記述されていることが多く、語られなかった真実の部分がある。それはインタビューや資料にしても同様であるかもしれない。企業である以上、それは当然のことかもしれないが、歴史の真実に少しでも迫ろうとして、事実と事実をつなぎ合わせ、自分なりの解釈をして、そこにある空白を埋めることで物語りを成立させようとした。筆者の主観が入り込んだ評価にならざるを得ないが、できるだけ客観的であろうとしたつもりである。何人かの信頼できるメーカー関係者に意見を聞くなどして、何度も書き直している。

企業風土というのは創業者がその基盤をつくり、歴代の経営トップがそのうえに新しい要素を付け加えてつくられていく。それが、経営トップの采配にも影響し、ひいては企業の業績とも関係したものになる。書き進める過程で、それまで関連づけられなかったことがつながっていると思われるなど、多くの発見や気がついたことがあった。

それにしても、トヨタと日産とホンダで、企業風土だけでなく、経営トップの思想や行動に、これほどまでに際立つ違いがあるとは、書き始めるまでは予想しなかったほどである。

多くの場合、経営トップという曖昧ないい方をしているのは、一般には社長が経営トップであることが多いにしても、実力を持つ会長が采配を振るう場合があり、副社長でも実質的に社長のような働きをしている場合があるからだ。それぞれに生身の人間として、できるだけ等身大に見るように心がけているが、ここに登場する人たちは、当然、すべてエリート中のエリートばかりである。それだけに社会的な責任がある立場の人たちでもある。その采配が、多くの従業員や関係する企業などに多大な影響を及ぼすことになる。

また、企業の名前を記す場合も、トヨタとかホンダとか、必ずしも正しい表現になっていないことがある。トヨタ自動車は、一九五〇年から八二年まではトヨタ自工とトヨタ自販に分かれていたし、ホンダにしても本社は本田技研工業であり、その子会社として本田技術研究所がある。マツダも社名としては一九八四年までは東洋工業であるなど、社名が変更しているメーカーがあるが、厳密に正しく記載していない場合がある。区別を付けなくてはならないときには細かく記すにしても、グループ全体の活動をいう場合には、厳密に記すと煩わしくなることもあり、簡略化した名称にしていることをお断りしておく。

目次

序章　日本メーカーの特殊性と経営トップ

アメリカと日本の違い

ヨーロッパで誕生した自動車は、アメリカで大衆化し、産業として発展した。アメリカで先に自動車が大衆化したのは、ヨーロッパよりも中産階級の量的な誕生が早かったからである。移民の国であるアメリカでは、ものづくりに関して、ヨーロッパのように技能に優れた職人に頼ることができなかったから、複雑な工業製品は、優秀な工作機械で各部品をしっかりとつくって、単純化した作業で組み立てることで製品化した。それが大量生産を可能にした。このシステムを導入してクルマの大衆化に成功してフォードは大メーカーになった。

自動車産業の変遷をアメリカ中心にたどると、それぞれ二〇年ほどで変革の時期を迎えており、ガソリンエンジン搭載の自動車が誕生してから現在までを六つの時期に分けることができる。

第一期は産業として成立するまでの創世期ともいうべき時代であり、一八九〇年代から一九一〇年ころまでである。自動車メーカーが成立し始めて起業家が群雄割拠したものの、産業としてプリミティブな段階である。

第二期は勃興期であり、自動車メーカーのかたちがととのい、大量生産・大量販売により発展した。一九一〇年代から一九三〇年ころまでである。この時代を代表するフォードが、その生産方式により自動車産業を二十世紀の主要産業にした。価格が安くて使い勝手の良いT型フォードがベストセラーカーとなった。

次の第三期は、自動車メーカーの陶太が進んだ、世界恐慌とそれに続く第二次世界大戦をはさんでの一九三〇年ころから一九四〇年代終わりまでの時期である。経済的に谷間の時代ともいうべきときで、大衆車から高級車までのラインアップを定着させたゼネラルモーターズがこの期を代表する。クルマのデザインの重要性が増して、メーカーの体力がものをいう時代になった。

続く第四期は、寡占化したアメリカのメーカーの全盛期ともいうべき繁栄の時代で、一九五〇年代から六〇年代の終わりころまでである。成熟した市場となり、ゼネラルモーターズが世界を代表する企業として繁栄を謳歌した。自動車は豊かな生活のシンボルとして、装飾過剰なデザインのクルマが社会生活に溶け込んでいった。

そして第五期は、排気と燃費規制が進む時代で、一九七〇年代から八〇年代の終わりころまでである。性能や乗り心地などの向上を図ることのみを優先する方向が行き詰まり、技術進化に関して方向転換を図らざるを得なくなる。自動車の普及がもたらす負の部分をおろそかにできないという認識が広まった。

さらに、第六期は自動車メーカーのグローバル化が本格化した時代で、一九九〇年ころから始まり、戦後世界を支配していた冷戦構造が終結してからの時代である。先進国だけでなく中国やロシアなどが市場として加わり、自動車がいっそう国際商品となった。国際的な規模で企業の合従連衡が進み、単独では生き残れないメーカーが巨大メーカーの保護下に入る動きが活発化した。量的な拡大が生き残りの条件のように見られた。しかし、その行き着いた先の現在は、地球環境に配慮することの重要性が増し、エネルギー革命という大波が来襲するなかで、クルマの姿が大きく変わろうとする過渡期を迎えている。

現在は、新しいイノベーションの時代ともいうべき第七期の入り口に立っている。石油に依存するままでは将来の展望は切り開けないと、自動車の動力そのものの根本的な変化が求められている。しかし、解答のひとつである電気自動車は、現在の技術レベルでは石油を使用する内燃機関に取って代わるものになっていない。エネルギー革命や情報革命といった社会の変化のなかで、クルマはどのような姿になるべきか、これから十年以上にわたる過渡期が続くなかで、やがて将来の方向が明瞭になると考えられる。

日本の自動車メーカーが世界の主要メーカーと肩を並べるようになるのは、上記の区分でいえば、第四期の終わり近くから第五期に入るころの一九六〇年代の後半から七〇年代にかけてのことである。欧米では第一期から自動車といえば乗用車中心であったが、日本では自動車の量産はトラックから始まり、日本の自動車産業は世界的に見れば特殊なかたちでスタートした。乗用車が大量に販売できるようになるのは、その国の中間層が量的に存在することが条件である。日本でそうなるのは一九六〇年代の高度成長が始まってからで、ようやく国際的に競争できる条件がととのうことになる。

アメリカが繁栄期を迎えた一九五〇年代までの日本は、敗戦にともなう経済的な疲弊により、まだ勃興期である第二期にも達していない状況だった。日本がようやく勃興期を迎えるのは、一九六〇年から始まる経済成長によってである。そして、一九六〇年代の後半には、日本なりのかたちであったにせよ繁栄期を迎えている。その前段階ともいえる第三期の淘汰が進む時期も、勃興期と繁栄期にはさまれて、日本ではほとんど同時進行したといえるだろう。つまり、アメリカが六〇年かかったプロセスを、日本はわずか十年ほどのあいだに目まぐるしくたどったことになる。また、アメリカが二〇年ものあいだ繁栄した時期を送ったのに対して、日本の繁栄期といえるのは、ほんの数年のことにすぎず、一九七〇年代になると排気規制やオイルショックなど新しい課題に遭遇し、その対処に追われる。

繁栄を謳歌する時期がごく短いことが、逆に日本の自動車メーカーを強くしたカギであると考えることができる。ひと息つく暇なく常に新しい課題に取り組まざるを得なかったのだ。迫り来る課題を次々に克服していくことで、日本の自動車メーカーは成長し、国際的な競争力を身につけた。

アメリカでは、繁栄期が長く続いたから、その時代は経営トップの能力が厳しく問われることが少なくてすんだ。

これに対し、常に厳しい環境の変化にさらされ続けた日本の自動車メーカーは、経営トップの采配が企業の優劣を大きく左右する時代が続いたのだ。

日本の自動車産業は最初から官の主導によって成立した経緯がある。このことが欧米との大きな違いだ。戦前は軍によって、そして戦後の苦しい経済状況のなかで、通産省によって保護育成されている。その恩恵を受けて日本の自動車メーカーは成長し、体力と技術力をつけた。

「遊び」から出発したヨーロッパ、「アメリカンドリーム」のチャンスであったアメリカ、そして日本は軍部や行政によって、自動車産業が育てられた。

日本の主要なメーカーの違い

そうした日本の自動車メーカーの特殊性は、それぞれのメーカーの企業風土に影響を与えている。トヨタや日産も、次の章で見るように創業そのものが官との関係を無視することはできないし、いすゞ自動車や日野自動車は半官半民ともいわれる組織として誕生し、その過去を色濃くひきずっている。また、戦前の飛行機メーカーから組織的に引き継いでいる自動車メーカーも、軍需産業時代の影響からなかなか抜け出すことができなかった。

トヨタと日産が飛び抜けた存在になったのは、創業当時から特別扱いされたこともあるが、創業者である豊田喜一郎と鮎川義介が、最初から量産することで採算を取ろうとする姿勢を持っていたからで、それが戦後の活動につながっていく。

トヨタ自動車は、豊田一族が経営する豊田自動織機の自動車部として出発した。トヨタ自動車として分離独立するときには自分のところだけの資金ではまかなうことができずに三井財閥など多くのところから資金を調達しており、純粋なオーナー企業ではなくなった。それでも、豊田一族が経営の中枢にいて発展したことから、豊田一族による経営が伝統として根付いている。これはトヨタ自動車という組織の特徴でもあり、歴代の豊田家の経営者が手腕に優れていたからでもある。だからといって今後も、豊田一族が経営の中枢に座るという保証はなく、伝統を守れるかどうかは、これからの経営の仕方にかかっている。

日産自動車は「日産コンツェルン」のひとつとして誕生し、創業者のあとの経営トップは、内部昇格が続いたが、一九九〇年代になって経営が行き詰まった。そして、資本提携したルノーからやってきたカルロス・ゴーンが十年以上にわたって経営の実権を握っている。明らかにトヨタより経営者たちがしっかりしていなかったからだ。

これに対し、ホンダの企業としての異色振りは際立っている。資金がゼロに近いところから出発して巨大な自動車メーカーに成長したこと自体が驚きであるが、自動車メーカーとしての本格的な歩みは一九七〇年代になってからと、先進国のなかでは最後発ともいうべきメーカーであるにもかかわらず、世界的なメーカーになり得た。工業製品は技術進化の賜物であるという思想がホンダという企業に息づいているからであり、経営トップのバトンタッチがうまくいっているからでもある。

創業者が、それぞれのメーカーのなかで現在、どのように扱われているかを見るのも興味深い。同じような時期に出発したトヨタと日産を比較すると、トヨタでは依然として豊田喜一郎が創業者としてトヨタ自動車のなかで最重要人物として語られているのに対して、日産の歴史のなかで鮎川義介はどちらかといえば影の薄い存在になっている。創業者の重要さでは遜色がないにもかかわらず、違いが見られるのは、歴代経営トップの継承の仕方に関係している。

トヨタの場合は、二〇〇九年六月に豊田喜一郎の孫に当たる豊田章男が社長に就任して話題になったが、豊田一族が歴代の社長になっている時期が長い。一族以外がトヨタ自動車の社長になっている時期は、創業以来約八〇年のうちで三〇年近くにすぎない。この三〇年のうち豊田喜一郎のあとを担った石田退三の在任十年ほどは、喜一郎の代役として一族の係累であり大番頭であることから、これも勘定に入れると、実際に豊田一族でない社長の在任期間は二〇年ほどのことになるが、そのうち十五年ほどは最近のことである。

日産の場合は創業者である鮎川義介の係累が誰一人として社長や首脳陣になっていない。創業当時から戦後十数年は、鮎川に人脈的につながりのある人たちが経営トップになっていたが、一九五七年に日本興業銀行出身の川又克二が社長に就任して、経営の中枢から鮎川につながる人脈が途切れた。それまでの日産の歴史が否定される状況が生じたのである。

自動車メーカーとしての歴史が内外に広く語られるようになるのは、日本を代表する製造業のひとつとなった一九六〇年代からのことである。このときには、創業者である鮎川義介の功績を大きく記すことは、当時の首脳陣にとっては好ましいことではなかった。鮎川の人脈につながる人たちを排除した歴史があるからだ。そのために、日産の歴史では傍流といえる、ダット号をつくった大正時代に活躍した橋本増治郎がクローズアップされた。鮎川が日産の創業者であるにもかかわらず、日産と直接的なつながりがなかった橋本が、鮎川と同等以上の人物として日産の歴史のなかで記述された。

歴史は、勝者によって語られるといわれるが、企業の歴史も同じであろう。川又克二は、日産のなかに基盤がない状態で入ってきて、十年ちょっとでワンマン社長といわれるまでになったが、そのことが日産の企業風土に大きな影響を与えている。

ホンダは、本田宗一郎の係累が経営を引き継いでいないのに、トヨタ自動車の豊田喜一郎以上に宗一郎の存在が大きなウエイトを占めている。教祖ともいうべき存在として、クルマをはじめとする製品に、宗一郎の思想や哲学が反映していることをPRしている。ホンダでは企業DNAという言葉を使用することがあるが、それは宗一郎から引き継いだものであることを意味している。歴代の社長も宗一郎の薫陶を受けて成長し、宗一郎を敬愛した人たちであった。宗一郎が引退してから四〇年たっているので、新しい社長は、さすがに直接接した機会が少ない人になっているものの、ホンダといえば宗一郎に結びつく企業であることが強調される。それだけ強烈な個性でホンダを牽引した宗一郎を「千両役者」として活躍させて、そのキャラクターをアピールすることで企業イメージを高める演出をしたのが、宗一郎とコンビを組んだ藤澤武夫である。ホンダの経営トップという場合は、宗一郎と藤澤をセットで見ないとホンダというメーカーの特質に迫ることができない。

自動車メーカーの経営トップに求められる資質

社会主義国となったソ連邦から亡命してフランスに帰化した哲学者のアレクサンドル・コジェーヴの著書『権威の概念』(今村真介訳・法政大学出版局)によれば、権威は次の四つのあり方があるという。

①父親としての権威(子供や家族に対して)、②主人としての権威(奴隷または召使いに対して)、③指導者としての権威(同輩に対して)、④裁判官としての権威(正義に対して)である。

このうち、①の父親の場合は過去や伝統に立つものであり、②の主人の場合は現在の置かれている状況であり、③の指導者の場合は未来に対してということになる。④の裁判官というのは企業の権威を述べるには除外して考えても良いだろう。経営トップとしての権威は、主として指導者としての権威ということになる。それに、父親または主人としての権威が付加されることがあっても、指導者としての能力を発揮することが権威の維持にもっとも大切であろう。『権威の概念』のなかでコジェーヴは「(指導者は)特定の未来をめざして現在を変化させるための明確なプロジェクトや詳細なプログラムを提示することが要求されている」と述べている。権威はプロジェクトの成功の連続で維持されるものというわけだ。

もともと父親や主人としての権威は、時代が進むとともに組織(コジェーヴの著書での権威は主として社会や国家・政府を念頭においている)では指導者としての権威に置き換えられるものといっており、自動車メーカーのような新しい時代の組織にあっては、とくにそれがいえるだろう。経営トップとしての権威が、指導者としてよりも、主人や父の権威に依存している場合、その組織は古めかしい要素を持っているものにならざるを得ない。経営トップは、従業員の未来を保証する必要があり、社会に対しても一定の責務があるものといえる。

もうひとつコジェーヴが指摘していないものとして、地位としての権威が考えられる。企業でいえば社長に就任することで、組織の意思決定、人事権、資金の配分など重要な役割や権限を掌握することになる。その地位につくことで獲得するもので、本人の意思や思惑とは別に敬意を払われ、しかるべき待遇を受け、権限を持つ。指導者としての能力を発揮するかどうかにかかわらず、権威を行使することができるポジションとなる。

世襲などで経営を引き継ぐ場合もあるが、企業の場合は、政治組織などのように選挙で選ばれるようなルールとは違って、前任者の指名によるバトンタッチがふつうである。経営トップになると、著しく業績が悪化したり、不祥事が発生したりした場合を除いて任期を全うするのがふつうである。少なくとも突然、本人の意思を無視してトップの座を奪われることはほとんどない。「プロジェクトの成功の連続」が望ましいものの、日本では社長なり会長なりの地位そのものが権威の象徴となっているから、その地位を脅かされることはあまりない。

経営トップが指導者としての能力を発揮していないと、経営の空洞化が生じる。とくに環境が大きく変化する場合は、その影響が業績にストレートに反映する。

組織を牽引するための統率力やリーダーとしての資質のほかに、自動車メーカーでは「クルマの本質を理解していること」が重要である。複雑な製品である自動車は、時代や環境などで求められるファクターが変化するから、本質へのアプローチの仕方や表現方法が単純でないことが大きな特色である。製品化するに当たって、その本質を取り巻くさまざまな条件をどのように考慮するかが問われる。クルマは、生活の仕方や文化などを反映し、組織力、技術力、資金力、経験、さらには企業風土などで違いがある。

競争が激しい自動車の世界では、製品としての優位性を発揮することが重要である。フォードは扱いやすいクルマをつくり、それを安価で提供するために単一車種にして生産効率の優位性を最大限に発揮して成功した。しかし、やがて時代の変化に追い越されて製品の優位性がなくなるまで手を打たず、ゼネラルモーターズに負けたのである。

車両開発で製品としての優位性を発揮し、それを支える生産体制と販売体制が確立しているメーカーが強くなる。車両開発、生産体制、販売体制という三つの部門がうまくバランスしていることが企業発展の原動力である。これらを高いレベルでバランスの取れた組織にすることが経営者の大切な仕事になる。そのためには、強い意志を持って信じる方向に進む行動力、それを支える決断力と胆力が要求される。

自動車メーカーの社長に就任した人の数は多いが、大切であるはずの「クルマの本質を理解する」という条件をマスターしている人は、意外に少ないように見受けられる。社長や会長などが後継者を指名することが多いから「クルマの本質を理解しない人」が指名すれば、後継者も同様であり、それが企業風土として当たり前になるからであろう。強い意志と決断力を持つという条件についても同様である。

人事や組織づくり、資金の使い方、情報の収集の仕方とその分析能力、人心の掌握、そしてときには冷酷で果断な判断が必要であろう。多くの従業員を抱えていることの責任を自覚することが重要である。その自覚がないと、座り心地の良い椅子に座って満足しているサラリーマンか、責任を取ろうとしない権力亡者になりかねない。

日産とトヨタ誕生以前の自動車メーカーのこと

ここで、トヨタと日産の誕生以前の自動車界の動きを簡単に振り返ってみよう。

アメリカやヨーロッパに比較すると工業化に遅れを取った日本は、国家にとって大切である造船や航空機の国産化が優先され、自動車のように主として民間で活用されるものは後まわしにされた。戦前は輸入車優位の時代が長く続き、国産自動車メーカーは成立するのがむずかしかった。

挫折した自動車メーカーのなかで最も注目すべきところが「白楊社」である。アレス号やオートモ号というコンパクトな乗用車を一九二〇年代につくったメーカーである。異色なのは、資金を調達したオーナーである豊川順彌が技術者として傑出した能力を持っていたことだ。資金力と技術力という自動車メーカーになるために欠かせない大切な二つの条件をひとりで持っていた。三菱グループの総帥である岩崎彌太郎の従兄弟で大番頭として三菱が財閥企業になるのに貢献したのが父親の豊川良平であり、その莫大な資産を受け継いだ順彌が、それを惜しみなく自動車づくりにつぎ込んだのである。

豊川は、東京工業高校(東京工業大学の前身)を優秀な成績で卒業した技術者であった。病弱であったことから小学校にはまともに通わなかったようだが、ものづくりに興味を示して日本各地の工場などを子供のころから個人教授付きで見てまわるなど、ふつうでは身につけることのできない知識と実地教育を受け、ストイックともいえる追求心を持った技術者となった。若くして亡くなる弟がクルマ好きであり、ふたりで自動車の開発に乗り出す。開発するクルマの完成を見ることがなかった弟の意志を受け継いで取り組んだ。

豊川順彌が自動車に注目したのは第一次世界大戦(一九一四〜一八年)後のことで、そのころには大戦で潤った企業のうちいくつかが自動車部門に進出していた。「東京石川島造船所」や「東京瓦斯電気工業」、さらには、大阪の久保田鉄工をはじめとする財界人が結集して誕生した「実用自動車製造」などである。いずれも莫大な資金を投入して事業に乗り出したが、性能が良く価格的に安い輸入車に対抗するのはむずかしく、結局は陸軍が資金を補助する軍用トラックを細々とつくる程度になった。

これに対して、豊川順彌の「白楊社」は、あくまでも乗用車生産にこだわった。クルマは、その国の文化を反映してつくられるものというのが順彌の考えであり信念であった。国産車づくりは輸入車の模倣が当たり前であった当時では、きわめて先進的で異色な考えであった。単なる移動の道具としての機械ではなく、どのようなクルマになっているかを見れば、その国の技術レベルや社会のあり方が分かるものだから、技術レベル向上のためにも日本で自動車をつくらなくてはならないという使命感を持ち、技術者としてのプライドをかけて取り組んだ。当時、ここまで考えてクルマに取り組む人は、豊川順彌以外にいなかったと思われる。

狭くて悪路の多い日本で走るには、欧米のクルマよりコンパクトにする必要があり、それに適したエンジンを開発するために知恵を絞った。フォルクスワーゲンがまだ姿を現す前であるが、コンパクトなクルマにふさわしい排気量の空冷エンジンにしている。

いくつかの試作車をつくった上で、市販できるレベルのクルマをつくり上げ、販売に乗り出した。車両生産のための設備も一流の機械を導入し、車両開発に携わった技術者たちの給料も他のところより良いものであった。莫大な資産をつぎ込んでいるからできることだった。

市販されたオートモ号は、輸入車より安い価格設定にしたので、一台につき千円の赤字であった。それでも、自動車メーカーとして三百台ほど生産しているから、当時の国産乗用車としては、かなり多く生産されたといえる。性能的にも優れたもので、大正時代の国産車としては、これ以上の出来のものはない。

事業として成り立つ努力が続けられた。輸入車よりコンパクトであることから、運転免許などで優遇してほしいという申請を出したが、認められなかった。財界や政界にコネクションもあったが、豊川順彌は、政治的な工作をしなかった。まともにお役所の窓口を通しての申請であったから、特例は認められないということになったのだ。

当時は、行政が国産メーカーを育てようという動きはなかった。陸軍が補助したのは、軍用トラック生産のために国産メーカーを育てる必要を感じたからだが、その予算も多くはなく中途半端なものだった。乗用車に関しては、まったく関心がなかったのだ。

「白楊社」が販売に力を入れ始めたのは一九二四年(大正十三年)ころからで、関東大震災のあとだった。震災で、東京の交通機関などが麻痺して自動車の重要性が認識され、これを契機に自動車の保有台数が増える傾向を示す。

一九二五年二月にフォードが横浜に組立て工場を建設して日本での本格的な販売に乗り出すのも、こうした背景があったからだ。これに対抗してゼネラルモーターズも、二年ほど遅れて大阪に工場を建設し、アメリカの二大メーカーが日本に進出する。部品をアメリカから運んで日本で組立てるようになれば、さらに車両価格も引き下げられるし、販売のノウハウを持つアメリカのメーカーのサービス体制も万全を期するようになる。

アメリカのメーカーの進出は、自治体が歓迎して便宜を図り、行政も異議を唱えたり条件を付けたりしなかった。立ち遅れている日本の自動車産業の成立がますます困難になるが、それを心配するところはなかった。輸入車だけの時代でも、国産乗用車の成立はむずかしかったのに、さらに条件は悪くなった。

豊川順彌にしてみれば、資産をつぎ込んで国産車として一定のレベルのものにしたのに、それを支援するどころか成り立たなくなることを座視する行政の態度に失望したに違いない。だからといって、とくに声を上げるわけではなく、撤退する決意をしただけだった。これ以上、資産をつぎ込んでも意味がないと判断したからであろう。もともと一流の工作機械などを輸入したのも、日本にあれば、いずれはどこかで役に立つものであるという認識を持っていたし、自分がどのような自動車をつくったかも歴史に残るので、後世の人たちの判断にゆだねようという思いがあったに違いない。

「白楊社」に在籍した技術者たちも、ここでの経験を生かして活躍するから豊川の行動は無駄ではなかったが、その活動は歴史のなかに埋没してしまっている。豊川順彌のやったことは、結果として自動車の実験工場の域を出なかったが、この時代に、ものまねではなくクルマのあり方を追求してかたちにしたことの先見性は、もっと評価されていいことである。

このオートモ号に匹敵するといえる性能の乗用車は、実用自動車とダット自動車が合併してできた「ダット自動車製造」でつくられた。「実用自動車」というメーカーも、もともとはウイリアム・ゴーハムが日本でつくった三輪乗用車の製造からスタートしており、経営難を打開するために主力は軍用トラックになったものの、乗用車の開発も細々と続けていた。紆余曲折があったものの、ここでつくられたクルマが、のちに日産のダットサンとなり、そのダットサンは国産自動車として唯一ともいうべき戦前に成功した民需用のクルマとなった。オートモ号に性能的に及ばなかったリラー号をモデルチェンジしてつくられたのがダットサンのもとになるクルマであり、オートモ号が姿を消したなかでは、もっとも傑出した国産車であった。

そして、日本の自動車に関して大きく動き始めるのは、一九三一年(昭和六年)の満州事変後のことである。このころになると、自動車の保有台数がそれまで以上に増えてきた。フォードとゼネラルモーターズの日本での生産販売が軌道に乗り、タクシーやハイヤーが都市部中心に見られるようになった。しかし、国産自動車メーカーは、依然として軍用車を細々とつくる状況が続いており、見るべきものはないといってよかった。

それでも、自動車の保有台数が増えることで国産部品の生産量が増え、日本の技術レベルも少しずつ向上し、日産自動車やトヨタ自動車が誕生する下地ができる時期を迎えつつあった。アメリカでは、T型フォードの天下が終わり、ゼネラルモーターズが市場を支配するようになる第三期に突入したときであり、ヨーロッパではオースチンやシトロエンが、T型フォードのヨーロッパ版ともいうべき価格の安い大衆車を売り出して、自動車メーカーの地図を塗り替えていた。

第一章　日産とトヨタの創業時代・一九三一年〜一九四五年

自動車をとりまく時代的な背景

日産は鮎川義介、トヨタは豊田喜一郎が創業者であるが、自動車に本格的に参入したのは一九三〇年代の前半のほぼ同時期である。ふたりは自動車メーカーとしてのあり方に関して、そのアプローチの仕方に違いが見られたものの、欧米に大きく遅れている自動車技術の溝を埋めるための模索を開始した。軍国色を強める時代と重なっており、日本的な特殊事情に翻弄され、悪戦苦闘し続けなければならなかった。

自動車産業は、資本主義が成熟しなければ成立しないものであり、鮎川と豊田喜一郎が参入したときの日本は、ようやくその方向に進みつつあった。それまでの日本の自動車メーカーの試みの多くが成功していないのに、曲がりなりにも日産とトヨタが企業として成立したのは、こうした時代的な背景があったからでもある。ともに自動車に人並み以上の興味を示し、リスクのあることを覚悟してふたりが行動を起こしたことが、現在につながる自動車メーカーのスタートとなった。

満州事変が勃発した一九三一年（昭和六年）ころの日本は明治維新から六十年以上経ち、社会的・経済的に見て、時代の大きなターニングポイントを迎えていた。それまでの国際協調路線から転換し、日本は国際的に孤立する方向に舵が切られた時期でもあるが、日本の工業化も一段と進んで、新しい産業が興ってきた。一九二九年(昭和四年)十月に始まるアメリカ発の世界恐慌の前から不況に陥っていた日本社会では閉塞感が広がっていたが、確実に時代の歯車が大きく動いていたのである。

中村隆英著の『昭和経済史』(岩波現代文庫)にこんな記述がある。

従来から、一九三〇年代のこの時期には、軍需一点張りで経済発展が行われたといわれてきた。けれども、このように新しい産業がつぎつぎに起って設備投資を行うようになっている。鉄にしても、石油にしても、みなある意味では軍需産業だともいえるが、同時に現在の日本のように軍需とは関係がない分野で需要が伸びる可能性もまた存在したわけです。実際、一九三〇年代なかばの鉄鋼の需要の八割以上は一般民需で、土木建築と機械とが需要の半分以上を占めていた。この例からもみても、この時代には、まだ多様な発展の可能性が残されていたといっていいように思います。

そんなことはほとんどあり得ないとは思いますが、もし戦争が起らなかったならば、戦後型の経済成長に、なだらかに移行して行けるような条件が、経済のなかにも産業のなかにも整えられつつあったように思います。

このころに興った産業で頭角を現した経営者に技術系の人たちが多く見られたのは、それまで以上に工学的・技術的な知識を製品に生かすリーダーが求められたからである。

欧米の知識を学び模倣することに忙しかった時代から、最先端の技術と知識を身につけた新しい世代の技術者たちが企業で活躍するようになった時期である。国際水準に達した航空機や蒸気機関車がつくられるのも、教育が充実し経験を積んで、それなりに高いレベルで設計や製造できる技術者たちがメーカーのなかで活躍するようになったからである。零式戦闘機やD51型蒸気機関車などがその代表例であろう。

日本独自のクルマといえる三輪トラック(オート三輪とも呼ばれた)が本格的につくられるようになったのも一九三〇年代になってからだ。一九二〇年代から輸入された小型エンジンを用いて小口輸送用のトラックとして少しずつ製造されていたが、国産エンジンを用いたものが普及するようになった。小型自動車(戦後の小型車とは異なる規格で当時は無免許で乗ることができた)に分類されて法整備が進み、性能と使い勝手に優れた日本独特の自動車のかたちになった。

三輪トラックメーカーとしては、発動機製造(現在のダイハツ)、東洋工業(現在のマツダ)、それに日本自動車製造(後のくろがね工業)などがあった。技術開発に実績のあるダイハツは不況の脱出対策として、ライバルとなるマツダは軍需製品から民間製品への転換を図ってのことだ。また、くろがねを率いる技術者の蒔田鉄司は、大正時代の国産乗用車メーカーである「白楊社」の中心的技術者であった。

このころになって、ようやく日本の行政のなかに国産自動車メーカーを育成し、日本で自動車産業を盛んにすることが日本の工業化にとって重要であると気づいた人たちが出てきた。しかし、気づいたときにはすでにアメリカのメーカーが日本に進出して地歩を固めていた。

日本で本格的に組立生産を開始したフォードやゼネラルモーターズは、日本の自動車供給の大半をまかなっていた。毎年どちらも一万台を超えるほどつくって日本で販売しているのに対し、国産四輪車はせいぜい年間数百台しかつくられておらず、国産自動車の立ち遅れは決定的になっていた。

一九二〇年代の後半からの長い不況で日本は緊縮財政をとっていたが、一九三〇年代に入ってから、景気の回復と軍事予算の拡大とを同時に遂行する方策として、公債を増やして財政規模を拡大する方向に転換した。収入に見合った予算規模にするのではなく、規模を大きくした財政で経済を刺激した結果、一九三二年(昭和七年)ころから景気は上向いた。経済の立て直しのために産業の合理化による経済振興を図ろうと、それまで以上に工業製品の国産化が求められた。

こうしたなかで、官僚と軍部が、政治の舞台で勢力を大きくしていく。

閉塞感のある状況を打開しようとする革新派官僚が出てきて、自動車の国産化が検討されるようになる。民間の活力で自動車メーカーが育つのを待つのではなく、国が方向性を示して新しく自動車メーカーになろうとする企業が名乗り出るように誘導する必要があると考えられた。そのために、意欲のある国産メーカーに特典を与えて育成し、フォードとゼネラルモーターズの日本での活動を制限する法律が立案されることになる。この法律の施行が、日産とトヨタが日本を代表する自動車メーカーになる要因をつくった。

通商産業省の前身である当時の商工省が自動車産業の振興に動き、陸軍が国産トラックを大量に必要とするようになり、自動車に光が当てられようとしていた。

産業を盛んにするのが任務である商工省が、一九二五年（大正十四年）三月に農商務省から分離したのは、商業や工業の重要性が増したからだ。独立した当初の商工省は、産業の振興を図るよりも管理監督することが主要な仕事という認識だったようだ。商工省ができたのはフォードが日本で組立を開始する前後のことであり、その後にゼネラルモーターズが進出するときにも、日本の将来への影響を考察せずに容認した。

それから五年以上たち、アメリカのメーカーによって日本の自動車界が席巻されているなかで、自動車産業を新しく育てるにはどうするかが検討された。このころ、めまぐるしく代わる内閣のなかで、商工大臣も同様に短期間で交代したが、新しく就任した町田忠治は大物政治家であり、自由貿易論者として自動車が足りなければアメリカから輸入すれば良いと主張していた。しかし、革新官僚たちは、これとは別に国力を強めるために経済の振興を図ろうと、国家社会主義的ともいえる方向に進もうとした。そのなかで、自動車の国産化が重要な問題として浮上したのだ。

以前から陸軍によって自動車メーカーを保護育成する動きがあったが、緊急度が高くなかったせいもあって、予算も充分ではなく、それほど効果を上げていなかった。補助を受けていたメーカーは保護自動車メーカーといわれ、「石川島自動車製作所」（自動車部門が分離独立）、「東京瓦斯電気工業自動車部」、「ダット自動車製造」の三社だった。いずれも生産台数が少なく、肝心のトラックの出来もあまり良くなかったようだ。つくっているのは、日本で活動を始めたフォードやゼネラルモーターズと競合しないように一まわり大きい軍用トラックだった。そこで、メーカーごとに別のトラックをつくるのではなく、各メーカーが部品ごとに分担して標準型車両としてひとつにし、経営状態の良くない三つのメーカーを統合させる計画が立てられ、陸軍の主導で一九三一年から具体化し始めていた。

商工省では、これとは別に国産自動車メーカーを育成するために積極的な行政指導を推進した。その中心となったのが、当時の工務局長であり実力者になった岸信介だった。経済を計画的に統制するための方策のひとつとして、フォードやゼネラルモーターズの日本での活動を制限するという思い切った方針を打ち出したのである。アメリカとの軋轢は避けられないが、日本経済の活性化のために、また戦争を遂行するための経済的な基盤の構築には、アメリカを敵にまわす可能性も考慮しなくてはならないという発想であった。岸のもとで実際の法案づくりの中心になって活動したのが工務課長の小金義照である。

陸軍も、同じころに国産自動車メーカーの必要性を強く感じるようになっていた。それは、一九三一年（昭和六年）九月の満州事変が契機であった。事変が起こると、満州に駐屯する関東軍は、居留民保護のためとして満州全土に兵力を展開した。広くて荒れた土地の多い満州では、輸送にトラックが欠かせない。活躍したのは日本で組み立てられたフォードやシボレーのトラックだった。日本国内にあるトラックを次々に徴発したが、とても足りなかった。アメリカとの戦争も視野に入れなくてはならないと考えると、フォードやシボレーのトラックに依存している体制からの脱却が、緊急の課題として浮上したのだ。これに代わって国産にするとなれば、相当数の軍用トラックが必要であった。ことは緊急を要した。

商工省では、国産メーカーを育てる方法を採り、一九三四年（昭和九年）六月に「自動車工業確立商工省案」を作成した。陸軍も同様に「内地自動車工業確立方策陸軍案」をつくり、両者による擦り合わせが実施された。このころには、軍部の意向を無視して行政がことを進めることができない状況になっていた。

国産メーカーどうしの競争で消耗するのを避けるには、育成するメーカー数を限定して許可制とし、許可会社に指名されたメーカーに各種の恩典を与える内容で両案は一致していた。これをもとにして、商工省で「自動車製造事業法」としてまとめられ、陸軍の了解を得て法案となった。

この法案が閣議決定されたのは一九三五年（昭和十年）八月、法律としての施行は翌年五月のことだが、少しでも早くアメリカのメーカーに対する生産制限をしようと、閣議決定の日にさかのぼって制限が実施されることとした。

アメリカメーカーの日本での生産を制限する第一段階は、それまでの三年間の生産台数の平均を超える生産を許さなくすることで、さらに法案の成立と同時に、完成車と自動車部品の輸入関税を引き上げた。

「自動車事業製造法」の第一条は「国防の整備および産業の発達を期するために帝国における自動車製造事業の確立を図ることを目的としている」とある。この事業法の目的の最初に「国防」という文言を入れることによって、フォードとゼネラルモーターズの生産を制限することの正当性を主張したのであった。こうした法律はアメリカとの通商航海条約に違反するのではないかという声が、ほかの省庁から出された。しかし「国防」ということになれば、アメリカも正面から文句をいえないというのが当時の外務省の見解だったという。

この事業法によって、年間三千台以上の自動車を製造するには政府の許可が必要となり、許可を受ける企業は、帝国法令による株式会社であるとともに、株式や取締役、資本の半数以上が帝国臣民または帝国法令により設立した法人に属するものに限られた。さらに、政府は軍事上必要と認めたときは許可会社に生産台数や部品の製造、さらには特殊車両や技術などの製造や研究を命じることができるとしている。

許可会社に与えられる特典としては、許可を受けた年とその翌年から五年間の所得税と営業収益税の免除、ならびに事業のために必要な器具、機械、材料などを政府の許可を得て輸入する際の輸入税の免除があった。許可会社になるのは、フォードやゼネラルモーターズが日本で占めていたポジションが得られることが最大のメリットであり、陸軍が必要とするトラックを大量に購入することが約束された。

しかし、許可会社になるには、大量生産するための設備を自ら整えなくてはならず、そのためには莫大な費用がかかるだけでなく、フォードやシボレーに匹敵する性能の自動車をつくることが求められた。これは大変な難問であるが、それをどう解決するかは名乗りを挙げる企業に委ねられるものであった。

自動車の場合、一台だけつくって走らせてみても、耐久性があるか、量産に適しているか、また量産設備をどのように整えるかといった問題の解決とはほど遠いものだ。そのくらいのことは商工省や陸軍の関係者たちも分かっていたろうが、その問題まで踏み込むと、自動車の国産化がむずかしいという結論になりかねない。

便法としてとられたのが、川崎重工などに軍用トラックを試作させて、日本の技術で自動車をつくることが可能であるかどうか検討し、可能であるという見解を示して法制化を進めたのだ。本当に可能なのか、突き詰めれば国産化そのものが暗礁に乗り上げかねない危うさがあったが、とにもかくにも国産化が焦眉の急であるから、車両開発と生産に関する問題を許可会社に丸投げすることにしたのだった。ムリを通すようにしなければ事態が進まないのが、当時の日本のおかれている状況だった。

自動車製造事業法は、必ずしも軍用トラックの生産を目的にしたものではなかった。商工省は、自動車産業を日本で盛んにすることを主眼にしていたから、乗用車の生産を制限する方針ではなかった。しかし、日本では個人で乗用車を所有する中間層が大量に育つほどの経済状況になっているとはいえず、乗用車中心に生産するのはまだムリな状況であった。

日産の鮎川義介とトヨタの豊田喜一郎のこと

一九三三年(昭和八年)から三四年にかけて、日産とトヨタの創業者である鮎川義介と豊田喜一郎が自動車に本格的に参入する動きを見せる。このときには、まだ自動車製造事業法は陽の目を見ていないが、ふたりとも立案中の事業法の動きを逐一知ることのできる立場にあったのはいうまでもない。

喜一郎の中学時代の友人であった坂薫は、商工省の官僚として事業法のまとめに直接関わっており、逐一経過が喜一郎にもたらされていた。商工省の幹部に知己の多い鮎川も内容を知ることは容易であった。立案に際して、自動車関係の有識者に意見を聞いているから、彼らの意向も少しは生かされているといっていいだろう。

日産とトヨタが、この事業法による許可会社になることで、自動車メーカーとして成立したことはまぎれもない事実であるが、最初からこの事業法の成立に合わせて起業したといいきることはできない。だからといって、まったく無関係であったともいえない。

事業法の許可会社に指定されたとしても、自動車を大量に生産するための工場とその設備を整えるには莫大な投資が必要であるから、大きなリスクがともなうことに変わりはない。

三井や三菱などの財閥グループでは、莫大な投資をするときには、それを回収する保証がなければ新しい事業を始めるようなことはしない。陸海軍が必要とする航空機の開発などでは、軍部の要請で決められた仕様の戦闘機や攻撃機を試作する場合は、それにかかる費用は軍需予算から出ていたから、コストなどについて特別な配慮を必要としないことが多かった。軍部から正式に採用されて生産すれば十分な利益が保証された。これに対して、自動車メーカーになるには、大きなリスクを覚悟しなくてはならなかった。そのことを鮎川も喜一郎も充分に知っていた。ふつうの事業家の感覚でいえば、この挑戦は莫大な資金を投入しても失敗する可能性があるものであり、無謀なものであると見られた。

しかし、自動車事業への参入は魅力のあるものであった。自動車に対する関心は、過去にも多くの経営者が持ったが、鮎川と喜一郎は、自動車産業が日本で成立することの意義を認識し、新しいかたちで挑戦しようとしていた。

鮎川義介と豊田喜一郎は、自動車メーカーになることの困難さを承知でチャレンジした。目先の利益を出すことを優先した行動ではなかった。ふたりとも豊かな境遇のなかで育ったわけではなく、若いころには苦労して自分流の生き方を模索した点で共通しており、自分の信念を貫き通そうとする姿勢を持っていた。

鮎川は多くの企業群を率いて脂の乗り切った時期を迎えており、喜一郎は父の事業のなかで活動して来た土台をもとに新しい事業に取り組もうとしていた。資金を調達することが可能な立場にあり、なおかつリスクがあることを承知で進出を図ったのは、ふたりとも経営者としては異色の存在であったからだ。それは、日本における自動車産業の特殊性とも関係していたことであり、欧米のような先進国ではなく、同時に他のアジアの国々のような後進国でもない日本の置かれている状況を反映したものでもあった。

まず、ふたりのひととなりと自動車に取り組むまでの経緯から始めよう。


一八八〇(明治十三年)年に山口県山口市で生まれた鮎川は、父は貧乏士族であったものの、明治維新の元勲であり三井財閥の顧問格であった井上馨が大叔父であったことから、その後援を受けて事業に乗り出すことができた。恵まれた環境にあったというべきだろう。

東京大学機械工学科に入り、大学へは東京の麻布にある井上の家から通い、そのかたわら井上の書生のようなこともして、出入りする政治家や事業家たちと接触する機会があった。そうしたなかで、井上と対しているときと、井上のいないときの言動に違いがある人たちが多いなど、世の中に知られている人たちといっても、ひとかどの人物はあまりいないと感じたという。こうしたなかで、独立心が養われ、リーダーとして国家の役に立つ人物になろうという思いを強めた。

卒業後の行動も普通とは異なるものであった。エリート教育を受けたにもかかわらず、卒業と同時に工員として東芝で働き、数年してアメリカに行き技術習得に努めた。鮎川は、修業のためにアメリカで三年ほど過ごしたが、ちょうど自動車産業が勃興しつつある時期だった。

事業として鋳物に目をつけたのは、それが幅広く応用できる技術であることと、可鍛鋳鉄を用いた最新の鋳物製品をつくることで新しい展開を遂げる可能性が大きいからであった。資金は井上など山口県出身の有力者たちからの提供を受け、一九一〇年(明治四三年)に北九州の戸畑に「戸畑鋳物」を設立した。戸畑につくったからの社名で、それ以降も会社に自分の名前をつけなかった。事業を拡大していく上で利益を確保することは大切であるが、それを最優先することに鮎川は批判的であった。潔癖性が強く、倒産しかけているのに経営者が自分の利益だけを追い求める姿は見苦しいと思っていた。

一九五四年八月号の自動車雑誌『モーターファン』のインタビュー記事で、鮎川は自動車に参入した当時の思い出を語っている。最初に自動車事業に進出しようとしたのは大正九年(一九二〇年)のことだったという。戸畑鋳物にアメリカ人技師のウイリアム・ゴーハムを雇い入れたときである。

もともとは航空機用エンジンの開発にかかわった技術者のゴーハムは、日本で活躍する場を求めて来日したものの、落ち着いて活動するところを見出せずにいたときに鮎川に紹介された。久保田篤次郎が自動車メーカーである「ダット自動車製造」の前身でもある「実用自動車製造」をつくったのも、ゴーハムが設計製作した三輪車が元になった事業だった。これがうまくいかずにゴーハムは同社を一年ほどで退社していた。

鮎川はゴーハムを高額の給料で雇い入れ、自動車に手を染めようと動き出した。鋼管の継手などを量産する「戸畑鋳物」は、途中で資金がショートするなどして苦しんだ時期もあったが、このころは順調にまわっていて余裕資金が持てるようになっていた。そこで、銀行に相談したところ、そんな危ない事業に手を出すべきでないと猛反対された。「東京石川島造船所」や「東京瓦斯電気工業」などが参入したものの、採算が取れる見通しが立てられず苦しんでいた。まだ時期が早いと判断した鮎川は、まわり道をすることにした。

この後、ゴーハムに農耕用の石油エンジンをつくらせ、戸畑の近くにあった炭坑などで使用するトロッコの車輪などを製品化し量産しているのは、自動車メーカーになるための予行練習であったと鮎川は述べている。

典型的なワスプであるゴーハムは、アメリカ人らしく大柄で青い目をしていたが、日本の人情や土地柄を愛し、窮地を救ってくれた鮎川に感謝する気持ちを持ち続けて、その要求に積極的に応えている。太平洋戦争が始まる前に日本国籍を取得して「合波武克人」という日本名を名乗っている。素直に学ぶ姿勢のある日本の技術者たちを愛したゴーハムは、教えることが好きであり、日本の文化にも魅せられたようだ。その後の日産自動車に貢献した人物である。

鮎川が事業家として全国的にその名を轟かすのは、久原房之助の「久原鉱業」をはじめとする事業を引き継いで「日本産業」(略して日産と呼ばれる)という持ち株会社を一九二七年(昭和二年)に設立してからである。「久原鉱業」は、第一次大戦時に莫大な利益を上げて急速に規模を拡大した。経営者の久原は、同じ長州人であり鮎川の妹の夫であった。陸軍大将から政治家に転身して政友会の総裁として活躍した田中義一を資金的にバックアップしていたが、その後の不況で急速に事業が行き詰まり、倒産の危機に見舞われた。久原には立ち直すための秘策がなく、鮎川が代わって事業を引き受けることになった。久原は、これを機に政界に進出する。

銀行が融資に応じないなかで、鮎川が資金調達に成功したのは「久原鉱業」に出資していた一万人を超す株主の存在をバックにして、株式を公開して広く資金を集めたからである。「日本産業」は久原から受け継いだ事業と、自分が経営している企業群を統括するグループの中枢組織となった。

現在では、資金を獲得するために社債を発行するのは珍しくないが、当時の鮎川のやり方は画期的なものであった。その背景には、銀行が有力企業の肩ばかり持って、日本の将来のために投資しようとする姿勢を見せないことへの反発があった。

鮎川は、自分の一族に企業を引き継がせようとはせず、企業は社会のものであるという意識を持っていた。三井や三菱などはグループの中核となる持ち株会社の株式は公開せずに、一族が所有して代々引き継がれるように意図されていた。これと違って、日産の株式は公開された。当時の持ち株会社では初めてであった。

鮎川は「反骨精神に支えられた野心家的経営者」ということができる。私利私欲に走らずに社会貢献しようとする意識が旺盛であり、広く企業の買収を図りグループの拡大をめざす。多角経営することで危険を分散し、全体としての利益を確保するためもある。資金の調達も容易になる。一九三〇年ころには、三井や三菱などには及ばないとしても、新興財閥として、また新しい工業製品をつくるグループとして、日産と鮎川は注目される存在になっていた。

鮎川は自動車事業への進出を意識して「戸畑鋳物」で自動車部品をつくることに力を入れ始めた。さらに、傘下に収めた「安来鉄鋼」で自動車用の鋼板をつくり、同じく「国産電機」で電装部品をつくるなど、日産グループ全体で自動車産業に関わる事業展開を進めている。本格的に自動車に参入した一九三三年には五三歳になっていた。

豊田喜一郎は、トヨタを中京地方の中規模の財閥に仕立て上げた豊田佐吉の御曹司であった。経営者としてというより技術者としての生き方を選択したところに鮎川との違いがある。鮎川も技術を習得した経営者であるが、ウエイトは経営の方に大きく傾いている。これに対して喜一郎は、経営者的な観点でものを見るにしても、技術追求に興味を持ち、技術に挑戦することにウエイトがかかっていた。

新しい自動織機を発明し、それをもとに財をなした豊田佐吉の長男である豊田喜一郎は、どちらかといえば子供のころから屈折したところがある人生を歩んだ。

一八九四年（明治二七年）生まれで、鮎川より十四歳年下だった。生後二か月で生母が、発明にかまけて家庭を顧みない佐吉のもとを去り、喜一郎は祖父母に育てられた。やがて佐吉の発明が実り、それを事業化した「豊田式織機」で佐吉は常務となったものの、資金提供者と意見が合わずに辞任せざるを得なくなり、喜一郎は子供のころに安定した生活を送れなかった。その後、佐吉はアメリカに行くなどしてから、再び織機の自動化に取り組み、自宅を兼ねた工場をつくり再婚した。

新しい家庭に喜一郎も引き取られた。中学時代は学校から帰ると父の仕事の手伝いをしたという。佐吉は、自分の経験から学問など必要ないという考えだったが、叔父や義母の浅子の説得で喜一郎は上級の学校に進むことになった。仙台の第二高等学校（現東北大学）から東京帝国大学機械工学科に学んだ。体が丈夫でなかった喜一郎は、普通より高校や大学で学ぶ期間が長くなり、豊田グループの企業で働くようになるのは一九二一年(大正十年)、二七歳になってからだった。しかし、学生時代から織機に使われる動力などに接していたから、知識の身につけ方は半端なものではなかった。

大学卒業後は、父の指示にしたがって紡績機械の改良や製造にかかわるが、よそから来た職人たちは、紡績機の扱いなどのノウハウを喜一郎に教えようとしなかった。喜一郎はアメリカ人の技師から、そのノウハウを学んだが、それは喜一郎のように機械に対する基礎知識を持っていれば容易に分かる程度のことだった。この後、輸入に頼っていた紡績機の国産化に成功する。

こうした開発で喜一郎は自信を持つと同時に、技術に挑戦することの面白さ・奥深さを学んだ。技術開発は理論ではなく試行錯誤を続けていくもので、実際に手を汚して試みることが重要であるという認識を強くした。喜一郎が、自動車を始めてから若い人たちにくり返し伝えたことでもあった。

自動車をやるように進めたのは、ほかならぬグループを束ねる父親の豊田佐吉であったと、喜一郎は、周囲に話し、回想記などでも強調している。佐吉が言ったとなれば、喜一郎がリスクの大きい自動車に取り組むのに有利な説得条件であったからであろう。頑固なところがある佐吉は、喜一郎の進むべき方向を決めて、それに厳しくしたがわせる態度であった。喜一郎は、正面切って逆らうことはなかったし、その範囲で大きな成果を上げたが、自動車に取り組むに際しては、自由にやりたいことをやるという気持ちが大きくなっていたようだ。

佐吉が他界したのは一九三〇年(昭和五年)であるが、このころの豊田グループには大きな問題があった。自動織機も紡績機械も一度購入したら長いあいだ使用するものであったから、それらをつくり続けるだけでは経営を支えていくのがむずかしくなると思われた。不況のなかにあっても、新しい製品が順調に販売されていたから経営としては安定し、資金的な蓄積も確固としていたが、将来のことを考えれば手を打つ必要があった。その方向を指し示すことができるのは、佐吉がいなくなってからは、喜一郎だけといってよかった。

昭和の初めに新しく完成した自動織機の技術提携のために、イギリスのプラット社を喜一郎が再度訪れたときに、同社を最初に訪れた十年前と比較して明らかに活気がなくなっていた。イギリスでも、花形といわれた繊維産業が衰退する様を、いやでも目にしないわけにはいかなかったのだ。プラット社の姿は、何年か先の「豊田自動織機」の姿かもしれないと考えた喜一郎は、紡織機に代わる新しい工業製品をつくらなくては、豊田グループは衰退していくと思わざるを得なかった。

むずかしい工業製品をつくることは、技術者として挑戦しがいのあることだった。自転車やオートバイなども候補になったものの、調べていくうちに自動車しかないと確信するようになった。佐吉の進めにしたがったというより、自分で選択したものといえるだろう。紡績機械を量産するに際して、喜一郎は自動車の組立ラインを想定してその設備を整えるなど、頭の中で自動車生産を考慮していたと述べている。喜一郎が自動車に本格的に参入するのは四〇歳のときであり、残りの人生を賭ける行動であった。

自動車に取り組む鮎川義介と豊田喜一郎の姿勢の違い

この当時、自動車メーカーになるには欧米先進国に対する技術的な遅れをどのようにカバーするかという問題が大きく立ちはだかっていた。政府がその遅れを埋めるための手助けとして「自動車製造事業法」を成立させたが、車両開発と生産設備などに関しては、それぞれの企業が解決を図らなくてはならない問題だった。

欧米では自動車産業が成立してから飛行機がつくられるようになり、エンジンなどは自動車の技術を生かすことで航空機が進化した。いわば自動車が兄で飛行機が弟という関係であった。軍用として重視された航空機が第一次大戦時に著しく進化したのは、自動車という土台があったからのことだ。その後は、性能向上やコンパクト化の要求が強い航空機エンジンは、自動車用よりも先進技術を採用することが多くなり、それが自動車にフィードバックされるようになった。

日本では、兵器としての重要性は自動車よりも飛行機のほうがはるかに高かったため、早くから軍部の主導で飛行機の国産化が促された。民間の需要が中心だった自動車のほうは、国産化が進まなかったので、航空機用エンジンの国産化に当たっては、自動車技術とは関係なく独自に取り組まれた。自動車と飛行機は、日本では兄弟の関係にならなかった。飛行機が先で自動車が後になるという、欧米とは逆の進み方となり、両者の交流はほとんどなかったといっていい。これは日本の特殊事情である。

自動車に取り組むことを決意した鮎川と喜一郎のふたりは、遅れている日本の技術に関する溝を埋める方法で大きな違いが見られた。鮎川は事業として自動車が日本に定着することの重要性に目を向けており、喜一郎のほうは自動車をつくる技術に挑戦することを重要視した。

鮎川が自動車に熱を入れたのは、既成の財閥グループに対抗する意識が旺盛で、新しい時代を切り開くのは彼らではなく、自分のような革新的な意識を持っている経営者であると自負していたからであった。技術的に大きく遅れている日本では、欧米に追いつくためには海外のメーカーと技術提携を進めるとともに、彼らの資本を積極的に導入して関係を深めることが大切であるというのが鮎川の持論であった。技術や資本で提携関係を結んでアメリカとの関係を深めれば、戦争などという馬鹿げた事態を防げると信じていた。

鮎川は、日本人は手先が器用で仕事熱心であることが、将来的に有利になると考えていた。なるほど先進国だけあって、アメリカでは出来上がった製品の質は優れたものになっている。しかし、アメリカで修業したときの印象では、作業員の仕事振りはあまり感心したものでなかった。したがって、提携により技術を習得することができれば、日本のほうが有利に展開するはずだと思っていた。

これに対し、喜一郎は独自技術にこだわった。喜一郎が自動車に進出しようとしたのは、それまでの豊田グループのなかのしがらみから脱出しようとする行動であり、自らの力を試すものでもあったからだ。さまざまな制約から抜け出して、自分のやりたいことに専念したいという願望に促されたものと思われる。そのターゲットとして、遅れている自動車の技術力を自分たちの努力で身につけようとした。しかし、この時代に自動車技術の遅れを自分たちの努力だけではねのけようとする挑戦はムリのあるものであった。

それでも、独自技術にこだわったのは、アメリカのようにひたすら量産する方式は日本では通用しないと思っていたからだ。日本の土壌にあった新しいシステムを見つけて自動車メーカーとして成立させることの困難さは並たいていではない。成功するかどうかは実際にやってみなくては分からないが、誰かが挑戦しなくてはならないことだった。欧米の技術者ができたことを、自分たちができないはずがないという信念を持ち、渦中に自らも飛び込んで油まみれ・泥まみれになる覚悟であった。

車両開発と生産体制の確立が自動車メーカーを成立させる最初の関門である。工場用地を確保し、工場を建設し、高価な工作機械を揃えるための手当をどうするかの見通しを立てることが最初に必要であった。日産もトヨタも、そうした資金を投入することが可能であったから名乗りを上げたわけだが、その資金の投入の仕方が両者では大きく違っていた。それは鮎川義介と豊田喜一郎の置かれている立場の違いでもあった。

鮎川義介の場合は、日産コンツェルンの総帥として、その行動にたががはめられることはなかった。自負心と使命感を持っていた鮎川は、資金の確保の仕方でも独自性を発揮した。

一九三一年(昭和六年)、大蔵大臣である高橋是清は日本の金産出を促して金の保有高を増やすことで、国力を高めるために金価格を引き上げたが、そのチャンスを生かしたのだ。金山を所有する鉱業会社の株価が大きく上昇した機会をとらえて、鮎川は「日本鉱業」と改称された日産傘下の金山の株十五万株を七十円で売り出して資金を集めた。さらに、その中枢である持ち株会社の日産の株価も十二円前後であったものが、金の価格が上がったことにより百五十円に上昇した。これにより余裕資金ができ、そのうちの一千万円を自動車につぎこむことにしたのである。

いっぽうの喜一郎の資金調達の仕方は、微妙な問題を含んでいた。自動車に乗り出すにあたって、喜一郎は、豊田グループの資金を自分の思うように使う権限を持つ立場にはなかった。

喜一郎は豊田グループを起こした佐吉の嫡男であったが、豊田グループの経営全般を取り仕切るのは、喜一郎の妹婿になった十一歳年上の豊田利三郎であった。佐吉が中心の時代に豊田グループが大きくなるのに貢献した三井物産の児玉一造の弟であり、豊田グループの経営に必要な人物として、利三郎は喜一郎の妹と結婚し一族に迎えられた。自分の発明をもとにした事業なのに、資金を出した人たちに企業を手放さざるを得ないはめになった豊田佐吉は、その後は一族の結束を強めて、新しい事業をオーナー企業として経営した。それが成功して企業を大きくすることができたが、一族経営にこだわって豊田グループを発展させるためには、営業や財務などを掌握する人材が必要だったのだ。

「そこの窓を開けてみよ。世界は広いぞ」といった佐吉が、中国に進出して上海で新しい事業に取り組むことができたのも、利三郎が日本における豊田グループをしっかりと掌握して運営していたからであった。したがって、喜一郎が莫大な資金を投入して自動車事業に参入するには、利三郎の承諾を得ることが必要であった。喜一郎が尽力して画期的な自動織機としてつくられた豊田G型織機を製造販売する「豊田自動織機」が一九二六年（大正十五年）につくられ、それが豊田グループの中核事業になっていた。自動車に参入しようとしていたときの社長は利三郎であり、喜一郎は技術を統括する常務であった。

喜一郎にしてみれば、リスクが大きいのは覚悟の上だが、引き継いだ事業の維持が最大の目標である利三郎にとっては、会社を傾けかねない事業への参入は容易に認めるわけにはいかないことであった。織機や紡績機だけでは将来性がないから、新しい事業に進出すべきだという喜一郎の主張は分かるにしても、それが自動車となれば、リスクの多い事業ではあるから、おいそれと賛成するわけにはいかなかったろう。

喜一郎が説得材料に使用したのが、商工省が立案している「自動車製造事業法」だった。法案の内容や成立の時期などの情報を逐一得ていた喜一郎は、事業法ができる前に自動車事業を始めて、許可会社になる条件を整える必要があると口説いたのだ。最初は反対していた利三郎も、採算が取れる可能性があるだろうと、自動車に参入することを承認した。これにより、事業法の許可会社になることが、利三郎を含めたトヨタ全体の大きな目標となった。

実際には、事業法ができようができまいが、喜一郎は自動車事業に参入する意志があったが、事業法が成立しなければ、多額の資金を自動車のために使用することは容易ではなかったろう。本音でいえば、事業法などと関係なく活動することが喜一郎にとっては望むところだったろうが、莫大な資金を投入しない限り研究開発が中心になって自動車の量産に進むことができない。それは、喜一郎の進むべき道ではなかった。したがって、喜一郎は、利三郎を中心とする懐疑派を巻き込んで資金を確保しなくてはならなかった。そのため、喜一郎の目標である大衆乗用車の開発とその量産をめざすだけでなく、陸軍が必要とするトラックの開発という二つの道を同時に歩んでいくしかない立場に、最初から追い込まれたのである。

日本が戦争への道を進まなければ、トラック中心の自動車メーカーではなく、乗用車中心のメーカーとして成立していたかも知れない。平和か戦争か、時代は戦争の方向に大きく傾きつつあったが、喜一郎が自動車に注目したころは、まだ平和の道が選択される余地もわずかであったにしても残されていた時期であった。平和な時代が続けば、さらに日本社会も成熟度を増して個人で自動車を購入できるような中間層が出現する傾向を強め、欧米型の自動車メーカーに日産もトヨタもなっていたかも知れない。

商工省は、陸軍の意向を忖度ながらも、そうした方向の自動車メーカーになることを否定していたわけではなく、あくまでも軍用トラック生産のことしか考慮しない陸軍とは同床異夢のところがあった。

商工省と陸軍の思惑の違いは、そのまま豊田グループ内部の思惑の違いをも反映していた。豊田グループの事業経営を任された利三郎は、その維持・繁栄を優先することを第一にしていたから、リスクが大きいことを避けようとしたのに対して、喜一郎は、リスクをものともせずに挑戦しようとした。

もともと気質的な違いがあるふたりは、そりがあわないところがあったが、自動車への参入に際して、喜一郎はその障害となりかねない利三郎の経営姿勢を嫌っていたようだ。いっぽう、利三郎から見れば、喜一郎の行動は簡単に容認できないところがあったろう。しかしながら、リスクの高い自動車事業への参入は、冒険をしながらも、もういっぽうで手堅く組織を維持・発展する活動が必要であった。ふたりの意志や感情とは別に豊田グループ全体としてみれば、喜一郎の自動車づくりのための活動と、利三郎に代表される組織の維持を優先させる活動とが相補う方向で、時代の要請に応えながら事業として成り立つ要因になったのである。

これに対して、鮎川のほうはひとりで組織を自分の思いどおりに動かそうとした。

日本に自動車産業を根付かせるという使命感に促された行動ゆえに、鮎川は自らの信念と情熱をもとに独断的でいささか急ぎすぎる傾向をたびたび見せている。側近たちは、いきなり呼び出されて思ってても見なかった指令が発せられることが良くあったので、ハラハラドキドキの連続であったという。

新興財閥を率いる鮎川は、事業の拡大には熱意を示したが、組織の充実と体系化などの足下を固めることまでは留意しないところがあった。既存の財閥グループと比較すると人材の確保や育成、グループ企業間の連携や相互補完、組織の整備などでは、大きく遅れていたといわざるを得ない。拡大するのに急で組織的な体制の構築が追いついていなかったようだ。

鮎川は、自分の思い描く未来図に自信を持っていた。世のため人のためでもあるから、自分の行動は周囲から理解されるはずだと信じていた。その点では、「したたかな経営者」というよりナイーブな一面があり、充分な現状認識のうえに立つ行動とは思えない態度がときに見られた。軍部が勢力を増していく状況のなかで、官は民主導の活動をバックアップすべきものであるという鮎川の考えは、次第に受け入れられないものになったのであった。

同じように、喜一郎のほうも自分が思い描いたほど、豊田グループのしがらみから逃れることは容易ではなかった。そのうえに、陸軍という新しいしがらみが立ちはだかっていくことになるから、喜一郎の行動は、最初から挫折する可能性を含んでいたのであった。

日産自動車の設立とダットサン

鮎川を中心とする日産の活動は、その前半が民主導ともいうべきダットサンの製造販売であり、後半は軍用トラックによる官主導のクルマづくりであった。鮎川は、いつまで待っても官が動かないから自分たちが立ち上がったという意識を持っていた。しかし、結局は官の支配のもとでの活動にならざるを得なかったが、その傾向が強まるにつれて鮎川自身の日本での活動は活発でなくなっていく。

日産自動車の創業は、一九三四年(昭和九年)六月であるが、自動車メーカーとなる第一歩は、一九三一年(昭和六年)七月に「ダット自動車製造」から資金導入要請の打診を受けたことで始まった。同社の買収に進み、そのことが次の行動の呼び水となった。その結果、ゼネラルモーターズとの提携交渉がもたれ合意に達するものの、それが最終的に認可されないことにより、ダットサンの製造販売が主力となる。その過程で日産自動車が誕生したのである。

鮎川のところに資金提供を求めた「ダット自動車製造」は、「石川島自動車製作所」と「東京瓦斯電気工業自動車部」と並ぶ軍用保護自動車メーカーであったが、トラックだけつくっている他の二社と違ってコンパクトな乗用車をつくっていた。

「ダット自動車製造」は、もともと「久保田鉄工」を中心にした大阪の事業家たちが第一次世界大戦の好景気を背景に簡易な自動車(ゴーハム設計の三輪乗用車)を製造することを目的として始めた「実用自動車」と、個人経営に近いかたちで自動車製造をしていた橋本増治郎の「ダット自動車」(前身は「快進社」)とが合併してできた会社である。ダット側が持つ軍用トラックの製造権と、実用自動車側が持つ生産設備をひとつにすることで、自動車メーカーとして健全な経営をするために陸軍が勧めた合併であった。

ところが、軍事予算が減少気味でこの合併は思ったほどの効果が上がらなかった。依然として赤字が続いており、親会社である「久保田鉄工」からまわしてもらって鋳物製品をつくるなどして赤字補填をしていた。

そんななかで、技術者たちは新しく国産乗用車の開発に取り組み、完成させた。苦労して改良を重ねた乗用車リラー号のモデルチェンジともいえるもので、完成されたクルマは「ダットソン」と名付けられた。橋本増治郎が以前につくった乗用車である「ダット号」の部品を流用したこともあってダットの息子（ソン）という意味で名付けられた。当時の小型車規格に合致した完成度の高いコンパクトな乗用車であった。

ところが、コストを安くしてつくれば採算が取れる見通しを立てて開発したものの、輸入しなくてはならない部品の点数が多くなり、思っていたよりも材料費がかさんだから、市販するにはさらなる資金投入が求められた。しかし、親会社である「久保田鉄工」は、これ以上資金を出すことにためらいがあった。そこで、鮎川のところに資金提供の打診をしたのである。

この時点でのダットソン号は、唯一ともいうべき国産技術により販売を想定して開発した小型乗用車であった。現在の車両規格とは異なる当時の小型車は、エンジン排気量５００cc以下に抑えられ、乗員も一名、車両の全長も2.8メートル以内という制限のあるものだった。この時代の小型車はオートバイの規格から出発している関係で、運転免許がなくても乗れる特典があり、それを生かして販売を有利にしようとしたのであった。

ダットソン号の生みの親ともいうべき設計者の後藤敬義は、「実用自動車」が大阪に誕生して以来、技術者として車両開発にかかわってきた。当初は鉄鋼会社の技術者だったが、同社の最初の製品である三輪乗用車の改良、独自に設計製作した四輪乗用車であるリラー号を開発、技術者として腕を磨いてきた。さらに、橋本増治郎の「ダット自動車」との合併で、自動車技術の先駆者である橋本から技術を学ぶ機会があり、軍用トラックの開発にも手を染め、当時の日本の技術者としては、車両開発の経験が豊富であった。

鮎川が考えていた自動車メーカーは、フォードやシボレーといった２０００〜３０００ccクラスの普通車（大衆車とも称された）を量産するものであった。それと比較すると、この話のダットソン号は、サイズも小さく生産規模も大きくなかった。それでも、興味を示したのは、将来の布石として考慮に値するものだったからだ。

「ダット自動車製造」のおかれている状況を知った鮎川は、単に資金を提供して株主になるのではなく、そっくり買い取ることにした。お荷物となっていたから、親会社は手放したいと思っているに違いないと鮎川は推測したのだ。

一九二七年(昭和二年)に始まる昭和不況で「久保田鉄工」の経営も楽ではなくなっており、鮎川の思っていたとおりにことは進んだ。

打診のあった一か月後の八月には、早くも「ダット自動車製造」は、大阪にある工場とクルマの製造権、さらには技術者を含めた数百人の従業員すべてが鮎川の傘下に入り、ダットソン製造のメドが立ったのである。

翌年の一九三二年(昭和七年)四月に、銀座にある「戸畑鋳物」のショールームの一角に販売会社となる「ダットサン自動車商会」が設立された。どのくらいの需要が見込まれるか不明であったが、自動車販売のプロとしてヤナセ自動車にいた吉崎良造をスカウトして運営に当たらせている。その吉崎がダットソンというのは「損」という響きが商売上好ましくないとしてダットサンという呼び名にしたといわれている。息子(ソン)から太陽(サン)に改められ、これ以降「ダットサン」が日産車の愛称として人口に膾炙することになる。

しかし、当初のダットサンの販売は苦戦した。ひとり乗りという制約があり、コスト削減を図ってドアは片方にしか付けられていないもので、乗用車として変則的なクルマであった。その後、ドアを両側に付けてふたり乗りとしたものの、巡査の姿が見えたときには隣のシートに座っている人は見えないようにしたほうが良いと、セールスマンが心得えを話して購入してもらったという。今ほど交通ルールが厳しく実施されていない時代であったからであろう。

日本人は外国人に比べて小さい人が多く、日本の道も狭くて未舗装が多いから、フォードやシボレーよりも使い勝手が良いといっても、小さくて窮屈な室内のダットサンに興味を示す人は少なかったようだ。

多少は軍用に使用される可能性があるかもしれないと、鮎川は陸軍の幹部などに打診したものの、軍用車を担当する軍人たちが、あんな小さいものはまったく使いものにならないと手ひどい評価であった。

鮎川のところで「ダット自動車製造」を買収したことが、次の展開につながった。先に述べた商工省により進められた軍用保護自動車メーカー三社による標準型トラックは一九三二年（昭和七年）三月に試作車が完成したことで、これら三社を統合しようすると計画が陸軍の主導で進められることになった。

石川島と瓦斯電、それにダットの保護自動車三社による合併協議が開始された。ダットが鮎川の傘下に入った直後のことで、この協議に鮎川が出席することになった。他の二社は合併すると鮎川にすべて牛耳られることになるのではと警戒感を持ったが、鮎川はそんな野心はないと保証した。

この協議は、一九三三年三月に石川島とダットの合併が成立し、瓦斯電は加わらないことでとりあえず決着を見て（その後に瓦斯電も加わる）、ダットの持つ自動車の製造権が新会社となる「自動車工業」に移管することになった。合併といっても、石川島はダットの工場と従業員までは不要ということで、それに見合う資金を支払うことで決着した。残されたダットの工場は「戸畑鋳物自動車部」に衣替えされた。ダットサンの製造権も鮎川のもとを離れるが、そのことに鮎川は未練を持っていなかったようだ。ただし、ダットサンの販売に打ち込んでいた吉崎や、鮎川の側近で営業関係を取り仕切る山本惣治は、その決定を残念がった。販売を手がけていくうちに、ダットサンへの愛着が出てきたからである。

そんななかで、この保護自動車三社の合併にゼネラルモーターズが加わりたいという打診があった。

ゼネラルモーターズがこうした打診をしたのは、商工省が日本での組立を続けることに制限を加える法律（自動車製造事業法）の作成を進めていることを察知したからに他ならない。日本での権益を守るために日本の自動車メーカーと提携する道を模索してのことであった。

アメリカのメーカーに制限を加えるための法律であるから、ゼネラルモーターズの意向は一蹴されたが、鮎川には聞き捨てならない大切な情報であった。欧米に追いつく手段として海外のメーカーとの提携を考えていた鮎川にとっては、降って湧いたようなチャンスが訪れたことになる。さっそく鮎川はゼネラルモーターズに提携について申し入れをし、独自に交渉が始まった。

一九三三年（昭和八年）の早い段階から始まる日産側と日本のゼネラルモーターズの交渉のなかで、ゼネラルモーターズの株のうち四九パーセントを日産側が所有し、五年後をメドに五一パーセントに引き上げることで九月に合意に達した。提携して五年後には日産側が主導権を握る立場を確保する契約内容であった。ゼネラルモーターズ側でも、商工省と陸軍省が日本での活動を制限する方向に動いているなかでのことで、譲歩せざるを得ないと判断したのだった。さっそく鮎川によって商工省に報告された。

商工大臣は自由貿易論者であることから、この提携に理解を示した。それを受けて、ゼネラルモーターズとの提携の受け皿となる日産側の新しい会社となる「自動車製造」が発足した。

このときの鮎川の構想では、新会社は自動車部品の製造を中心にしたものであった。多くの部品を製造して実績をつくってからシボレーを生産する計画であった。この「自動車製造」は、戸畑鋳物が四〇パーセント、日本産業が六〇パーセントという出資比率になっている。鮎川は日本の自動車産業の発展のための礎にするつもりであったから、新しい工場は部品メーカーであっても、工場の規模も大きくして、設置する機械類も充実したものにする計画だった。株の高騰で手に入れた資金が投入された。

「戸畑鋳物」が入手していた横浜市の臨海工業地帯として埋め立てられた六〇万坪の土地に、規模の大きい工場が建設された。プレスによる鋼板のボディ部品、エンジンのシリンダーなどの鋳物部品、クランクシャフトなどの鍛造部品、さらには機械加工ができる設備を持つものだった。

工場の機械設備の購入のために、鮎川はウイリアム・ゴーハムをアメリカに派遣している。中古の工作機械を中心に購入して、日本での部品製作をスムーズに実行できるように、指導する技術者を日本につれてくることもゴーハムの任務であった。日本人に足りない知識と経験を補い学習する機会をつくるためだった。

ゴーハムは日本に来る前にサンフランシスコで自らのエンジン製作工場を経営する技術者であったことから、鮎川から与えられた任務には打ってつけであった。アメリカは世界恐慌による不況のただ中にあって、遊休となっている工場施設が多く、目的に合致した設備や機械類を比較的安価に購入することができた。

購入した中古の機械類は作業のためのマニュアルがないものが多く、横浜の工場に据え付けて実際に稼働させるには、かなりな苦労があったようだ。それでも、それぞれの製造工程は、アメリカから来たベテラン技術者五人によって作業内容まで細かく指導を受けてマニュアルが作成された。これにより、日本の製品加工工場としては、もっとも進んだものとなった。

日本ゼネラルモーターズとの提携交渉が成立してから三か月後の一九三三年十二月に、横浜に建てられた工場がほぼ完成、「自動車製造」と名付けられた。その創立を記念した祝賀会が開催されたのは、十二月二六日のことだった。新会社の社長には鮎川本人が就任、常務取締役には山本惣治と久保田篤次郎がつき、取締役は村上正輔、浅原源七、工藤治人などで構成された。ダット自動車の代表であった久保田以外は、鮎川の側近たちで固められた。これにより、将来的にはゼネラルモーターズのシボレー国産化を図ることが可能になり、日本の自動車メーカーとしては最初に車両、生産、販売という三拍子が揃う可能性が大きくなったのである。

ところが、軍部は、提携する日産側の「自動車製造」の株のうち、当面ゼネラルモーターズに過半数が所有されることは容認できないと主張して反対したのだ。商工省でも、意見が分かれた。提携が日本の自動車産業の発展につながるという鮎川と同じ考えの人たちがいるいっぽうで、海外資本のメーカーに制限を加えようとしているときだから提携は好ましくないという意見があった。提携の成果を上げて五年後には主導権をとるのだからと鮎川が強調したものの、結局は反対意見に押し切られた。

当時作成された陸軍の自動車行政を担当していた伊藤久夫大佐による「自動車工業に関する経過」というレポートでは「ことに有力な外国の会社（注・具体的にはフォードとゼネラルモーターズをさす）が我が国に自動車製造の根拠を確保して、本邦のみならず東亜における市場を独占しようとしつつある目下の情勢下にあって、この際国産自動車工業を確立してこれらの外国会社を駆逐しなければ、我が国自動車工業の機会を失うことになって、産業上ならびに国防上重大な欠陥を生ずることになる」と言明している。日本での活動を排除しようとする動きまで出ていたのである。

これによって、ゼネラルモーターズとの提携を前提につくられた鮎川たちの「自動車製造」は、方向転換を図らざるを得ないことになった。土壇場ではしごを外された格好になったわけだ。

「自動車製造」が社名を「日産自動車」に改めるのは、ゼネラルモーターズとの提携がならないことが明瞭になった一九三四年（昭和九年）六月のことである。皮肉なことに、日産自動車の設立は、鮎川の自動車メーカーとなるための構想の挫折によるものであった。しかし、それは日産にとって必ずしも悪いことばかりではなかった。このあいだに、ダットサンと小型車規格を巡って大きな動きがあったからだ。

一九三三年三月にダット自動車の製造権が合併によりできた「自動車工業」（のちのいすゞ自動車・この後東京自動車工業に改称）に移転したが、同社は小型乗用車をつくる意志は最初からなかった。このあたりのいきさつは、ダットサン開発の中心人物である後藤敬義により当時の業界誌に「物語・日産自動車史」として概略が述べられている。

それによると、「自動車工業」にダットサンの製造権が移ったもののその組立は「戸畑鋳物自動車部」で従来どおりやることになった。月に三十台から八十台ほどつくられたというが、「自動車工業」はそのダットサンを引き取ろうとしない。それだけでなく、ダットサンは戸畑のほうで売ってくれということで、これにまったく興味を示さなかったという。

このときの合併で、後藤は取締役となった浅原源七などとともに「自動車工業」に出向していたが、ダットサンの権利はいらないということなので、その権利とともに後藤は再び「戸畑鋳物自動車部」に戻ったという。この合併は、結果としてダットのトラック製造権が移転しただけだった。

半年ほどダットサンは引き取り手のない孤児のごとく忘れられたままになっていたことになる。ゼネラルモーターズとの提携がご破算になって横浜の工場の生産計画は見直され、ダットサンの生産を中心にしたものに改変せざるを得なかったのである。

一九三三年二月に、小型車の車両規格がふたたび改訂され、500cc以下というエンジン排気量が750cc以下までに引き上げられたことは、ダットサンにとって好材料であった。

500cc小型車の三輪トラックが多くつくられるようになって、有力メーカーが競争をくり広げ、いちだんと性能向上が促された。当時は部品の材質や精度が良くないためにエンジンの摩耗が激しかったから、シリンダーをボーリングして再使用するのが当たり前だった。ボーリングをくり返すと排気量が500ccより大きくなってしまい、結果的に違反車が横行した。そこで、エンジン排気量の引き上げなど、メーカーから小型車の規格改定要望が小型車業界から出された。

内務省のなかにも、取り締まりばかりが能ではなく、せっかく民間で育った日本独特のクルマを育てようという勢力があり、小型車規格の改訂要請が認められた。車両サイズは全長2.8メートル、全幅1.2メートル以下というのは変わらなかったものの、四輪車は、ひとり乗りから四人乗り、商用車の場合もふたり乗りが認められた。これにより、小型車はサイズと排気量を別にすれば、四輪乗用車として普通車と遜色なく使用することができるものになった。

小型車ダットサンは、その商品価値を高めることが可能になった。一九三三年九月に製造権が戻ってから、規格の枠内でホイールベースを伸ばして、リアシートを取り付けて四人乗車にし、ボディスタイルも改良が加えられ、十一月に改良したダットサンが出来上がった。それまでより見栄えの良いスタイルになり、セダン、クーペ、ロードスター、フェートンと揃え、さらに売れ筋となるトラックがあった。

ダットサンの年間生産台数は一九三二年が百五〇台、翌三三年が二百二台。さらに、一九三四年が一一七九台であった。それが、一九三五年には年間三八〇〇台に達しているのは、横浜工場がダットサン組立工場になったからである。当時にあっては画期的な生産量であった。横浜の部品製造工場が組立工場に改変されたからである。

横浜工場でのダットサン一号車が完成したのは一九三五年(昭和十年)四月で、大阪にあった「戸畑鋳物自動車部」の工場は鋳物の製造工場となり、ダットサンの生産に関わっていた従業員は横浜に集結した。月産五百台規模の量産であった。鮎川にしてみれば、この程度では不満であったろうが、これが主要な活動であったから、販売に力が入れられた。車両価格は二〜三割程度の価格引き下げが実施され、シボレーやフォードとの価格差が大きくなった。一九三四年十二月には従来からある「ダットサン自動車販売」を乗用車専用の販売店にして、新たに「ダットサントラック販売」というトラックの販売会社を設立した。日産の販売店が日本全国に張り巡らされ、販売とサービスの体制がつくられた。

先に紹介した『モーターファン』誌の座談会で、この当時のことを回想して鮎川はこんな発言をしている。

私はどうしてもダットサンのような「小さい安いもの」を造って、日本の大衆車にしようとしたのですが、それを日本の政府が保護してくれなかった。フォードやシボレーのようなものでないと大衆自動車とはいえない、あんな小さいものは邪魔臭くて軍用にはならんというのが当時の軍の意見なんだ。時の軍務局長、あるいは整備課長とかいうのと逢って話したが「あんな小さいものはタタキ壊こわせ」という意見なんですよ。ダットサンは小さいが役に立つ。大きいものだけでは狭い道路や悪い路では困る。私がダットサンに執着したゆえんはここにあるのです。

この発言は、日産の活動は最初からダットサン中心だったような印象であるが、実際には鮎川の思惑どおりの展開にならずに、他の選択肢が見つからないなかでダットサンを主力にせざるを得ないという事情があった。それでも、ダットサンは市場に受け入れられ、日本で最初に成功したオーナーカーとなった。ピークとなる一九三七年(昭和十二年)には八千台を超えた生産台数になっている。

一九三七年二月には、二つに分かれていたダットサンの販売会社が「日産自動車販売」として統一され、いっそう力が入れられた。「旗は日の丸、クルマはダットサン」「明治の人力車、大正の自転車、昭和のダットサン」というコピーがつかわれ、当時は広告として効果的だったアドバルーンがビルの屋上に掲げられ、人気タレントで男装の麗人といわれた松竹歌劇の花形・水の江瀧子がキャラクターとして起用された。小さいクルマであることから、ダットサン芸者といえば小柄な芸者であることを意味するほど、ダットサンはコンパクトなものの代名詞となった。都会の若者の典型として現れたモダンボーイやモダンガール（モボとかモガといわれた）の風俗などとともに、日本の新しい時代のシンボルとして、ダットサンの名前は浸透した。これにより、日産自動車は、一定のレベルに達した車両、生産工場、そして販売体制が揃った日本で最初のメーカーになった。

ダットサンに追随して多くの小型四輪車がつくられた。技術的に完成度の高かったオオタ号は、職人的な技術者である太田祐雄によってつくられた。三井物産査業課から資本提供（百万円）があって太田自動車は「高速機関工業」と社名を変更して、月産百台規模の工場がつくられた（一九三九年に三井の資本が引き上げられ同社は立川飛行機の下請けとなる）。

鉄道の信号などをつくっている京三製作所も、小型トラックの生産に乗り出した。

トヨタでも、小型車に興味を示し、ヨーロッパに行った際に学友であり顧問であった隈部一雄が、コンパクトなドイツのＤＫＷ車を購入し、それをもとに開発の準備が始められている。しかし、開発が軌道に乗る前に乗用車の生産に制限が加えられてプロジェクトは中止された。トヨタに出入りしていたオートバイライダーだった川真田和汪がつくった小型乗用車のローランド号は、当時としては珍しい前輪駆動車であるのは、このＤＫＷを手本にしたものだからであろう。また、喜一郎は京三製作所の子会社である部品メーカーに資本を出して取締役になっているのは、小型車をつくるための布石のひとつであったようだ。

戦前におけるダットサンは、日本の技術によって量産に成功した唯一ともいうべきクルマであった。欧州車としては戦前にもっとも輸入台数の多いオースチンセブンよりも販売台数で上まわった。その成功は、鮎川の持つ豊富な資金を背景に、それまでの日本における自動車販売のノウハウを持つ人たちをスカウトして販売組織を充実させたからであった。

前に引用したように「そんなことはほとんどあり得ないとは思いますが、もし戦争が起らなかったならば、戦後型の経済成長になだらかに移行して行けるような条件が、経済のなかにも産業のなかにも整えられつつあったように思います」という中村隆英著『昭和日本経済史』のなかにある状況を仮定すれば、ダットサンをはじめとする小型車が日本では相当多く生産され、現在とは異なる自動車メーカーのかたちができていたかもしれない。

ダットサン乗用車の生産が中止に追い込まれるのは一九三八年（昭和十三年）十二月のことである。軍事体制が一段と強化され、不急不要なものは後まわしにするという論理がまかり通るようになった。ダットサンの生産と販売の伸びは、つかの間の経済成長の兆しであり、その下降・中止は平和産業の衰退を意味した。

日産自動車による軍用トラックの生産

ダットサンの製造販売と併行して、日産は軍用トラックの生産を始める。鮎川も陸軍も、国産自動車の本命となるのはシボレーやフォードクラスのクルマだと思っていた。鮎川が「自動車製造事業法」の成立をにらんで、その許可会社となる条件をととのえるための活動を具体的に開始したのは一九三五年（昭和十年）十二月のことである。ゼネラルモーターズとの提携が成立しなかったために、新しい提携先を探す必要が生じ、側近である浅原源七と「ダット自動車製造」以来の幹部である久保田篤次郎をアメリカに派遣した。その結果、大不況で企業の整理をしている最中のグラハムページ社との交渉に成功した。

この交渉でトラックの製造権を獲得し、同時にひとつの工場の生産設備を丸ごと購入することになった。これにより、車両の開発と生産体制の構築という自動車メーカーにとっての二つの関門を、曲がりなりにもクリアするメドが立ったのであった。ちなみに、生産設備はスクラップの価格に十パーセントほど上のせした価格であったというから、かなりお買い得であったことになる。

ダットサンの開発を進めた技術者たちが日産自動車におり、ウイリアム・ゴーハムのようなアメリカの事情に通じた技術者もいたから、彼らを中心にして自分たちで自動車の開発をするという選択肢もあったように思われるが、短い時間で完成度の高いクルマに仕上げるのは簡単なことではないというのが鮎川の見解であり、それに異議を挟むことのできるような組織ではなかった。

このグラハムページ社で開発されたトラックは、都市間の輸送に使用する目的で企画されたもので、荷台を広くするためにセミキャブオーバータイプになっていた。当時はエンジンが前にあり運転席がその後方にあるボンネットタイプが一般的だったから、特殊なトラックであった。日産が求める仕様のトラックとは少し違いがあったが、許可会社として申請するには、製造するトラックの仕様や生産計画をなるべく早く決定しなくてはならなかったから、日産には選択の余地がなかったのだ。グラハムページ社で完成させた試作トラックとその図面を日本に持ち帰り、それをもとに生産に移された。

グラハムページ社の機械設備を解体して船で丸ごと運び込んだから、アメリカでは中堅メーカーの小さい工場であったものの、さすがに日産はスケールが大きいことをすると話題を呼んだ。その据え付けと稼働がスムーズにいくようにアメリカから生産関係の技術者たちを呼んで指導させ、横浜の日産の敷地内に新しい工場がつくられた。

若手将校によるクーデター計画である二・二六事件が起こった二か月後の一九三六年四月にグラハムページ社と正式に契約し、その直後の五月に「自動車製造事業法」が成立している。日産は、許可会社の申請は七月、九月には豊田自動織機自動車部とともに認可されている。

翌一九三七年三月にはグラハムページ社設計のニッサンブランドとなるニューモデルが完成した。最初につくられたトラックをベースにしてバスをつくり、乗用車をつくった。トラックとバスは市販したが、乗用車はデモンストレーションのためで市販されていない。

この完成を機に、ダットサンとともに発表会が盛大に開催された。ダットサンシリーズの販売も好調であり、これに普通車のトラックなどのニッサン車が加わり、日産は日本最大の自動車メーカーとして自他ともに認める存在になった。トラックの試験走行でもトラブルは少なく、グラハムページ社から移設した生産工場の稼働もスムーズだった。アメリカの進んだ技術を導入した日産は、鮎川の企業群を代表する存在となり、新しいタイプの国産工業の見本ともいえる企業となった。

一九三七年五月に盧溝橋事件による日中事変が起こって中国との全面戦争に突入し、臨時に軍事予算が増加され、日産とトヨタからは大量のトラックが陸軍により購入されている。これにより、日産はダットサンから軍用トラック中心にした活動に変化していく。

鮎川は、この程度のことでは満足しなかった。日本での自動車産業をさらに確かなものにしようと、その後も瓦斯電自動車部を吸収した「自動車工業」と日産自動車の合併を模索し、フォードとの提携を探るなど活発に動いた。しかし、こうした鮎川の行動は軍部が描く自動車業界のあり方とは異なるものであったから、いずれも実を結ぶことはなかった。

そんな折に、日産コンツェルンをあげて満州で活動するというアイディアが陸軍幹部から出てきた。自動車だけでなく、資源開発なども含めて鮎川が満州の主要な工業をまとめるという構想である。

一九三二年に満州国として独立宣言して以来、工業関係の組織的活動は「満州鉄道」が握っていたが、計画的に工業を発展させようと、鮎川の持つ資金力と事業経営に期待したのである。陸軍は、もともと既成の財閥を毛嫌いするところがあり、鮎川なら軍部が考える構想に乗ると思ったからであった。既成の権威に対する反発、つまり「反骨精神を持つ」ことでは、鮎川と軍部では共通したところがあったようだ。鮎川は、新しい天地で出直そうと考えのだろうが、軍部に利用されることになった。

一九三三年にドイツではヒトラーが政権をとり、クルマ好きであったヒトラーは、人気取り政策として一家に一台のクルマを持てるようにするという国民車構想を打ち出した。フェルディナント・ポルシェ博士が設計したフォルクスワーゲンが試作され、ヴォルフスブルグの広大な土地に大規模な自動車工場の建設が進められていた。それに刺激を受けた鮎川は、満州の地で理想とする国づくりのために一肌脱ぐ決意を固めた。

当時の陸軍大臣の杉山元が提案し、近衛内閣の閣議で決定した。鮎川は「日産コンツェルン」を発展的に解消して、一九三七年十二月に「満州重工業開発」という持ち株会社をつくり、あげて満州に移ることにした。自動車製造事業法による許可会社として日産が認可を受けてから一年三か月後のことだった。

満州に活動の場を移した鮎川は、それほどたたないうちに次々に幻滅を味わうことになる。事業を進めるにしても、軍部が自分たちに都合の良いように運ぼうとして自由はなかったようだ。陸軍や官僚たちによる満州に理想の国家を建設しようというかけ声と、現実とのあいだには大きなギャップが見られた。満州では軍人が威張っていて、技術者を大切にしようとしなかったという。満州でも、鮎川はあとで述べるようにフォードとの提携交渉を持ったり、クライスラーに提携を持ちかけるなどの試みをしたが、いずれも実ることがなかった。

トヨタの自動車への参入とその前後の活動

日産がアメリカのメーカーから車両開発と生産設備のノウハウを導入して比較的スムーズに生産を開始したのに対して、トヨタは豊田喜一郎の意向により自主開発をすることになったから、当時の日本の技術水準と喜一郎の置かれている状況を考慮すると、当然のことながら苦しいスタートを切らざるを得なかった。

「豊田自動織機」内に自動車部が設立されたのは一九三三年（昭和八年）九月、そして一九三七年八月に規模を拡大して「トヨタ自動車工業」が分離独立して発足している。自動車に参入してから分離独立するまでの四年あまりの喜一郎の活動は、慌ただしくも全速力で駆け抜けた濃密で混乱をともなう時期であり、戦前における喜一郎の活動のピークでもあった。

すべての活動が豊田喜一郎を中心にして動いた。自動車に取り組んだことのない人たちや、多少の経験のある人たちを巻き込んで、たいしてノウハウを持たないなかで突き進んでいった。資金調達や事務的な仕事は、自動車のことを知らなくてもできるが、開発と生産に関する技術的な取り組みは、自動車のことを知らなくてはできないことだ。

新しい事業の推進に当たって、その見取り図を描くことができたのは豊田喜一郎だけだったから、何を優先してやらなくてはならないか、彼にしたがう人たちは、矢継ぎ早に出される喜一郎の指示のもとに必死に知恵を絞って、昼夜を分かたず働かなくてはならなかった。未知の技術ともいえる自動車に取り組むのは、次から次へと生じる難問の解決を訳も分からずに図ろうとするもので、火事場の騒動にたとえられる活動であった。

自動車への参入にしても、当時の豊田自動織機の幹部たちは、それに賛成か反対かする以外に、喜一郎と噛み合った議論ができる人はいなかった。賛成する人たちは、喜一郎の人がらと技術者としての優れた能力を信頼したからで、自動車事業の先行きが明るいかどうか判断した結果ではなかった。

豊田グループは、地域に根ざした企業として縁故による採用が多く、従業員の結束が固いという伝統があった。遊ぶことよりも働くことが人生そのものといった風潮があったという。そのために、組織として一枚岩のごとくに活動することが可能であった。

自動車に参入するための喜一郎たちによる準備活動が始まったのは、佐吉が亡くなる前後の一九三〇年ころからであった。まずは輸入されていた60ccほどのガソリンエンジンであるスミスモーターを分解しスケッチして製作するなどの技術習得活動から始められた。このとき、喜一郎にしたがう社員もわずか数人程度であった。その後も、試作したエンジンを自転車に積んで走らせ、各地にある三輪トラックの工場や部品メーカーなどをまわって準備を進めている。

いずれにしても、喜一郎を中心とするトヨタの準備活動は、当時の日本の自動車を取り巻く技術水準を考慮しても、高いものであるということはできない。むしろ、喜一郎が、具体的なプログラムを作成するための模索であったといえるだろう。このころはスミスモーターよりはるかに性能の良い国産エンジンをつくっていた発動機製造（現ダイハツ）や東洋工業（現マツダ）は、三輪トラック用の生産設備をしっかりと構築していた。

自動車に参入することを議題とした株式総会が開かれたのは一九三三年(昭和八年)十二月三十日のことだった。参入の準備が本格化した九月にさかのぼって自動車部が設立されることとなった。

トヨタの社史などでは触れていないが、一九三三年十二月二十二日に日産の鮎川が「自動車製造」という日産自動車の前身となる会社の地鎮祭を行ない、二十六日に正式に登記して発足しているから、これを受けてトヨタでは臨時株主総会を開催したと思われる。日産の動きに素早く反応した結果であろう。自動車製造事業法を立案する動きが具体化した時期だったから、日産に遅れを取るわけにはいかないという意識があったろう。

定款を改定する株主会議が開かれて、豊田自動織機自動車部の活動のための増資が承認されたのは翌一九三四年一月早々である。この増資による二百万円を当座の資金として、本格的な活動のスタートが切られた。

豊田自動織機のなかの一部門として自動車に携わる人は多くなく、組織的にはささやかな出発であった。喜一郎の手足となったのは入社間もない若手であり、わずかに経験豊富な技術者である大島理三郎などが頼りになる程度であった。そこで、自動車の経験を持つ外部の有能な技術者たちに声をかけ、組織的なポテンシャルを高める努力が続けられた。それには、仙台の第二高等学校と東京帝国大学で知り合った人たちとの交際を生かしている。

高校時代の同窓で東北大学教授となっていた抜山四郎は、専門の冶金関係の技術顧問になり、自動車に興味を示す優秀な大学院生であった斎藤尚一をトヨタに入社させている。斎藤は、本当なら首都圏にある日産のほうがよいと思っていたが、教授の紹介なので素直にしたがった。助教授だった梅原半二もトヨタ入りしている。

東京大学の教授となった学友の隈部一雄が顧問となった。隈部は当時としては珍しいほどのクルマ好きで、大学で自動車工学を受け持っていた。欧米の自動車事情についての情報を交換し、自動車をつくるにはどうしたら良いか、隈部は喜一郎のかっこうの相談相手だった。

さらに、東京大学での友人で「神戸製鋼」で三輪自動車をつくり、無類のクルマ好きだった伊藤省吾、「豊田式織機」(かつて佐吉が常務をしていて追い出された宿敵の企業)の技術者で数年前につくられた「アッタ号」という乗用車のシリンダーブロック鋳造の経験を持っていた管隆俊、かつて「白揚社」で自動車の開発に深く関与した池永羆と倉田四三郎、それに同社で購買を担当していた大野修司がスカウトされた。このほか、自動車をつくるのに欠かせない技術を持った職人たちも雇われている。

日本にあるゼネラルモーターズの販売部門から神谷正太郎を引き抜いたのも、注目されることだ。自動車の販売に関するノウハウをトヨタは持っていなかったから、日本のゼネラルモーターズで販売組織の幹部になっていた神谷は、貴重な戦力として期待された。三井物産の社員としてアメリカやカナダで活動してから独立して神谷商会を起こしたが、成功させることができず、日本ゼネラルモーターズに入った。同社はアメリカの商習慣を日本でも押し通し日本の人情を無視したドライなビジネスをしていることに、神谷は疑問を持っていたと回想録のなかで語っている。

販売活動は、神谷に任せることにして、喜一郎が勢力を傾けたのは車両開発と生産設備の充実であった。

本格的な活動が始まると、一瀉千里という言葉どおりに次々に手が打たれた。これぞと見込んだ人たちにはいっさいを任せることで、その能力を最大限に発揮させるのが喜一郎のやり方だった。任されたほうも最善を尽くそうとする。采配を振るうのは喜一郎ひとりだから、ほかに方法がなかったのだ。

『トヨタ自動車二十年史』にある「豊田前社長の思い出」という、後に傘下の愛知製鋼社長になる木村富士雄の文章によれば、一九三四年に入社するに際しては喜一郎自らが面接に臨み、木村に対して将来はトヨタの重役になるんだといわんばかりの話をして感激させたうえで「自動車に関する化学的なことをやれ」と指示したという。さらに、木村は思い出の最後に「前社長は、人を使うのがじょうずでした。人を伸ばすひとつのこつだったでしょう。全然知らなくても、全部委せるのですから、委された方は責任を感じてやらざるを得なくなります。もっとも、前社長が、仕事を委せるということは、一生がい精一杯働いてもらうということを意味していたのでした」と締めくくっている。

自動織機に関するイギリスのプラット社との交渉を兼ねて欧米の視察に行っていた、豊田自動織機の幹部技術者である大島理三郎は、一九三三年の暮れに「自動車の試作をやるから機械の買い付けをせよ」という電報を受け取っている。大島は、この電報でいよいよ自動車に乗り出すのかと思ったという。この後、自動車の組立工場を愛知県の刈谷に建設することになり、その機械設備の購入のために菅隆俊がアメリカに派遣されている。

日産は、既存の設備を手に入れたうえに、鋳造、鍛造、プレス、機械加工といった製造の基本となるものを、海外の技術者たちの指導を受けて学習したのに対し、喜一郎は、いっさい外国人の手を借りない決心をしていた。

それというのも、年間何十万台も生産することを前提にしたアメリカ式とは一桁以上少ない生産台数となるから、それでいてアメリカ車に対抗できるコストにすることが狙いとなる。そのためには、独自に工夫するしかないと考えていた。

周辺の産業が欧米ほど育っていない日本では、材料の問題があった。同じ鉄鋼といっても、自動車に適したものとそうでないものがあり、日本では自動車用はほとんどつくられていないに等しかった。依頼しても、たいした量ではないから製鉄メーカーは要求に応じてくれない。そこで、喜一郎は材料の試験や研究のための設備、さらに電気炉と圧延設備を持つ製鋼工場を建設している。鋼の権威である三島博士の指導を仰いで、自動車に適した特殊鋼をつくることにした。

独自の技術を持たないことから、車両開発はアメリカのクルマを参考にするよりほかに手はなかった。

もっともむずかしいエンジンに関しては、シボレーエンジンを模倣することにした。この時代のフォードはV型8気筒と複雑な機構のエンジンになっており、直列6気筒であるシボレー以外に選択肢は事実上なかった。当時はサイドバルブ方式のエンジンが主流だったが、このエンジンはオーバーヘッドバルブ式の進んだ機構であった。性能的に有利であるが、シリンダーブロックをつくるのは大変であった。薄肉部分が多く冷却のために水の通路を設けるので入り組んだ形状のシリンダーブロックを鋳物でつくるのは、当時の日本の技術では簡単なことではなかった。そのために、経験を持つ菅隆俊や池永羆をスカウトしたのだ。

しかし、最初の試作では、同じ形状をしたシボレーエンジンよりはるかに劣った出力しか出なかった。そのうえ、つくられたシリンダーブロックのうち使用に耐えられるのは三分の一もなかった。工業製品の場合は歩留まりを良くしないと手間と費用の無駄になる。どこがどのように悪いか洗い出して、ひとつひとつ対処していかなくてはならない。

喜一郎がめざす自動車メーカーというのは、シボレー級の乗用車を量産することだった。その最初の試みとして、エンジン開発と併行して、喜一郎を中心にして乗用車のボディの試作に取りかかった。

コストにもっとも影響があるボディ製造をどのようにするか。アメリカでは費用がかさむプレス型をいくつも使ってボディをつくる。大量に生産するから、モデルチェンジするたびに専用の型をつくっても採算がとれる。日本ではこのやり方が通用するはずがないから、コストがかからずに古めかしくならないボディにする工夫が必要だった。

喜一郎が選んだのは当時の流行の最先端をいっている流線型のクライスラー・エアフローを参考にして斬新なスタイルにすることだった。そうすれば、すぐには古くさくなることはない。

最初の試作乗用車トヨタA1型が完成したのは一九三五年(昭和十年)五月であった。量産を前提にすれば一部プレスを用いるのだが、とりあえずは手たたきの板金でボディがつくられた。しかし、アメリカの生産方式をとらずにコストをかけないでつくるための方法が見つからず、その先に進むことができなかった。

トラック開発は一九三四年五月から開始された。自動車製造事業法に対応するためには、トラックをつくる能力があることを示さなくてはならないから、乗用車だけにかかわっているわけにはいかなかったのだ。

この設計は大島理三郎が担当した。機械類を購入してアメリカから帰ってきた大島は、喜一郎に呼ばれて、半年で設計するように指示された。経験のないことを短期間でやれというのは、無理な話であることは喜一郎も大島も知っていたが、無理を承知で進めなくてはならない状況であることも理解していた。

ふたりは相談して、開発中のシボレーをモデルにしたエンジンを搭載して、丈夫であると定評のあるフォードトラックの機構を大幅に取り入れることにした。半年でやり終えるためには、手に入れることが可能なフォードやシボレーの部品を流用することも考慮された。

学校を卒業したばかりの若手を含めて、トラックの設計は大島など四人で進められた。徹夜の連続、食事の時間も惜しんでのことだった。すべてにわたって突貫工事ともいえる作業だった。

これらの作業と併行して進められていたエンジンの改良は、半年ほどかけてシボレーエンジンと同じ程度の出力が出せるようになった。文献に当たり各種のエンジンを調査し、試行錯誤の結果であった。歩留まりも良くなった。最初につくったシリンダーブロックの大半は捨てざるを得なかった。

トヨタの試作トラック一号車が出来上がったのは一九三五年(昭和十年)八月、この年の十一月に東京の芝浦にあるトヨタのガレージで行われる発表会を目標に走行試験を実施し改良が加えられた。

発表会に展示するために四台のトラックがつくられた。このトヨタ・トラックGA型はラジエターグリルのデザインに特徴があり、ビリケンマスクといわれたのは、武士の月代(さかやき)を思わせるかたちだったからだ。乗用車のほうも、デザインを東京芸術大学の和田教授の指導を仰ぐなど、ボディスタイルは喜一郎が気を遣ったところだ。

刈谷の試作工場で完成したトラックを発表会が行われる東京の芝浦まで運んでいくために出発したのは、発表会の前日だった。発表会は、トヨタが自動車をつくる能力があることを商工省や陸軍、さらには天下に広くアピールする意味があった。東京に運ぶ途中の箱根でステアリング機構にトラブルが発生し、修理してようやく間に合わせるといった慌ただしさだった。

展示されたトラックの姿を贔屓目に見れば、フォードやシボレーに負けないクルマになっていると思えないこともなかった。日産の鮎川義介も発表会に姿を見せ、大島が案内している。日産ではダットサンを売り出しており、許可会社としての条件をととのえるべく、トラックの製造権を得るためにアメリカに部下を派遣する準備をしているところだった。

トヨタは東京の発表会に引き続き一か月後の一九三五年(昭和十年)十二月に名古屋のトヨタの代理店になった「日の

出モーター」で発表会を開催し、六台のトヨタトラックを販売することにした。

完成度が高くないから、初期トラブルが出ることが予想された。そこで、販売するのは気心が知れた相手を選び、サービス体制をととのえ、いざ故障といわれたらすぐに駆けつけることのできる地域での販売に限った。購入したユーザーに走行テストをしてもらうようなものであった。

果たして、トヨタトラックはトラブルの連続だった。エンジンのオーバーヒートをはじめ、ギアハウジングが破損するなどでストップしてしまう。サービスを担当した人たちは、席を暖める暇もなく徹夜の連続で故障現場に駆けつけたという。トヨタトラックが故障するのが地元の新聞記事として報道された。

「日の出モーター」に駆けつけ、作業服で故障したトラックの下に潜り込んで点検する喜一郎の姿も見られた。どのような不具合が発生しているのか、そのための対策をどうするか率先して考えたのである。材料やつくり方に問題があり、こうしたトラブルが出るのは覚悟の上であったろう。発生したトラブルの原因を突き止めて解決できるものがあるなかで、あとに残された課題も多かった。

豊田自動織機自動車部が日産とともに自動車製造事業法による許可会社の申請をしたのは一九三六年(昭和十一年)七月、その直後に、トヨタは乗用車やトラックやバスを展示した発表会を開いてアピールした。許可会社として認可されるための必死な行動であった。日産のほうは、ダットサンを製造販売し、部品を多くつくっているなどの実績があったから、黙っていても許可会社になるという意識だったが、トヨタは許可会社となるためにあらゆる努力を続けた。そして、認可を受けたことで将来の展望が開けたと利三郎たちは安堵した。

この二社以外に実績があって、しかも自動車を量産する計画を持つメーカーはなかったから、日産とトヨタが名乗り出たことで、商工省や陸軍も同じく安堵したようだ。

陸軍の主導による「トヨタ自動車」の設立

許可会社になったことで日産とトヨタは、事業の将来がある程度保証されたものの、陸軍から突きつけられるさまざまな要求に応えなくてはならなかった。そのため、しばしば企業の自主性が失われかねない事態が生じていく。

豊田自動織機自動車部が分離して「トヨタ自動車工業」となるのも、喜一郎の意向とは関係なく陸軍の求める増産体制を構築するためであった。許可会社となって一年後の一九三七年（昭和十二年）七月に盧溝橋事件が発生して日本と中国が戦争状態になり、満州や中国で展開するための軍用トラックの必要台数は大幅に増えた。それらを主として供給するのは日産とトヨタになるから、緊急に増産体制をとるように要請されたのである。

刈谷につくられた豊田自動織機自動車部の組立工場は月産五百台規模であったが、陸軍は月産二千台規模にするように強く求めた。許可会社になるに当たって、トヨタは規模の大きい工場を建設する計画があり、そのための工場用地も確保していると明言していた。その計画を早めて実行するように迫られたのである。

月産二千台規模の工場にするには、機械設備を揃え、新しい工場を建設しなくてはならない。たびたび増資して資金を調達してきたが、新工場建設には二千万円を超える資金を用意する必要があった。そうなると、豊田自動織機だけで調達するのは不可能で、三井をはじめとして名古屋地区を中心に広く資金を集めなくてはならない。そのために、自動車部門を独立させることになったのだ。

資金調達に奔走したのは豊田利三郎であった。新会社設立に熱心に動いた利三郎がトヨタ自動車の初代社長に就任することになり、喜一郎が副社長になったのは、こうした背景からである。新会社の設立は、喜一郎の思惑とは別の行動であったが、生産設備などは喜一郎の指令によるものであった。喜一郎から「月産二千台の工場を建設せよ」という一片のメモにより菅隆俊は、主としてアメリカから工作機械を買い付け、工場建設で主導的な役割を果たした。

当時の挙母（ころも）町にあった論理が原という荒れ地六十万坪に建てられた規模の大きい工場が、現在までのトヨタの本拠地となっており、現在は豊田市という地名に変わっている。

人が住んでいないところにトヨタの工場ができ、周辺に家が建てられた。トヨタの技術陣によって独自のレイアウトで工場の施設がととのえられたために、のちになると、余裕がある場所と、機械と人が集中せざるを得ない場所という濃淡ができたようだ。ちなみに、月産二千台というのは、当時のフォードにとっては一日の生産量であった。なお、豊田はトヨダと発音するが、独立した自動車メーカーになるに当たって、濁点をとってトヨタと名乗るようになって現在に至っている。トヨタ自動車工業の設立は一九三七年八月、資本金千二百万円である。実際に工場の操業が開始されたのは翌三八年十一月三日で、トヨタではこの日を創業記念日としている。


大衆乗用車を量産することが目標であったものの、自動車製造事業法の成立によってトラック中心のメーカーになるのは、時代の流れからすれば仕方ないことであったが、喜一郎の心境は複雑だったにちがいない。

社内報の「トヨタニュース」など公的な記録として残されている彼の文章では、事業法の成立を歓迎しているものの、本心はこんな法律がなくて好きなように自動車をつくるのが望みであったろう。アメリカより一桁以上少ない生産台数で、いかにコストを下げることができるか。他の分野の製品では外国より安くて良いものがたくさん日本でつくられている。自動車でも、それができないはずはないという考えで行動を起こしたのだが、やはり簡単ではなかった。生産に関しては、必要なものを必要なときに必要なだけ用意するジャスト・イン・タイムにすることで、製造にかかるコストを引き下げる考えだった。これが、のちにトヨタ生産方式として確立するもとになった考えで、それを具体的に実践して成果を上げるのは戦後のことである。

試作車を改良したトヨタAA型乗用車が出来上がったものの、一九三八年（昭和十三年）八月には、トヨタと日産に対して乗用車の製造を禁止する通達が商工省から出され、喜一郎の抱いた自動車メーカーのあり方とは異なる方向にますます進んでいく。

喜一郎が生活の場を含めて活動の中心を名古屋から東京に移したのは、トヨタ自動車としての活動が開始される二年前の一九三六年のことである。首都圏の情報を得ることのほか、部品や材料の購入など新しい取引先を見つけるなど、愛知県ではできないことがあったからというものの、軍部主導のやり方に距離をおきたいためでもあった。

東京に家族をあげて引っ越した喜一郎は、芝浦に研究所を設置して自動車だけでなく航空機やロケットなどの研究や調査を始めている。自動車の先の工業製品まで視野に入れて、技術の将来と工業化の方向を探ろうとした。喜一郎が自動車に注目したのは、製品としての面白さと奥深さに魅せられたからであるにしても、新しい技術の先がどうなるか、自動車は技術追求のメタファーとしての意味があったといえるのかもしれない。

もともと喜一郎が自動車に参入したのは技術的な挑戦の意味があり、壮大な実験でもあった。その実行のためにトヨタグループの組織を動員し、自動車事業製造法という法律の成立を利用したのであった。金食い虫でもある自動車で成功しない可能性もあるという認識を持っていたから、喜一郎は失敗したら佐吉の故郷である浜松に帰って農業でもやればよいと覚悟をしていた。

しかし、紡織機で中京地区の有力な企業になっており、それを支えていた人たちが、自動車でも事業として成立させようと懸命の努力をしていたのだった。喜一郎の意志とは関係なく、企業の意志ともいえる首脳陣の活動であり、軍部の意向に添うことが必要なら、それをためらうことはなかった。喜一郎が東京に行こうがどうしようが、トヨタ全体としてみれば、しっかりとした組織的な活動になっていたのである

日産とトヨタの組織的な違い

さまざまな問題を抱えながらも、日産とトヨタは、自動車メーカーとして経験を積む機会を得た。トヨタで神谷が中心となってつくられた販売網はゼネラルモーターズ式で、同社のディーラーのいくつかをトヨタの販売店として鞍

替えさせている。日産でもダットサンで培った販売組織は、それまでの日本の自動車メーカーとしては群を抜いて強力なものであった。しかし、戦時体制が強化されるにつれて、自動車も統制品となり、市場に出まわるものではなくなっていき、メーカーの販売組織は重要でなくなっていく。

車両開発や生産設備の構築から人材の育成、組織のあり方などに日産とトヨタでは違いが見られるのは、アメリカから車両の製造権を購入し、設備もそっくり移設した日産と、自分たちで何もかもやろうとしたトヨタの違いでもあった。

日産ではグラハムページ社からトラックの製造権を獲得した際に、必要な部品をアメリカで購入してストックしていた。しかし、アメリカとの貿易は戦時体制になるにつれて厳しくなっていったから、ストックしたものを使い切る前に国産化を図らなくてはならなかった。

日産もトヨタも、トラックのトラブルを抱えており、軍部から改良するように催促されていた。その解決に手間取るなかで、陸軍からの相次ぐ増産要請に応えなくてはならず、自動車メーカーとして順調に推移したとはとてもいえない状況だった。

日産グループは、鮎川義介による典型的なトップダウン組織になっていて、鮎川を取り巻く幹部たちも、鮎川の指令に忠実に行動する組織であった。細部は任せるにしても、根幹となる方針は鮎川から発せられた。幹部たちも鮎川のほうを見ており、鮎川との距離の近さで幹部の序列が決められた。

これらの幹部は、並び大名と称されていた。鮎川の係累であり一九三七年に日産に入社し、戦後の日産自動車のアメリカ輸出で腕を振るった片山豊によれば、鮎川は学者タイプの紳士を好んだという。状況判断が的確にできて工学的な知識をしっかりと持っている人たちだったようだ。さらに、営業畑の山本惣治も有力な幹部で、自動車販売の中心になり、技術系の幹部とは異なる灰汁(あく)の強さがあったが、鮎川には忠実であった。異色の人物としてウイリアム・ゴーハムがいた。

鮎川は日産自動車の初代社長に就任したものの、その先の具体的な行動ではほとんど部下たちに任せた。組織が軌道に乗るまでは自分の描くシナリオどおりに動くように指示し、組織運営のために人材を求める場合には、顔の広さを利用する。軌道に乗った組織は、部下たちに任せる。拡大することに急で、組織を固めることにまで手がまわらないという弱点があり、日産自動車も同様であったが、軍部が主導権を持つようになっていくので、戦前においては、そのことがあまり表面化しないですんだのだった。

日産のトラック生産は、グラハムページ社の機械設備とともにシステムも導入していたので、当時の日本の工業製品が手づくりに近いかたちであったのと比較すると桁違いに進んでいた。製造工程表に基づいて流れ作業がきちんとできていて、使用する工具も工程表にのっとって能率的に使われた。この時代の切削などに使用する工具や工作機械用の刃は、切れなくなると作業員が外して研ぎにいくのが普通だったが、日産の工場では研磨集中管理システムになっていた。専用の工作機械の種類も多く、品質の良い部品をつくる体制になっていた。他のメーカーから見学に来る人は感心して帰っていったという。量産体制の構築でも、飛行機メーカーよりも進んだものであったという。

日産自動車社長が鮎川から村上正輔に交代するのは一九三九年(昭和十四年)五月である。同社の常務となった朝倉毎人の進言によるものだった。鮎川が満州での事業に力を入れるようになっているのに社長を続けているのは好ましくないと思ったからだ。代議士から転じて日産に入った朝倉は、鮎川の企業提携や政治的な動きを助ける重要な役目を果たすようになっていた。自動車産業を日本に根付かせようとする鮎川の活動に共鳴して政治家から転身したものである。

朝倉は政治家によく見られる強引さがなく、状況判断をきちんとできる人物であり紳士であったという。朝倉は、日産の組織の弱点に気づき、少しでも良い方向に向かうように、一家言を持っている村上が社長になるのが良いと判断したのだ。村上は、鮎川に次いで「戸畑鋳物」の社長となり、自らも先進技術開発を進める技術者でもあった。

鮎川も、一目置くようになった朝倉の進言を退けるわけにはいかなかったのは「満州重工業開発」のもとで「満州自動車製造」を成立させたからでもあった。

組織が拡大するに応じて、日産でも有能な人材が求められた。幹部の技術者として迎えられたのは、商工省の技官だった飯島博、三井造船から戸畑鋳物を経て入社した鍋谷正利があげられる。飯島は、商工省で自動車製造事業法の成立に関わり、日産が許可会社になったときに親しくしていた村上の誘いで入社したものだ。鍋谷は、村上と親しく技術者としての能力を買われたものだった。販売の中心だった山本惣治は、鮎川とともに満州に行き「満州自動車製造」の専務理事になり、日産の販売部門は朝倉が統括することになった。

社長に就任した村上は、すぐに組織改革を図った。その立案と実行部隊が企画管理部門としてひとつの組織になっていたので、責任の所在が明瞭になるように管理部、研究部、検査部に分割し、それぞれに部長を配置した。業務部も、購買部、製造部、庶務部となった。同時に、主要部門の部長および常務取締役以上の役員とで構成される会社の意思決定機関が設立された。戸畑鋳物の社長であった当時の村上は、鮎川が自動車に参入するのは反対であったようだが、実際に自動車メーカーとなってからは、その成功のために努力していた。しかし、脳溢血で倒れたことのある村上は、万全の体調で社長職をこなすことができず、浅原源七が専務として補佐していた。村上が体調万全でもっと長く経営していれば、日産も多少は違った方向に進んだかもしれない。

二年後の一九四二年(昭和十七年)三月に村上は体調不良で社長の仕事に支障を来すようになり、浅原が社長に就任した。その後も、工藤治人、村山威人と戦争が終了するまでに短期間で社長が交代している。

なお、戦前に日立製作所から日産に途中入社した技術者である奥村正二の思い出によれば、厳しく働かせるばかりの日立に対して、日産は「社内の空気が非常におおらかで、私はこれはいい会社に入ったと喜んでいたんです。勤務時間なんかは変わらないんですけれども」ということだ。

太平洋戦争が始まってからは、製造検査の権限などは軍部から派遣された検査官が握り、メーカーとしての自主性が失われ、社長として権限を行使し、組織の方向を示す機会も少なくなる。

新しい世代のリーダーをどのように育成するかは組織にとって大きな課題であるが、日産の場合は、鮎川の個性が強くて、それにしたがう体制になっていたので、組織の革新を生み出すための積極的な姿勢が見られない伝統があった。社是や社訓といった行動の指針がつくられることもなかった。若手リーダーの育成などにも積極的な動きが見られなかったのは、新興財閥の抱える問題であり、鮎川の組織のつくり方の問題でもあった。戦時体制になることで、その弱点は表面化することはないままであった。

トヨタ自動車は、豊田喜一郎の思想を反映した組織になっているが、その社是などはグループの基礎をつくった佐吉の考えを継承している。豊田グループの綱領は「上下一致して国家社会の役に立つこと、研究と創造に心がけ時流に先んじること、華美を戒め質実剛健であること、温情友愛の精神を発揮し家庭的美風を作興すること、神仏を崇拝し報恩感謝の生活をすること」である。そのもとになっているのが二宮尊徳の思想を受け継ぐ報徳社運動で、これは滅私奉公を旨とする思想であり、トヨタ自動車の企業風土に影響している。現在でも、豊田家が組織の中核となって、宗教的な匂いさえ感じさせる伝統が息づいているのは、この名残りであろう。

喜一郎は、リスクの大きい事業に取り組むのであるから、無駄なところに資金をつぎ込むことを極力避けるようにした。自動車の開発や生産のためには資金の投入を惜しむことはなく、必要とあれば高額であっても質の良い工作機械を購入するのをためらわなかった。技術に関係のないもの、たとえば事務所の建設や備品の購入などでは、見栄えが良いものではなく実質的で価格の安いものにした。クルマをつくるのに関係のないもので贅沢を許さなかった。これは、その後のトヨタの質素で無駄に資金を使わない伝統をつくりあげた。重役室や応接室にしても机や椅子は高級品にしなかった。

自動車メーカーとして名乗りを上げたときには、スカウトした技術者や経験者たちが組織のなかで重要な地位を占めていたが、活動を続けていくうちに、将来的に指導者として適しているかどうか、喜一郎によって判断されたと思われる。製鋼部門や工機部門などが独立し、組織として見れば拡張路線であったから人材はたくさん必要とした。工機部門が「豊田工機」となり、製鋼部も独立して「愛知製鋼」になっている。また、部品供給などのために中国の上海や天津に工場がつくられた。

喜一郎を中心とする中核組織は、次第に喜一郎の眼鏡にかなった人たちで固められていくようになり、早くから若手のエリートを育てようとしている。

喜一郎の従弟にあたる豊田英二が入社したのは一九三六年(昭和十一年)で、ようやくトヨタ製の自動車が出来上がったときだった。英二は、喜一郎の要望で東京帝国大学工学部機械科の卒業と同時に入社している。英二は佐吉の弟である平吉の長男で、豊田平吉は押切工場を経営しており、英二を後継者にするつもりだったようだが、喜一郎からぜひにと頼まれた。従兄弟といっても、一九一三年(大正二年)生まれの英二は喜一郎より十九歳下だった。喜一郎は、最初から自分の右腕としてエリート教育を施した。トヨタの学卒第一号として入社した斎藤尚一も、同様にエリート教育を受け技術部門を背負うひとりになっている。

喜一郎は、誰にでも気軽に声をかける人ではなかったから、喜一郎と親しく会話ができることはエリートの証であった。初期の幹部のなかで、喜一郎や英二に近かった人たちがトヨタの首脳陣となり、トヨタの中にエスタブリッシュメント・グループともいうべき人脈が形成された。それが、次の世代の人たちにも引き継がれ、能力があることが前提になるが、組織の中枢を占めるようになっていく。トヨタは、豊田一族だけでなく首脳陣も血脈のつながりが大事にされる組織であった。

日産もトヨタも、トラックの量産で経営的に軌道に乗ったものの、さまざまな問題を抱えたままであった。とくに車両の技術的な未熟さは簡単に克服されなかった。満州や中国では多くのトラックが必要であり、その緊急度が増しているのに、それに応じることができないばかりか、アメリカ製のトラックと比較するとトラブルが生じる率が高く、走行中にストップすることがよくあった。これらの戦闘地域の多くは点と線で結ばれていたから、ストップすることは敵陣のまっただなかに取り残されることを意味した。トラブルに備えて補修用の部品も揃えておかなくてはならないが、その供給もなかなかスムーズにいかなかった。

現地からのクレームや要求は、陸軍の整備局から日産とトヨタに伝えられ、急いで対策するように指令される。一九三九年(昭和十四年)には商工省内に「自動車技術委員会」が設置されて、自動車メーカーや陸軍、内務省、鉄道省企画院などからなる委員による会議が定期的に開かれた。国産トラックの抱えている問題が話し合われ、どのように改善するか検討された。メーカー代表として出席した豊田喜一郎や日産の浅原源七に強い要望が出された。しかし、不具合は何が問題か分かっても、すぐに解決することができないことが多かった。均質で理想的な鋼材を入手するためにどうするか、喜一郎は粘り強く取り組み、方向性を見出しつつあったが、陸軍が今すぐなんとかしろというので、かみ合う話にはならないことがよくあった。

陸軍から出された改善命令では、日産よりもトヨタに対してのほうが多かった。エンジン関係だけでなく、ギアの摩耗やスプリングの切損など弱い部分があった。

トヨタでは、トラックの改良のために監査改良部を設け、その係長になったのは豊田英二であった。入社して数年のうちに英二が、喜一郎の意向を受けて中心的に活動するようになった。期待される以上の働きをすることで、豊田一族が特別であることを印象づけることに貢献した。

フォードとの提携問題および戦時体制下の活動

日産もトヨタも、陸軍からのトラック増産要請に対処できなかったので、必要なトラック供給を図るために便宜的な方法がとられた。フォードとゼネラルモーターズを利用したのだ。事業法の成立でフォードとゼネラルモーターズの日本での生産台数が制限されたが、トヨタはシボレーの部品を、日産がフォードの部品をそれぞれ制限外で輸入して緊急につくって陸軍に納入された。日産とトヨタが自動車製造事業法による許可会社として輸入に便宜が図られていることを利用しての措置であった。背に腹は代えられないということであろう。

そんななかで、日産の満州移転計画が持ち上がり、それにともなうトラックのモデルチェンジが実行された。

満州に本拠地を移した鮎川は、満州で必要とするトラックをつくるのに、フォードの部品を輸入して日産の工場で組み立てて満州に運んだ。これを契機に、鮎川は満州でフォードとの提携の可能性を求めて交渉を進めた。日本からの閉め出しが図られているフォードは、資産を守るために、この提携に意欲を示した。

日本フォードの支配人であるベンジャミン・コップとの交渉で、フォードが日産自動車と合併したのちに、鮎川の主宰する満州重工業開発のもとに「満州自動車事業」として、合併した企業を引き継ぐことで合意に達した。フォードは、提携するにしても満州に直接進出することはアメリカの事情から適当でないと判断して、日本にある日産自動車との合併という過程を経ることを提携の条件にしたのだ。一九三八年(昭和十三年)十月に合意の一歩手前まで交渉が前進した。合意すれば、フォードと提携した日産自動車が満州に移転することになる。

鮎川がフォードとの提携を熱心に進めたのは、このころになると陸軍からニッサントラックの不買運動を起こされていたことも関係していた。

グラハムページ社で設計されたニッサントラックは、根本的な問題が表面化していた。キャブオーバータイプになっていたので運転席が前方にあるから、地雷を踏むと乗員が助からないことが多かった。全幅がシボレーやフォードより大きいので、中国の町中に入るときにつくられている城壁にある門を通過することができず、外に止めざるを得ない。そのうえ、エンジンは運転席の下にあるので整備するのに手間がかかる。もともとアメリカの舗装路を高速走行することを目的につくられていたから、未舗装の悪路を走るのに不向きであった。陸軍から苦情が出てきたのである。

やはり安定した性能で使い勝手の良いフォード製トラックを生産したほうがいいと鮎川は考え、フォードと提携して、そのトラックを生産する計画を立てた。

しかし、日本にいた日産自動車の幹部はすべて、この鮎川の計画に反対した。取締役全員の署名を集めて鮎川に考え直すように求めた。満州に施設ともども移転するのは、あまりにもリスクが大きいと考えたからである。

鮎川は、日本の自動車技術が遅れている例証として、ニッサントラックの問題をあげた。陸軍の要求に沿うかたちでつくるにはフォードとの提携が良いと、反対する日産自動車の重役陣を説得しようとした。しかし、今度ばかりは鮎川のいうとおりにはならなかった。それなら、陸軍が欲しいトラックを自分たちでつくることができるのかという鮎川の詰問に対して、代表として鮎川に会った浅原は、やってみますと応えたのだった。

実際には、最終的な詰めの段階でフォードが提携に難色を示したので契約は成立しなかったが、日産では満州に移転することを阻止するためにも、トラックのモデルチェンジに全社を挙げて取り組むことになった。

浅原専務がこのプロジェクトの責任者となり、鍋谷正利設計課長が幹事として実務を取り仕切り、生産関係はのちに横浜工場長になる原科恭一が当たることになった。鍋谷は自動車の経験は浅かったが、もとからクルマに興味を持っていて、どのように改良するか検討していたところだった。この時代の主流であるボンネット型にして、車両サイズもフォードなどと同じ寸法にして、シャシーを丈夫なタイプに設計し直すことにした。

この新しいトラックの設計図などの書類には、他のものと区別するために赤線を引いて作業は最優先で実行された。資材の購入から部品の試作、治具の製作など、他の仕事をなげうって取り組まれた。それまでのトラックは80型と称されていたが、ボンネット型の新トラックは１８０型となった。着手してから半年あまりの一九四〇年(昭和十五年)五月に完成し、すぐに走行テストが開始され、生産のための試作車づくりを経て一九四一年一月からラインで生産された。これが戦争の終了までつくられた日産の主力製品となった。

この後、日本に残ることになった日産自動車の株は、戸畑鋳物を吸収合併した日立製作所などが多くを所有するようになり、個人ではほとんど持っていなかった鮎川の影響力は限定的となっている。

ところで、フォードと日本のメーカーとの提携は、その前から画策されていた。一九三八年(昭和十三年)から三九年にかけて、日本フォードとトヨタと日産の三社が提携して新しい自動車メーカーをつくり、三番目の事業法による許可会社になる計画が浮上したのである。日本メーカーの技術的な未熟さを補うためであった。

商工省が、日本の自動車産業を発展させるにはアメリカのメーカーと提携したほうが良いという路線をとるようになったからだが、それは明らかな路線変更であった。自動車製造事業法を推進したときはアメリカのメーカーの活動を制限することが商工省の狙いであったが、法律の施行から二年以上経過して、日本の自動車メーカーが一本立ちするのがむずかしいと判断したといっていい。ゼネラルモーターズが日本から撤退する方向を決めたのに対し、フォードがなおも日本での活動の持続を模索したこととも関係している。

商工省のなかで自由貿易を推進する勢力が、小川郷太郎大臣の承諾のもとに動き出したのだ。事業法成立のために活動した官僚たちの多くは、法案の成立直後に自動車を担当する工務局をはなれている。かれら革新官僚たちはいずれも栄転し、岸信介は満州で国を挙げての計画経済による統制に手腕を発揮し、その後は政治の表舞台で活動するようになる。事業法がフォードとゼネラルモーターズの活動を制限したのは、行き過ぎだという主張が商工省内にあったから、その成立直後に人事異動があったともいわれている。

商工省は、まずトヨタ自動車に対してフォードとの提携を勧告した。トヨタのほうが量産体制の確立で日産より遅れているように見えたからである。陸軍の要請に基づきトラックの生産増強を進めたものの、車両の出来、生産設備の効率性などに関してトヨタは苦戦していた。

豊田喜一郎自身は、商工省のこうした動きに反発を感じたに違いないが、生みの苦しみのなかで足掻いていたときだけに、喜一郎の心境は複雑だったであろう。乗用車をつくりたくてもできず、当初に考えたのと異なる方向に進んでいたから、気持ちのなかに「揺れ」が生じていたと思われる。

このときに社長であった利三郎がフォードとの提携勧告に積極的に応じる姿勢であった。喜一郎は消極的に賛成したとも考えられる。これを機会に若手のリーダーである豊田英二と斉藤尚一のふたりが、アメリカでの研修をフォードが受け入れるという条件がつけられていた。喜一郎は、自動車メーカーになってから、ことあるごとに多くの文章を残しているにもかかわらず、このフォードとの提携については触れていないようだし、身近にいた英二などにも多くを語っていないようだ。喜一郎が忸怩たる思いでいた可能性が強い。

この日産を除外した提携に、鮎川が黙っているはずがない。日産とフォードの提携を考えていた鮎川の意向で日産も加わることになり、仲立ちは商工省がしている。新会社は、フォードが四〇パーセント、日産とトヨタが三〇パーセント出資することで合意した。この仮契約にはトヨタ自動車を代表して豊田利三郎がサインしている。一九三九年(昭和十四年)十一月に三メーカーの出資によるフォードの設備を利用した新会社が設立する運びとなった。

しかし、この商工省が主導した新会社の設立は陽の目を見なかった。計画の推進に当たっては、軍用トラックを統括する陸軍整備局に話を通していたであろうが、最終的に「まかりならん」ということになったという。軍部は、あくまでも海外資本が入ることは好ましくないと原則を曲げようとしなかった。商工省が軍部の圧力に屈服したのは、日米関係が緊迫しつつあったことも影響したのであろう。

フォードとの提携による新会社が認められなかったために、英二と斉藤尚一は歓送会までやってもらったのにアメリカ行きは中止となった。

トヨタがそれまでの経験を生かしてGA型から新しいトラックKB型に切り替えるのは一九四二年(昭和十七年)二月のことである。エンジンやフレームなど最初のトラックの欠点をなくすべく設計し直したものであった。最初のトラックが完成してから五年たって、トヨタでもそれなりに自信が持てるものができるようになったのだ。

トヨタはトラックのモデルチェンジ前の一九四一年十二月に陸軍が要求する月産二千台のペースに乗せることに成功していた。

モデルチェンジによる車両開発や設備の切り替えなどで成果を上げるには、やはり時間が必要だった。技術の蓄積は一朝一夕でできるものではないが、独自に車両開発と量産体制の確立に取り組んだトヨタは、次第にノウハウを獲得して改良して成果を上げていた。日産に対する遅れも、少しずつ取り戻していった。

このころには、アメリカとの関係も悪化しつつあった。一九三九年(昭和十四年)七月、アメリカ国務長官から日米通商航海条約の破棄が通告された。日本とアメリカの対立が抜き差しならないものになったことを意味する。日本政府のなかでアメリカとの関係修復を願う人たちが中心になって交渉が続けられたが、一九四〇年一月に条約は猶予の六か月が過ぎて失効した。これ以降、アメリカは日本の生命線ともいえる石油確保のさまざまな試みをことごとく妨害し、アメリカにある日本の資産を凍結、日本は追いつめられていく。

フォードとゼネラルモーターズは、一九三九年いっぱいで日本からの撤退を決めて引き上げた。ちなみに、日産自動車の年間生産台数のピークは一九六八八台(一九四一年度)、トヨタは一六三〇二台(一九四二年度)であった。これ以降は、資材の不足で生産を伸ばすことができなくなった。

トヨタ自動車の創業者といわれる喜一郎が、同社の社長になるのは一九四一年(昭和十六年)一月のことである。利三郎が会長に就任する。フォードとの提携が不成立に終わってからは利三郎の出番はなくなっていた。軍部の意向が組織活動に大きな影響を与える傾向が強まり、社長に就任したからといって、喜一郎の行動に格段の変化も見られなかった。何とも皮肉なことである。

喜一郎が社長に就任したときに、財務担当の重役として当時の帝国銀行(後の三井銀行)から赤井久義がスカウトされている。財務の専門的訓練を受けた人物である赤井が、トヨタ自動車の財布のひもを握る大番頭となり、赤井はその後のトヨタの財務担当重役のあり方をつくりあげた。

副社長となった赤井が采配をふるい、陸軍との折衝も引き受けた。赤井が取り仕切ることで組織はスムーズに運営された。利三郎たちによる「喜一郎の暴走を監視する」時代が終わり、トヨタ自動車が豊田グループの一企業から、実質的にグループを代表する企業になった。戦時体制が進むと、繊維関係などの軽工業は先細りとなり、かつての親会社であった豊田自動織機も、トヨタ自動車から依頼されて自動車部品をつくるようになり、兵器の生産にも手を染めるようになった。

この年(昭和十六年)十二月に日本は太平洋戦争に突入し、トヨタ自動車は、ますます喜一郎が思う方向からはなれていく。以前にも増して、喜一郎は社長としての役割を果たさなくなる。それでも、トヨタ自動車は喜一郎を中心に動いているイメージを与え続けた。喜一郎あっての自動車であるという意識が従業員全体に行き渡っていたからであり、トヨタの幹部たちが喜一郎の意志にしたがう姿勢を持ち続けたからである。

太平洋戦争に突入してから陸軍の肝いりで「自動車統制会」が設立された。資材が配給制になり、ほとんどの物資が統制される。翌一九四二年七月には「日本自動車配給会社」が設立されて、メーカーごとの販売店が統合されて販売の自由度はほとんどなくなる。生産された自動車は優先順位が付けられて配給され、民間では自動車を入手することができなくなった。

こうした動きと前後して「東京自動車工業」から社名を変えた「ヂーゼル自動車」(のちのいすゞ自動車)は、一九四二年五月に三番目の自動車製造事業法の許可会社となっている。ガソリンエンジン車をつくる日産とトヨタに続いて、ディーゼルエンジンのトラックをつくるメーカーとしてであった。このときに、新しく建設された都下の日野工場は陸軍の指令で分離独立して「日野重工業」となった。こちらはディーゼルエンジン搭載のブルドーザーや戦車をつくることになった。なお、ヂーセル自動車の戦時中の最盛期には、年間七千台ほどの軍用トラックを生産している。

一九四三年(昭和十八年)になると、商工省は新設された軍需省に統合されて姿を消してしまう。日本の工業すべてが軍需工場として兵器の生産に邁進するためであった。

アメリカ軍との戦いも劣勢であることが明瞭になり、トラックよりも航空機の必要性が高まっていた。それを受けてトヨタも日産も、航空機用エンジンをつくるように指令を受けている。

トヨタは川崎航空機と共同で新しい工場を建設し「東海飛行機」を誕生させた。社長には喜一郎が就任、隣接する「豊田工機」(一九四一年にトヨタ自動車から分の独立した工作機械メーカー)と組んで、航空機エンジンの生産に取り組んだ。ダイムラーのV型12気筒という複雑で高性能なエンジンを生産する計画であったが、日本の技術と機械レベルでは使用に耐えうるエンジンをつくることができず、戦争終了までさまざまなエンジンがつくられた。

日産では静岡県吉原にある繊維工場を陸軍の斡旋で譲り受けて航空機用エンジン工場にした。練習機用の空冷エンジンや船舶に積む小型エンジンを陸軍が持ち込む図面をもとにつくった。このときに日産自動車は、社名を「日産重工業」に変更している。

両メーカーが航空機用エンジンの生産をするようになったのは、自動車製造事業法の立案に際して、陸軍では将来的に許可会社がその技術と設備を使って航空機エンジンの製造に関わることを想定していたからであった。第一次大戦時に、ヨーロッパでは自動車メーカーが航空機用エンジンをつくって戦争に協力していたから、それと同じことをしようと陸軍は考えていたが、実際にはそれほど役に立ったとはいえない程度で終わっている。

最初から軍用中心に進んできた日本の飛行機産業は、量産化では自動車よりも遅れていた。開発から生産まで陸海軍の意向に添って進められたので、事業としてみると、最初から利益が保証されていたこともあって、多くの飛行機メーカーは生産効率を上げようとする発想に欠けていた。かかった経費に利益を上載せして請求すれば、軍需予算から支払われたからである。使用する工作機械も高価なものが多く、効率よく量産体制を構築することの優先順位が高くなかったのである。こうした体質は、戦後に自動車に参入した飛行機メーカーを前身に持つ企業が、高コスト体質から抜け出せない伝統となった。その点では、トヨタも日産も、最初から量産することを重視し、欧米の自動車に追いつこうとする意識を持った活動であったことが有利に展開することになる。

戦争協力として見た場合、アメリカの自動車メーカーの力強い生産力とは大きな違いであった。アメリカでは戦争が始まろうとしているときに自動車メーカーがそろって兵器生産に切り替える準備を進めた。新型モデルの開発を凍結し、各メーカーが組織的に取り組んだ。日本では、軍部の要求に応えるべく右往左往しなくてはならなかったのとは対照的だった。巨大化している自動車メーカーが量的・質的なポテンシャルを発揮して、それぞれに航空機や装甲車などの量産体制を構築した。その供給量は圧倒的であった。

一九四三年（昭和十八年）十二月に軍需会社法が成立して、トヨタと日産も真っ先に軍需工場に指定された。これにより、人事権なども軍需省に握られた。指定された企業は民間形態を残しながらも軍需大臣の管轄下におかれて、いっそう戦争目的を優先することになった。

村上正輔のあとを襲って日産重工業の社長になっていた浅原源七が、一九四四年九月に辞任に追い込まれたのも、陸軍の意向であった。日産の生産工程で権限を持つ軍人の監督官のやり方に疑問を抱いた浅原が、その改革を進言したことで陸軍の心証を悪くするとともに、この前後の日産の生産台数がトヨタより少なかったことで責任を取らされた。浅原にしてみれば、よかれと思ってしたことであったが、泣く子と陸軍には勝てない時代であった。

トヨタは、常に遅れているという意識を持っていたから、少しでも進化させようとする企業意志があり、その成果が少しずつ実ってきていた。それに対して、日産は、当初の圧倒的なリードからの進化は見られずに、トヨタとの技術力の差は縮まって、潜在能力で見るとリードされたといえるかもしれない。

終戦の年となる一九四五年（昭和二十年）に入ると、資材不足により安全性を無視した戦時型トラックがつくられたが、それさえ生産する台数は減少していった。

空襲は激しくなるばかりで横浜にあった日産は、空襲と疎開の準備に追われ、生産はほとんどストップした状態で終戦を迎えた。トヨタもそれに近い状況であった。

第二章　戦後の混乱期の動向・一九五〇年までの五年間

敗戦の混乱のなかでのスタート

日本は敗戦によって、一九四五年八月に軍事体制が終わった。戦争が続いて本土決戦となれば、多くの人たちは命の保証もないかも知れないと思っていたが、とりあえずはその心配がなくなった。戦争という重しが取れて、豊かさや贅沢と無縁であった生活だけが取り残された。

戦争に破れても配給制度が維持されるなど、曲がりなりにも国家体制は維持された。しかし、行政に国民の生活を保証する力はなく、各自がなんとかしなくては飢え死にする可能性すらあった。負けたから仕方ないと、多くの日本人が思っていた。暴動も起こらず、長いものに巻かれざるを得ないというムードが支配的で、統治するためにやってきたアメリカの占領軍（ＧＨＱ）も、ほとんど抵抗にあわなかった。君臨したのはマッカーサー元帥で、ＧＨＱは、まず武装解除し、次いで民主化政策、財閥解体などの新しい政策を打ち出した。

軍需産業として成立していた自動車メーカーも、自分たちの手で生きていく道を探らざるを得なかった。軍需製品をつくっていたから、これからどうなるのか、どのように新しい時代に対応して企業の存続を図るか、見通しを立てることが困難ななかで戦後がスタートした。

民需転換が認められたのは終戦から一か月半後の一九四五年九月下旬のことだった。これにより、民間用としてトラックの生産のメドがつく。各メーカーはそれぞれに民需転換の申請を出して個別に許可を得たが、自分たちの組織以外に頼りになるものはなかった。申請するのに多少の時間的な差があったものの、どのメーカーも基本的には戦前につくっていた自動車と同じものから生産を始めている。

輸送機関は壊滅状態だったからトラックの必要度は高かったが、材料の入手も容易ではなく、工場の設備も疲弊しており、生産を軌道に乗せるのは容易でなかった。そのうえ、販売しても資金の回収が思うようにいかないなど、自動車メーカーの経営は苦しい状態が続くことになる。しかしながら、戦争遂行を優先していた時代とは異なって、自分たちが努力すれば将来への希望を持つことができる可能性があることが励みになっていた。進駐軍がやってきて、豊かさの象徴ともいうべきアメリカ車を実際に目にして、彼我の差を感じながらも、彼らの豊かさを自分たちのものにするという目標を持つことができた。

日産もトヨタも、戦争終結まで創業以来十数年経過しているが、このあいだに自動車メーカーとして、どの程度の実力を身につけたのだろうか。

戦時中に月二千台のトラックの量産体制をつくり、モデルチェンジを経験することで性能向上や耐久性向上のノウハウをそれなりに獲得できた。輸入できなくなったこともあり、工作機械を自製して生産設備の充実を図っている。トラックという限られた製品であるにしても、車両開発と生産設備の両方で経験を積むことができた。

いっぽうで、喜一郎がめざした大衆乗用車の量産化に関しては、ほとんど進歩が見られなかった。トヨタでは、A型乗用車のほかに戦時中に将校が乗るための乗用車をつくっているが、いずれも試作段階を超えたものにはなっていない。日産も同様である。

トラックに比較すると乗用車は、機構的にも複雑であり、ユーザーの要求も多様である。次々に新しい機構を採用しトラックより技術進化は著しいものだった。第二次世界大戦以前でも、欧米では、さまざまな革新的な試みがなされていた。したがって、日本の自動車技術は、戦後のスタートに当たって、依然として欧米に大きく差がつけられたままだった。

終戦により、市場（マーケット）を意識しなくてはならない時代が始まった。資材も配給ではなく、自分たちで調達しなければならなかった。自動車メーカーの活動としては、まともな姿になったというべきであろうが、自由に活動できる代償はとてつもなく高いものだった。

飛行機の生産が禁止されたことで、多くの技術者たちが自動車の開発や生産部門で活動するようになったことは、自動車メーカーの技術力向上に大きく貢献する。飛行機と自動車は技術的に違いがあるにしても、基礎工学の知識と経験をベースにして応用力のある優秀な技術者たちが力量を発揮するようになる。彼らが活躍するのは戦後すぐよりも、自動車の需要が増えて自動車メーカーが成長していくようになってからであるが、彼らを獲得するチャンスは戦後すぐのことだった。

資材やエネルギー不足などの問題を抱えながら、とりあえず自動車をつくる段階から、敗戦後数年で、どのようにしたら性能の良いクルマになるのかの模索が開始される。しかし、猛烈なインフレに悩まされ、経営状況は悪化して労使関係も険悪になるメーカーが多かった。資金が調達できないから生産設備の充実を図ることもかなわなかった。その苦境から脱出するのは一九五〇年代になってからのことで、その後のことは次章で述べることにして、ここでは戦後の最初の五年ほどの、もっとも苦しい時期について見ることにする。

どのメーカーも、混乱のなかで迎えた終戦だった。戦時中は多くの人たちが動員されて、日産やトヨタの終戦時に一万人前後の人たちが工場で働いていた。敗戦の報に接して従業員以外はほとんど帰郷した。

トヨタでは、翌十六日に係長以上を食堂に集めて赤井副社長が「戦争に負けても自動車は必要であるから、これをつくることで活路を見出していこう」という趣旨の話をして、とりあえずであっても方向を示した。

東京で終戦を迎えた豊田喜一郎社長は、自動車を引き続いて製造することができるか検討することから始めた。戦争が終わって、喜一郎は眠りから覚めたように指導者としての意識を取り戻していた。しかし、すぐに見通しを立てることができず、トヨタ自動車の経営者として、従業員をどのように働かせて組織を維持したら良いかをまず考慮した。

日産では、就任から二か月しかたっていない村山威人社長が、敗戦時に「できるだけ多くの従業員を引き続き雇用する方針である」と企業の存続を保証する訓示をしたものの、実際にはどうなるか見通しを立てることができなかった。この後、村山は政治活動をする鮎川義介の秘書として働くことになり、日産(このときの社名は日産重工業)の社長として責任を果たしていく覚悟をしていなかったし、そんな立場でもないという自覚があった。八月二一日から三一日までは混乱を避けるために休業とした。

先の見通しのつけづらいなかで、どのメーカーも企業を存続させていくために組織をリセットせざるを得なかった。民需転換が認められて自動車をつくることができることが明瞭になる九月二五日以前は、組織を維持することもできないと思うところもあった。

八月末に挙母の本社に姿を見せたトヨタの喜一郎社長は、自動車の製造の見通しがつけられないからと、衣食住に関係した仕事、すなわち瀬戸物の製造、竹輪や蒲鉾づくり、泥鰌の養殖、さらには住宅建設などに手を染めようとしていた。戦地からの帰還者や中国にあったトヨタの工場からの人たちを受け入れなくてはならなかったが、賃金の支払いなどの見通しはつけられなかった。

そこで、九月十五日に社内放送で「賃金も満足に払えない状況であり、自動車の生産の見通しもつけられないので、将来のことは自分で考えて会社に残るかどうか判断してほしい」という訴えをした。

残ったのは三千人ほどで、以前からトヨタとのつながりが強い人たちであったから、喜一郎を中心とした組織として結束力が高められた。この後、航空機関係や陸海軍の技官などで職場を失った技術者たちが多く雇われている。彼らは、車両開発や生産現場で指導的な役割を果たすようになり、その後のトヨタ自動車の成長に貢献する。喜一郎が、当面の経営だけでなく未来を見据えた活動をしようと考えていた結果である。

日産では、村山社長の宣言とは裏腹に、九月三十日付で全従業員をいったん解雇、そのうち三千人を再雇用することで再スタートを切ることになった。十月一日に新しく山本惣治が社長に就任するまでの日産は開店休業状態だった。戦時中の山本は、満州自動車の理事長（実際には社長職）や日本造船の社長などとなり、日本にあった日産とは無縁になっていた。戦後の困難な状況のなかで采配を振るうには山本の腕力の強さが必要とされた。戦時中は工作機械をつくる日立精機で働いていたウイリアム・ゴーハムも、山本の復帰と同時に常務取締役として加わった。GHQとの折衝や工場設備の再編などのために必要な人材であった。

こうした人事は鮎川によってのものであろうが、当の鮎川は戦争協力者として戦犯に指名されて拘束されてしまった。ちなみに、無罪となった鮎川は、中小企業政治連盟という政治組織をつくって政治の世界で活動することになる。

自動車販売に関しても、戦後すぐに体制がリセットされた。戦時中は統制によって「日本自動車配給会社」の一手扱いとなっていたが、その組織の常務として活動を取り仕切ったトヨタの神谷正太郎は、その解散に際して全国の有力な販売店をトヨタ系にすべく運動した。このときに東京と大阪は、かつてトヨタ系だったところが日産系になったのは、神谷の先輩に当たる人たちが経営していることで、トヨタの販売組織を自分の思い通りに導こうとした神谷の思惑のせいであるといわれている。全国的にはトヨタ系が強かったものの、東京と大阪という二大市場は日産がリードする体制で戦後の販売組織が新しくなった。

日産とトヨタに次いで自動車製造事業法の許可会社になったヂーゼル自動車（現いすゞ自動車）は、進駐軍により工場の接収などの混乱があったもののスムーズに民需転換を果たしている。一九四五年十月に、戦時中の主力だった大型トラックを民間用にして生産を始めた。残っていた在庫部品で仕上げている。

一九四二年（昭和十七年）にヂーゼル自動車から分離独立した日野重工業（のちに日野自動車に改名）は、ディーゼルエンジンの戦車やブルドーザーなどをつくっていたので、終戦に当たって解散するための残務整理を始めた。百基ほどの戦車用のディーゼルエンジンが残っており、他のメーカーが民需転換を図って自動車をつくり始めるのを見て、トップにいた大久保正二は生き残りを模索する決意をした。いすゞのものより大きいエンジンであることから牽引用のトラックやバスをつくることにした。そのために、全員解雇を通告したなかで、若手と必要な技術者三百人を選び出し再雇用した。大量の荷物を搭載できる牽引用トラックはすぐに売れた。これをもとにバスやトラックをつくることで自動車メーカーとして活動する道が開かれた。経営トップとして活動する大久保の采配がものをいい、少数精鋭で必死に努力し次第に大きくしていったのである。

ＧＨＱにより飛行機の製造が禁止されて転身を図らざるを得なかった航空機メーカーのうち、三菱重工業をはじめいくつかが自動車の生産に乗り出す。

三菱は、財閥組織として解体命令や資産の賠償指定などで危機にさらされたものの、組織そのものは温存されて、技術者たちも確保されていた。しかし、財閥解体という圧力があって、製作所ごとに別行動をとらざるを得なくなった。

中島飛行機は、終戦のときに所属していた製作所の動向が技術者たちの運命を決めた。本拠地であった群馬県の太田製作所や伊勢崎製作所、エンジン関係の三鷹や荻窪の工場など、もとからあったところは戦後も引き続いて活動を続けたが、戦時体制のなかで拡大した工場や疎開工場などは解散したところが多かった。そのために、職を失った技術者たちのうち何人かは日産やトヨタ、さらには後のホンダなどに入っている。

戦前から三輪トラックをつくっていた東洋工業（現マツダ）は、オーナー企業で経営方針にぶれがなかったことで、鍋釜などの生産に手を出すこともなく、もっとも早く三輪トラックの製造に向けた準備を始めている。戦前モデルの生産から始めて、比較的早く新機構の採用や設備を新しくするなど積極的に取り組んで成果を上げた。市中心部が原子爆弾で壊滅していたので、市役所の施設として郊外にあった工場敷地の一部を提供した。

そのライバルである発動機製造（一九五一年にダイハツ工業に社名変更）は、日産同様に従業員全員をいったん解雇して必要な人たちを再雇用し、工場も大阪と池田に集約して再出発した。このときに社長だった柴田禎一は再建の途中で病を得て竹崎端夫に交代するが、竹崎が三輪トラックを主力製品にする方針を打ち出した。

くろがね工業も三輪トラック製作に復帰したが、資本や設備ではマツダやダイハツとの差が大きく、量産体制づくりで遅れを取って脱落することになる。


さて、個人的にリセットしたのが本田宗一郎である。小学校を出てすぐに丁稚小僧として自動車の修理を学び、その能力が非凡であることを示して、二二歳で暖簾わけを受けて浜松で修理屋を開業、その腕がよいことで評判をとり成功して店を大きくした。二八歳になったときに惜しげもなく成功している店を後輩に譲って、ピストンリングをつくる東海精機を経営した。精密で高度な技術を必要とするピストンリングの製品化は簡単ではない。宗一郎は、その開発のために地元の浜松工業高校(後の静岡大学工学部)で聴講生として学んで工学的な知識獲得の努力をしている。量産されたピストンリングは中島飛行機やトヨタ自動車におさめられていたが、終戦の直前にその株すべてを豊田自動織機に売り渡して浪人生活を送っていたのだ。

これから何をしようか、じっくりと考えていた宗一郎が動き出したのは一九四六年十月のことで、このとき四十歳になっていた。旧陸軍がつくっていた無線機の発電機用小型発動機が放置されていたのを目にしたのがきっかけだった。自転車に取り付ける動力として、これを製品化したのがホンダの最初の商品だった。1馬力しかない2サイクルエンジンであるが、自転車に取り付ければ自転車の二倍以上のスピードが出せる。徒手空拳に近いかたちでスタートした宗一郎は、自分の力でどこまでできるか、壮大な野望を持って行動を起こした。

本田技研工業の前身となる個人企業の本田技術研究所がスタートした段階での本田宗一郎の名前は、まだ東海地方のごく一部でしか知られていなかった。

トヨタの苦しい経営と自動車開発

軍需製品をつくっていた自動車メーカーは、工場の設備などが賠償指定された。とりあえずは設備を使用することができるが、GHQの方針が決まれば賠償として取り上げられる不安を抱えての民需転換となった。

トヨタもその例に漏れない。三井系の資本が入っているうえに、豊田グループの企業が数多くあるために、財閥解体の対象になる可能性があるとして制限会社の指定を受けた。トヨタ自動車会長だった豊田利三郎は、豊田グループの企業の役員も含めて辞任した。もとの親会社である豊田自動織機の社長には石田退三が就任した。

敗戦を境にして、創業当時と同じようにトヨタ自動車社長の豊田喜一郎の張り切る姿が見られた。利三郎に代わって豊田グループを率いる存在になり、自動車業界を代表する顔になっていた。喜一郎は、自動車メーカーの団体である自動車協議会の会長になり、軍需から民需への転換を認めてもらおうと、GHQとの交渉で先頭に立った。

交渉に当たった自動車メーカーの代表の喜一郎と商工省の自動車担当の寺田市兵衛の強い味方となったのは、GHQの顧問となり、通訳として働いていた日産社長だった浅原源七である。浅原の語学力が買われたもののようだが、もとより浅原は自動車メーカーが活動できるように強く願っていたから、GHQの将校とのあいだに入って日本側の主張が受け入れられるように配慮した。

喜一郎と浅原は、ともに戦時中の商工省の自動車調査委員会の自動車メーカー側の委員であり、ライバルメーカーのトップというより、気心の知れた同志的な付き合いであった。温厚な浅原と喜一郎は馬があったようで、連携してGHQの将校を動かしたのである。

喜一郎は生産を軌道に乗せるために、トヨタ社内に臨時復興局を設置して自らその委員長となり、先頭に立って工場施設の改変、機械類の修理や新規製作などに取り組んだ。

いっぽうで、神谷正太郎が中心になって組織したトヨタの販売代理店の総会に出席、正座をして各販売店社長たちにお酌をする姿を見せている。自動車が市場に送り出される製品となるのは本来の姿であり、喜一郎の望むところだった。製品としてユーザーに受け入れられるクルマをつくるのは自分たちの仕事だが、その仲立ちをするのが販売店であった。喜一郎は営業センスがないことを自覚していたから、販売店の重要性を理解していることをこうした態度で示したのであろう。その不器用ぶりが、逆に販売店の社長たちに信頼感を抱かせたということができる。

民需転換が認められると、戦時中にモデルチェンジされた四トン積みトラックから生産を始めた。トヨタは、終戦の前日に工場の一部が空襲にあったものの、その被害は軽微であり、ストックしていた資材も自動車メーカーのなかでは多かったから、その面での苦労は比較的少なかった。また、近くに農家が多かったこともあって食料事情も日産などと比較すると恵まれていた。

トヨタにとっての大きな損失は、一九四五年十二月に赤井久義副社長を事故で失ったことだ。会社の切り盛りなど実質的な采配を振るっていた赤井は、自分のクルマが故障したために通りかかったトヨタのトラックの荷台に乗って工場に帰ろうとして、その途中の田んぼ道でそのトラックが脱輪して、田んぼに頭から投げ出されて死亡したのだった。戦後の混乱期ならではの事故といえるものであったが、その影響は甚大だった。

赤井の後任として自動車工学の権威でもあり、喜一郎と親しい隈部一雄を迎え入れるが、豊田英二の『決断』(日本経済新聞社)という自伝的な著書のなかに、このことに関する次のような記述がある。

隈部さんが副社長に就任した前後は、労使関係が微妙な時期にさしかかりつつあった。赤井さんが生きておれば、ビジネスライクにやっただろうが、隈部先生は理想論で対処した。結果は同じことだったかも知れないが、赤井さんが事故に遭わなければ、トヨタの歴史はもっと変わったかも知れない。

企業のなかのバランスを考慮して全体的に目配りできる赤井とは、経歴も得意分野も異なるクルマ好きで学者肌の隈部が首脳になって、トヨタの経営方向は変化せざるを得なかった。同書には「(隈部先生は)学者としては優秀だったが、いかんせん企業経営には慣れていない」という英二の感想が付け加えられている。

もちろん、この人事は喜一郎によるものだが、自動車開発を優先したい喜一郎の気持ちの現れであると見ることができる。乗用車を大量につくるという喜一郎の夢は、戦時中に成し遂げる方向から遠ざかってしまっただけに、少しでも早く新しい乗用車の開発を始めたいという思いが強くなっていたからであろう。

それまでは相談相手であったが、クルマのことに詳しい隈部を重役として迎え入れれば、一緒にクルマの開発をすることができる。このとき、隈部は東京大学のなかで教授就任を巡る暗闘の渦中にあり、学問の府のどろどろした人間関係に翻弄されていたときでもあったようだ。

トヨタの戦後の最初の車両開発が乗用車であることは注目に値する。どこもトラックをつくることしか念頭になかったときであり、戦後の新しい小型車規格が最終的に固まっていない段階で開発をスタートさせている。自動車メーカーとして理想を追いかける姿として評価できるいっぽうで、経営的に困難が多い時期に、製品として市場が受け入れるかどうか分からない乗用車の開発に人員と資金を投入するのは賢明とは思えないものだ。喜一郎の乗用車づくりの情熱が勝ち、隈部が行動する場が提供された。

戦後になって、小型車の規格が改訂されたが、これは日本の自動車メーカーの要望で実施されたもので、その後の自動車メーカーの方向を左右する決定であった。戦前の小型車規格は日本の特殊性のなかから誕生したものであったが、戦後の小型車規格はそれより大きいサイズに改められた。

戦前の小型車は、無免許で乗れた７５０cc以下のエンジンで車両サイズも限られたクルマであり、その上にあたるフォードやシボレークラスとの隙間が大きかった。フォードやシボレーは、アメリカでは大衆車であっても、日本ではかなり大きいクルマであった。これらより一まわり小さいが戦前の小型車規格より大きいクラスのクルマに引き上げることが望ましかった。そこで、決定権を持つ占領軍に、自動車メーカーの代表である喜一郎たちが、小型車の規格変更を要望したのだ。

民需製品としてトラックの製造許可を得る交渉が成立してから、小型車の規格についての話し合いになった。石油が自国で産出しないこと、道路が悪く狭い道が多いこと、資源がないことなど、日本はアメリカとはクルマを取り巻く環境の違いが大きいことを訴えた。

このときの交渉内容が生かされ、新しい小型車規格は、エンジン排気量1500cc以下、車両全長4.3メートル以下と決められ、運転免許が必要になった。これが後に2000cc以下と改められるが、この新しい小型車の規定は五ナンバー車として、税制でもその上の三ナンバー車である普通車とは区別されたから、一九八九年に消費税が導入されて小型車と普通車の税額の傾斜が緩やかになるまでは、日本車のほとんどは小型車枠のなかでつくられることになった。

その後、各メーカーで多少の違いがあったにしても、日本ではアメリカの生産方式をもとにして効率追求されるいっぽうで、車両はヨーロッパのメーカーと似た方向に進んでいくことになる。アメリカとヨーロッパの良い面を学ぶことになるのが日本の自動車産業の特徴になっていく。

この交渉の最中から、トヨタでは将来の小型車規格になる乗用車の開発を始めており、それがトヨタSA型乗用車として具現化する。SA型乗用車のコンセプトの作成に当たったのが隈部だった。この当時の思い出を語っている隈部のインタビュー(一九五四年九月号『モーターファン』誌)に次のような発言がある。

一つはトヨタの技術温存という意味で商品にするかしないかは別として、日本の技術者として最高の力を出してみようじゃないかというのが、ことのおこりなのです。だからたぶんに商業的な立場をはなれた動機ではじめたわけです。

企業のおかれている状況よりも日本の乗用車はどうあるべきかを考えて、その具現化のための開発であったわけだ。もちろん、成功すれば本格的な生産に移れるという気持ちがあったろうが、リスクの大きい開発であったことに変わりはない。乗用車生産が許可されていない段階で開発をスタートさせたのは、GHQに対して日本市場だけでなく東南アジアなどへの輸出を考えた製品であることをアピールし、それが日本の自動車メーカーの生きる道であることを理解してもらおうという意味もあったという。

開発は一九四六年早々から始まり、まず搭載する1000ccエンジンがつくられた。日産は戦前の小型車規格のダットサンがあったが、このクラスのクルマを持っていなかったトヨタは白紙からのスタートだった。

エンジン開発では、コストを抑えるために、また当時のガソリン事情などを考慮してシンプルな機構のサイドバルブ方式になった。シボレーエンジンを手本にしたトヨタA型エンジンはオーバーヘッドバルブ方式であったから、それより古い機構であるが、部品点数が少なくて製造も容易であることからの選択であった。ただし、性能的には非力で、出来上がった当初は公称4000回転で20馬力となっているが、実際には3500回転で15馬力しか出ていなかったという。

このエンジンを搭載するクルマのほうは、シャシーはバックボーンタイプのフレームにして、足まわりを独立懸架にするなど、当時のヨーロッパ車の最先端にあるメカニズムを採用している。変速機もシンクロメッシュ機構を採用、ボディスタイルもウエッジシェイプの進んだものになり、ラジオや時計も特注し高級をめざした。ヨーロッパ車と同じように前席を優先した二ドアタイプだったから、技術的な挑戦を優先して、タクシーに使用することは考慮されていなかった。

試作車は一九四七年初めにできたが、走行するとパワー不足のうえに雨漏りがしたり、サスペンションのスプリングが折れたり、ドアが走行中に開くなどのトラブルが出た。完成度が高くなかったのは、経験の少ない若手技術者たちが各部の設計を担当したからでもあったが、舗装路走行を前提につくられているヨーロッパ車と同じような機構では、日本の悪路に適していないからでもあった。それでも、トヨタ製の新しい乗用車が完成したということで引き合いがあった。隈部は、五十〜六十台つくってから販売するつもりだったが、そんな悠長なことはいっていられないと、未完成の状態で販売を始めた。当然のことながらトラブルが多発した。

このSA型乗用車は二五万円という価格で、百〜二百台ほどつくられたようだが、改良するのも大変であったから量産に移されなかった。利益を得るどころか経営的には失敗といわざるを得なかった。スタイルとしてはフォルクスワーゲン・ビートルを思わせるものになっているが、アメリカ車のイメージに慣れた日本人には好評ではなかったようだ。

次に、小型用ということでS型と呼ばれたこのエンジンを搭載した小型トラックが計画された。四トン積み普通車トラックとともに当時の主力製品となりうるものであった。乗用車で開発された部品を一部使用したが、はしご型フレームにして前後ともリジッドアクスルという頑丈であることを優先した機構になっている。

一九四六年十一月に結成されたトヨタ自動車販売店組合の各店は、この小型トラックのトヨタSB型の完成に期待した。しかし、開発は経験の少ない若手技術者が多くかかわって、途中で設計変更して手間取ったうえに、資金が不足して生産可能になるまで時間がかかった。一九四七年三月に試作車が完成したものの、部品の手配などは後まわしになり、生産を開始したのは十月になってからだった。不足する資金は、全国の販売店に十万円ずつ前払いを要請、急場をしのいでのことだった。

トヨタ小型トラックSB型は、初期トラブルを克服した後には安定したものになった。時代にあった製品であり、一九四八年から月五百台程度生産されるようになった。

なにやら、創業当時の経緯に似たクルマづくりとなり、喜一郎は、ふたたび挫折を味わうことになった。肝心の乗用車開発が思うようにいかないばかりか、クルマの販売も伸びず資金がしばしばショートした。銀行からの借り入れが多くなるが、その返済が計画どおり進まなくなり、給料もきちんと支払うことができない月があった。経営状況の悪化に対処するのは喜一郎の得意分野ではなかった。

一九四六年につくられたトヨタ労組は、先行きの不安と給料遅配などに抗議してストライキを実施することがあった。赤井副社長がいてくれたらと思うのは英二だけではなかったろうが、その役目を果たす立場にあった隈部は、将来はトヨタを理想郷にしようとする夢を語った。しかし、目の前の苦境をどう打開していくか妙案はなかった。

会社の経営に熱心でなくなった喜一郎のマイナスを補って、粘り強く技術をリードしたのが英二であった。

終戦の直前である一九四五年六月に、赤井は三一歳になった英二を取締役にするように喜一郎に進言していた。喜一郎はまだ早いといったようだが、優れた能力を発揮しているうえに、リーダーとして頭角を現していると説得し実現した。

英二を中心にして若手たちが自動車技術の勉強会を開くなど新しい時代に備えていた。暇さえあれば、工場に立って機械の動きを見て、生産効率を上げるにはどうしたら良いか、コストをかけないで改良する方法はないか、何がどこにあって、どのような機械が遊んでいるか、それを理解している首脳は英二しかいないといわれるようになっていた。

何度も倒産寸前まで追いつめられたトヨタが、粘り強く耐え抜いたのは、企業としての求心力が保たれていたからである。喜一郎が必ずしも先頭に立って活動しなくとも、企業を発展させようとするエネルギーが渦巻いていた。喜一郎の求めに応じてトヨタ入りしたサムライたちが、未熟な企業であるゆえに一肌脱ごうと、それぞれに力を発揮しようとしていた。

このことが、同じような苦境のなかで姿を消していった企業との大きな違いであった。最悪ともいえる苦境のあいだでも、それぞれ自分の持ち場で、何をすべきか、何ができるかと問いながら、そのときに最善と思われることを実行していたのだ。創業当時に喜一郎が部下たちに仕事を任せて、その能力を最大限に引き出そうとした伝統が生きていたといえるようだ。

トラックベースの乗用車づくりの模索も、そうした動きのひとつだった。

トヨタの小型乗用車の開発は、二ドアのSA型のあと一九四八年八月にはしご型フレームの四ドア車であるトヨタSC型を試作したものの、あまり出来がよくなかったようで販売していないから、売るべき乗用車がなかった。いつまでも待っていられないと、販売担当の重役である神谷正太郎が独自に動き出した。一九四九年には、それまで制限を受けていた乗用車生産がGHQによって大幅に認められることになり、緊急を要したからである。

とりあえずの製品としてSB型トラックのフレームを流用して乗用車ボディを架装して仕立て上げる道を模索した。丈夫なことを売りにしたトラックをもとに乗用車をつくるのは乱暴な話であったが、タクシーが需要の大半であるから、乗り心地よりも丈夫なことが優先される。しかも、悪路を走ることを考慮すれば「これもあり」であった。

資金をあまり投入しないでつくるには、トラック用のエンジン付きフレームを持ち込んでボディ架装してくれるところに依頼するのが良い。目をつけたのは横須賀にあった「関東電気自動車」(のちの関東自動車工業)である。かつて中島飛行機のエンジン部門のトップにいた佐久間一郎が戦後すぐに立ち上げたボディメーカーで、技術者を集めて電気バスをつくり始めていた。神谷の知り合いがいたので話を持ちかけたのである。

トヨタ側の求めに応じてすぐに得意とする板金で試作車をつくりあげた。もとより、隈部一雄の了解を取り、最初に神谷は隈部をともなって関東電気自動車に赴いている。喜一郎にとっては、納得がいくやり方ではなかったろうが、そんなことをいっている場合ではなかったのだ。

一九五五年に誕生するトヨタ最初の乗用車専用設計の量産車トヨペット・クラウンが誕生するまで、このトラック用フレームを持つ乗用車トヨタSD型から始まり、それを改良したSFやSH型などがトヨタの乗用車だった。最初のSD型乗用車は、一九四九年十一月から五二年二月までに六六五台つくられている。

この後、関東自動車工業にはトヨタの資本が入り、子会社として車体組立を行なう工場となった。さらに、乗用車の販売が伸びてくると、トヨタは三菱重工の名古屋製作所にもボディ架装を委託するようになる。

日産の生産再開の苦労と社長交代

日産も戦前につくっていたトラックから始めたが、多くの困難を抱えた出発であった。

横浜の臨海地域にある日産の工場群は空襲を受けなかった。横浜市街は空襲で壊滅的になったのに、この地域だけ無事だったのは、進駐するアメリカ陸軍などが接収して使用する計画だったからだ。彼らは一九四五年八月終わりにやってきて工場の接収を始めた。このときに工場地区が空襲されなかった理由を日産の人たちは初めて知った。

ここを基地とするためにアメリカ第八軍がすぐに日産のエンジンをつくる第一工場およびトラックを組み立てる第二工場のすべて、さらに第三工場の一部と、京浜地方にある全日産の施設の半分以上を接収した。

接収された工場の施設と機械類は、接収を免れた第三工場に運び込まなくてはならなかった。彼らは、有無をいわさずに工作機械などを外に運び出した。

生産を再開するためには、残された工場の敷地だけではスペースが不足すると、GHQに掛けあって、第一工場の一部を使用する許可を得ることに成功した。戦時中に空襲から守るために疎開命令が出て、あちこちに分散していた機械類を戻さなくてはならず、老朽化した施設の修理もあって準備は大変だった。

会長だった鮎川をはじめ、多くの幹部が退かざるを得なかった日産は、新しく就任した山本社長の下で生産部門を取り仕切る原科恭一と田中常次郎、それに事務部門担当の箕浦太一などが幹部として残っていた。新しく加わったウイリアム・ゴーハムは、山本とともにGHQとの折衝に力を入れた。それが功を奏してトラックの生産準備が進行したが、限られた工場スペースで効率よく機械類を据え付けるように段取りをつけるのは大変なことだった。その指導に中心的な働きをしたのがゴーハムだった。大柄で良く動くゴーハムの「働きなさい、働きなさい」と従業員たちを叱咤激励する姿は、さながらブルドーザーのようであったという。

日産が横浜工場の民需許可申請を出したのが一九四五年十一月十日、認可されたのは十一月十六日、鶴見や厚木にあった工場は十二月十一日に認可を受けた。

横浜の第一工場は、アメリカ第八軍と同居するかたちになり、日産の人たちの奮闘ぶりを目の当たりにして、彼らは復興にかける日本人の熱意に感心したという。早くも一か月半後の十一月に日産の四トン積み普通トラックの戦後第一号車がラインから送り出されている。

人間宣言をした天皇陛下が、復興のため働く人たちを激励しようと日本全国の巡幸を始めるが、その最初に日産の工場が選ばれた。一九四六年二月十六日のことで、山本社長やゴーハム常務が工場をまわる天皇の説明役となった。第八軍の将校も加わり、日産の人たちの生産再開のための努力を賞賛して天皇に報告する場面もあって、山本たちを感激させた。

もちろん、生産再開の緒についたばかりで、新しい施設や機械類の改良、増産のための工場整備、資材の入手など、戦後の混乱のなかでやらなくてはならないことはたくさんあった。深刻な食糧難のために買い出し休暇を設けたのも、都市部に近い工場における戦争直後の混乱を示していた。


戦時中に航空機用エンジンをつくっていた静岡県の日産・吉原工場は、空襲で一部被害が出たものの、工場施設はそのまま残された。終戦で仕事がなくなり、従業員の一部は横浜に移動し、残った従業員は新しい仕事を見つけなくてはならなかった。しかし、日産の首脳陣は横浜工場でのトラック生産のことしか頭になかった。わずかにトラック用エンジンのアルミピストンの鋳造などをしていたが、横浜に規模の大きい鋳造施設がつくられて仕事がなくなった。

横浜にあったダットサン用の機械類は、置くところがないので吉原工場に運ばれていた。そこで、戦前からのダットサンをつくる話が浮上した。

社長の山本は、ダットサンの販売にかかわったことがあるにもかかわらず、ダットサンのことまで配慮する余裕がなかったのだろう、ダットサンの製造権を欲しいという人がいて、あやうく売り渡すところだったという。ダットサンの権利を失うのは好ましくないと原科恭一などが主張して、辛うじて日産のなかに残り、吉原工場では、独自に生きる道としてダットサンを生産したいという要望がかなえられた。

750ccに抑えられていた小型車のエンジン規格が改定されて1500cc以下になったものの、旧型エンジンを使うしかなく、排気量を拡大可能な限度いっぱいの860ccにした。新しいエンジンにしたいと思っても、それどころではないのが正直なところだった。ボディのプレス型などは、とうの昔に供出して鉄砲の弾などに変わっていた。

まず需要が見込めるダットサントラックのボディを板金などの手づくりで始めたが、鋼板も良質なものが入手できないので、きれいな曲がり(R)にすることなどできなかった。それでも、一九四六年になるとダットサン生産で、吉原工場は運営する見通しを立てることができるようになった。

一九四七年になるとダットサン乗用車もつくるようになり、ボディ製作は住之江製作所、さらには航空機の板金加工技術を応用して架装する三菱重工業の名古屋製作所に委託する。小さいサイズで非力なエンジンのダットサン乗用車でも、供給がままならない状況に助けられてタクシー用などに販売ができたのである。

しかし、タクシーは走行距離も多くなるからトラブルが頻発した。それを対策して改良するが、今度は次に弱いところが表面化してトラブルが発生するなどして、根本的な改良は不可能であった。モデルチェンジして機構的に新しくすることが解決の道であったが、そのためには開発に時間と費用をかけ、設備も更新しなくてはならない。そんな余裕のない経営状態が続いていたから、首脳陣の会議で議題に上ることがあっても、新型の開発計画は後まわしにされるのが常だった。


山本惣治社長が公職追放されて日産を去るのは一九四七年五月のことで、在任はわずか一年七か月だった。

戦犯の逮捕に続いて、GHQは戦争に協力した事業家も公職追放(パージ)する指令を出し、千八百人ほどが経営の第一線にとどまることが許されなかった。自動車メーカーでいえば、一億円以上の資本金を持つ企業が対象になり、豊田喜一郎は辛うじて対象とならずに、日産関係では社長になった山本惣治、さらに戦時中に社長だった浅原源七などがパージされた。GHQのなかには日本の復興のために実業家の大量パージは好ましくないという意見もあり、山本たちはどちらに転んでもおかしくない状況のようだったが、パージされたために日産の経営トップは交代せざるを得なかった。

これには、日産労組の活動が絡んでいる。民主化政策の一環として労働組合の結成が奨励されて、自動車メーカーもそれぞれ組合がつくられ、労組が従業員の意見をくみ上げて経営者と交渉するようになった。トヨタの場合は、地域的なまとまりのある集団であったせいで、組合が対決姿勢を鮮明に打ち出すことは少なかったが、日産の場合はカリスマ的なリーダーが登場して、ストライキが頻発する先鋭的な組合となった。

山本の公職追放の噂があり、そのいっぽうで日産の将来を考慮して追放を免れそうだという話が伝わるなどしていた。一九四六年二月につくられた日産労組は、組合担当の箕浦取締役が、対決するよりも迎合する姿勢であったために、組合に有利な労働協約が結ばれていた。三代目の組合委員長に就任した益田哲夫は、山本社長が日産にとどまることが好ましくないという主張をくり広げた。

中央公職適否審査委員会が実業家の公職追放予定者を発表する前に、山本の追放が一定期間留保することになっているという情報をつかんで、益田は、公職追放の留保を認めるかどうか組合の意志を投票で決めることにした。その結果は、圧倒的多数で認めないこととし、山本を追放するように各界に働きかけたのである。

このあたりの経緯は、のちにまとめられた『日産労働組合史』という冊子に詳しく記されている。公職追放に該当する人物が経営を続けることが日産の将来のためにならないという主張を益田が展開したのは、たぶんに山本を社長にしておいたのでは決定的に対決した場合に組合にとって手強い相手になると判断したからと思われる。山本社長は、日産の経営陣のなかで押しの強さがある唯一の首脳であったからだ。

山本社長を追放すべしという組合の決定は素早くGHQや商工省、さらには取引銀行である日本興業銀行などに知らされた。このことが追放の決め手になったかどうかは不明だが、追放はＧＨＱの指令によるものであると受け取られたから、山本も社長にとどまることができなかった。

ちなみに、日産を去った山本は一九四八年八月に設立された富士自動車の社長となって、アメリカ軍の車両の修理工場を経営し、最盛時の一九五二年には従業員が三万人を超す大所帯にまでなった。山本とともに退陣したゴーハムも、当初は山本と行動をともにしたが、やがて独立して技術コンサルタントとして活動する。しかし、一九四九年に病に倒れて、日本の自動車界が成長する姿を見ることなく、六十歳でこの世を去り、多磨霊園に葬られた。

山本に代わって社長になったのは、上にいた重役陣がいなくなった結果、常務だった箕浦太一である。箕浦自身にとっても想定外の社長就任であったが、組合はこれを支持した。

箕浦は、日産コンツェルンのなかでは傍系であった日本油脂出身で、父親の跡を継いで政治家になるはずだったが、からだが弱いためにジャーナリストに転じた経歴を持っていた。当時のことを知る日産の幹部技術者によれば「毒にも薬にもならない人物だった」という。だから、その就任が日産労組を率いる益田にとっては都合がよかったのであろう。強力な労組が日産自動車のなかの新しい権力機構になったのは、経営陣が弱体化したからでもあった。日産労組は要求が入れられないとすぐにストライキを打つようになった。一年のうち、働くのは十か月にも満たないといわれるほどであった。企業が利益を上げなくても、組合についていけばどうにかなるという雰囲気になっていたようだ。

箕浦社長誕生の二か月後に、新しい重役が日産自動車に加わった。

創業時からしばらくは鮎川義介がひとりで資金調達をしており、その後は軍部が後ろ盾になっていたから、日産では財務部門が弱くても済んでいたのだ。しかし、戦後になるとそうはいかなかった。資金がないと設備を充実させることもできず、車両の改良もままならなかった。そこで、財務を任せる人材が欲しいと、メインバンクである日本興業銀行に要請した。

派遣されてきたのが川又克二であった。当時、広島支店長をしていた川又は、興銀のなかでは出世コースから外れていた。地方の支店長クラスの人物を派遣したのは、興銀のなかで日産は、その程度の評価であったからだろう。川又にしても、ボロ会社という印象の日産への派遣は歓迎せざるものであったようだ。

経理担当常務となった川又は、売り上げのわりに従業員数が多く、経営内容がお粗末であることにあきれたようだ。日産に来たとたんに、資金繰りを初めとする財務を任されただけでなく、組合との団体交渉にもかり出された。その席上で、社長をはじめとする重役陣が組合にいいたいこともいわない状況に、川又は驚かざるを得なかった。社長の箕浦太一は、健康に自信がなく「留守番を任された」意識であったせいか、自ら方針を出すなど組織をリードしようとする姿勢ではなかった。

経営に生じた空洞を日本興業銀行からやってきた川又克二が埋める役目を果たした。闘争的な色彩を強める日産労組に対して強気でやり合うことのできる重役は、川又だけといってよかった。銀行からの融資などで力を振るったから、経営陣も最初から川又を頼りにした。入社して一年もたたないうちに、川又は常務から専務に昇格している。

一九〇五年（明治三八年）水戸の在に生まれた川又は、九歳で東京に移り、東京商科大学（現一橋大学）を卒業して日本興業銀行に入った。自己主張が強く、傲慢と見られる態度だったというが、日産で能力を発揮できる場を与えられたかたちだった。興銀は、人材派遣銀行ともいわれて、融資している企業に役立つ人物を送り出す組織になっており、経営者としての知識を植え付ける教育をしていた。自動車については素人だった川又も、日産に来てから自動車免許を取得し、それなりに学ぼうとしていた。

益田哲夫の率いる日産労組はますます先鋭的な組合になった。外部の組織との連携を強め、上部団体である自動車労連でも益田が指導的な役目を果たすようになった。勤務中でも職場集会を開き、組合役員は仕事を優先することはなかった。生産性が落ちていたが、会社に頼るよりも「賃金を上げろ」とか「生活をまもれ」とか「首切り反対」といった組合のスローガンの方が説得力を持つと思う人たちが多い時代でもあった。勢い経営側との対立が深まったが、会社の業績が悪いことから、益田も引くところは引いて妥協しながらの駆け引きをくり広げていた。

箕浦社長が、重役会で「川又ひとりに任せないでみんなで組合対策を考えよう」と提案することがあったというが、その発言自体が川又に頼り切っている証でもあった。

日産の将来に希望が持てないと去っていく人もいたようだ。そんななかでも、主力製品になっていた普通車トラックのモデルチェンジを実施するなどの努力が続けられた。

車両設計の中心となった飯島博は、一九四九年ころから将来に備えて技術的に優れた人物を自分のところに集めて、車両開発ができる体制をつくろうとした。乗用車が自動車メーカーの主力になるはずだからと、技術力を高める体制にする準備を始めたのである。なお、社名を日産重工業からもとの日産自動車に戻したのは一九四九年八月のことである。

トヨタの経営危機の到来と社長交代

日本の企業、とくに大会社に属する人たちは、運命共同体的という意識を持つ人が多い。従業員は同じ船に乗り合わせたのだから、その船の進む方向にあわせて自分のできることをする。たとえボロ会社であっても、そのなかで生きていく。戦後すぐの時代は、商売の才能のある人は闇で利益を上げることが可能であったから、そのほうがいいと思う人たちは組織を離れていったが、技術者たちなど組織のなかで生きる道を選択せざるを得ない人たちは、そのなかで自分のできることで貢献しようとした。

この当時、自動車は産業としては一流と思われておらず、就職口としては鉄鋼や造船、銀行や商事会社などのほうが人気だった。それでも、航空機製造が禁止されたこともあって、自動車に魅力を感じる技術者も少なくなかった。

アメリカの場合は、従業員の雇用は契約であり、日本のように運命共同体という意識は少ないようだ。労働組合にしても、日本は企業別に組織されるが、アメリカの自動車労組（UAW）で見るように産業別になっていて、ゼネラルモーターズもフォードも従業員は、同じＵＡＷのメンバーである。したがって、労働条件を良くするには、会社の利益の分け前にあずかるというより、ＵＡＷを通じて戦いとる姿勢が見られる。最近になって、派遣労働に見られるように日本でも運命共同体の一員でない作業員が工場で働くようになったが、少なくても一九八〇年代までは従業員も会社が利益を上げれば、その恩恵にあずかるのが当然であった。したがって、会社が苦しい状況であれば、ともに苦しさを分け合って将来に希望をつなぐ。

一九四八年にはインフレがさらに進行した。物価がどんどん上がり、サラリーマンの給料がそれに追いつかない状態であり、毎月のように調整された。そんななかでも、戦後すぐの段階よりも生活用品や工業製品の生産が伸びてきていた。しかし、一九四九年になるとインフレを抑制するため、および日本経済を自立させるためにアメリカからやって来たドッジ特使の経済政策（ドッジライン）により厳しい緊縮予算が組まれ、銀行の貸し出しも渋りがちとなった。流通も滞るようになり、たちまち厳しい不況が訪れた。

資金繰りに苦しんでいたトヨタは、一九四九年十一月には運転資金に窮し、翌年二月まで従業員の給料を一割引き下げる提案を労組に対して行なった。組合側も会社の窮状が分かっていたから、受け入れざるを得なかったが、このときに経営者を代表して隈部一雄が、遅配がなくなるように努力し、賃下げは実施するものの従業員の首切りはしないことを約束した。

ドッジラインによる不況が続き、事態は少しも改善されなかった。この年の十二月には二億円の手形の決裁をひかえて、銀行から融資を受けられなければトヨタの倒産は必至となった。

暮れになって、喜一郎は経理担当重役の西村小八郎をともなって日本銀行名古屋支店の高梨壮夫支店長のもとを訪れ、融資を要請した。喜一郎本人が顔を見せたことは、トヨタがいかに切羽詰まった状態であるかを示していた。もとより日本銀行だけで融資できる金額ではない。名古屋にある有力銀行による協調融資しかない。しかし、不況で倒産が相次いでいる時期であり、融資に消極的な姿勢の銀行が多かった。高梨支店長は、関連する企業が多い自動車メーカーが倒産すれば、名古屋地域の経済に与える影響が大きいことを理由に各銀行を説得し、融資を実行した。

高梨支店長が積極的な姿勢を見せて、各銀行を巻き込む協調融資が実行されていなければ、トヨタは倒産した可能性が強かった。このときにトヨタ系の証券会社社長をしていた喜一郎の中学時代の同窓である坂薫が、かねて知り合いの一万田尚人日本銀行総裁に融資に関して根まわしをしていた。

トヨタは倒産を免れて年を越すことができた。この後、高梨が定年になるのを待って、自動車販売連合の会長に、また後に発足する日本自動車連盟の初代会長にするなどして、トヨタは高梨の恩に報いている。

融資するに当たっては「滞貨を一時受け入れる保有会社をつくるように」指示したのは日銀の一万田総裁であった。在庫が多くなっても生産をつづけるようなやり方を改めるために、販売を別組織にすることを進言したのだ。日本はトラックをつくり、乗用車は輸入すれば良いという発言をしたとして、一万田が、日本の自動車産業に冷ややかであったと伝えられているが、実際にはそんな意識はなかったと自伝のなかで誤り伝えられていると述べている。

この「保有会社」というのが、トヨタ自動車販売がトヨタ自動車工業から分離独立する根拠となったようだ。もともとトヨタは自動車に関係した鉄鋼や工作機械、車体工場などを分離して別組織にしていたが、銀行側の意図を受けて「トヨタ自動車販売」という別組織をつくり、神谷正太郎が社長として活動することになる。

一九五〇年（昭和二五年）二月の労組との団体交渉に喜一郎が二年ぶりに顔を見せたのは、別会社となる「トヨタ自販」をつくることを説明し、組合の理解を求めるためだった。

制限会社の指定を受けているトヨタ自動車は、分離する会社の株を所有することが認められておらず、独立すれば表面上は関係のない会社とならざるを得なかった。販売会社を別につくることは、各販売店とのあいだに位置する会社になるので中間搾取が目的になるのでは、といった疑問もあって労組は反対した。神谷が、販売促進のためであり、これまでどおりにトヨタ本体と協力していくことを約束して、最終的には分離が決定した。これを受けて、一九五〇年四月にトヨタ自動車販売として登記され、六月から独立しての活動になっている。

このときから組合との交渉には隈部に代わって大野修司が当たることになり、神谷のトヨタ自販への転出にともなって、隈部が副社長に、大野が常務に就任した。実際には喜一郎を頂点とする体制そのものに変化はなかった。これにより、一九八二年に統合されるまでトヨタ自動車工業(トヨタ自工)とトヨタ自動車販売(トヨタ自販)という二つのトヨタになって進んでいくことになる。

その後も不況から脱出していなかったから、経営状態は良くならず、資金がショートすると給料は遅配になり、ひどいときは何回かに分割されて払われた。一九五〇年になって、銀行から資金を調達する際に、従業員を減らすことが融資条件に加えられた。仕方なく千七百人ほど削減すれば赤字が解消する見込みであることを説明し、組合の理解を求めた。

不安を感じていた組合は、経営陣に対して不信感を強めた。給料の遅配は我慢できるが、首切りは許せないと、日産労組に比較すれば穏健であったトヨタの組合も、全面的に対決する姿勢を見せた。職場集会が開催され、ストライキが決行され、一九五〇年四月からトヨタ自動車は労働争議状態になった。連日にわたって組合集会が開かれ、工場の敷地内でデモ行進がくり返された。中京地方で注目される争議であった。首切りはしないという約束があったから、組合は結束して会社に対抗する姿勢をくずさなかった。

組合と銀行の板挟みから逃れるには「自分が責任を取って辞めるしかない」と喜一郎が決断したのは六月になってのことだった。組合側も、喜一郎の辞任は思っても見ないことで、さしもの闘争も終息することになった。二千人ほどが希望退職に応じてトヨタを去り、六千人ほどが残った。このときに、隈部や西村が一緒に辞任した。喜一郎が社長になってから九年、トヨタが自動車に参入してから十七年目のことだった。自動車メーカーでは、その後の日産の激しい労働争議があり、いすゞなどでも同様であったが、労働争議が社長の辞任に発展したのはトヨタだけだった。

豊田英二の著書『決断』のなかに次のような記述がある。

人員整理のときは、私も組合のつるし上げをくらった。その頃私は技術部の大将をしており、敵意に満ちた二千人を前に「今のトヨタは壊れかかった船みたいなものだから、誰かに海に飛び込んでもらわない限り、沈んでしまう。だから人員整理を認めてほしい」と訴えた。（略）組合は「けしからん。撤回しろ」と言い返すわけだが、企業は血も涙もない経済法則で貫かれているのだから、感情的になってもどうしようもないことは、分かる人には分かる。

多くの技術者を見ると、英二に代表されるように合理的な精神に支えられたタイプと、情緒的心情を優先するタイプとある。もちろん、それは色合いの問題できっちり分かれるわけではないが、前者のタイプは自己主張が強いところがあるものの当然のことながら冷静に判断して行動する。技術者としてだけでなく経営者向きのタイプでもある。後者のタイプは浪花節的なところがあり、親分肌でもあるものの、意気に感じれば合理性にこだわらないところがある。英二に比較すれば、喜一郎は後者のタイプのところがあったように思われる。経営者としては、支える人がいないとうまくいかないようだ。学者タイプの隈部一雄とのコンビは経営トップとしては無理があった。「赤井さんがいれば」という英二の発言は、このあたりのことを危惧したものと思われる。

豊田喜一郎は、大衆乗用車の量産という目標を視野に入れることなく退陣を余儀なくされた。

社長を退くに当たって、喜一郎の「嘆き」はかなりなものであったろう。のちに隈部が「結局は日本の乗用車工業が蹉跌するのではないかという焦燥にかられていたふしがあるのです」と、自動車雑誌の座談会で喜一郎のことを回想して語っている。

先進的な設計のSA型乗用車は未熟なもので、それに代わるSD型乗用車はトラック用フレームのクルマであった。戦前に自動車部門に参入したときと比較して、年月がたっても欧米との距離は埋まるどころか逆に開いていくばかりに思えたであろう。自分が社長をしているメーカーで、ＳＤ型のような腰高で格好の良くない乗用車を生産したくないというのが喜一郎の本音であったろう。しかし、多くの従業員を抱え、新しい製品を今や遅しと待っている販売店があり、経営的な観点から考慮すれば「生産するな」というわけにはいかなかった。生き残ろうとしてみんなが必死になっているのだ。

経営者として判断すれば、こうした現状を受け入れざるを得ないが、自動車の技術者として理想を追うなら、あるべき日本の乗用車の姿を具現化する努力を怠るわけにはいかない。こうしたジレンマのなかで、喜一郎が打開策として決断したのがフォードとの提携であった。自主開発だけにこだわる姿勢を貫いていては解決にならないと思わざるを得なかったのだろう。

この結論に達したのは、その後に日産社長になった浅原源七の影響があると思われる。浅原がＧＨＱの通訳をしていたころから、日本の乗用車の将来について話し合う機会をふたりは持っていたが、鮎川義介の考えをベースに行動してきた浅原は、戦争によって日本の自動車技術は、以前よりも欧米に対して遅れが大きくなっているから、提携による技術習得しか道はないと思っていた。戦後のトヨタの技術的な動向を検討すれば、浅原の主張が説得力を持っているると思わざるを得なかったのだろう。

喜一郎は、あれこれ「揺れ」ながら将来のことを考慮しなくてはならない立場であった。フォードとの提携に神谷も積極的であり、契約はまとまる方向に進んだ。争議が始まろうとしているときであった。フォードの技術者が指導のために日本に来ることになり、英二と斉藤が研修のためにフォードに行くことになった。

神谷が一九五〇年六月に渡米して契約をまとめ、英二がそのあとにフォードに行き契約にサインする段取りになっていた。これが実現しなかったのは、フォードがトヨタの経営に参画する意向を示したからともいわれているが、直接的な原因は一九五〇年六月二五日に朝鮮戦争が勃発したことであったと思われる。アメリカの自動車メーカーは戦争協力を優先するから、提携のために技術者派遣などの余裕がなくなったのであろう。

考えたあげくのフォードとの提携さえ喜一郎の思うようにいかなかった。時代に翻弄されて挫折せざるを得ない悲劇であった。しかし、次章で述べるように、朝鮮戦争は日本にとってもトヨタにとっても、大きな転換をもたらすものになった。

豊田利三郎、喜一郎、石田退三、英二の四人による話し合いで、石田が後任の社長になることが決まった。豊田自動織機の社長であった石田は「織機のほうまで危なくなるかも知れないと引き受けた」ということだ。隈部のあとの副社長として三井銀行から中川不器男が来て、財務部門を統括することになる。石田も営業関係を得意とすることを考慮すれば、トヨタの首脳陣は、このときに大きく変化した。

石田は、借金まみれの体質から脱する任務を背負っての就任であった。中川は、その後、戦前から戦後にかけて副社長だった赤井と同じポジションで重きをなすようになる。企業にとって財務の重要性を認識させるとともに、財布のヒモを安易に緩めない組織としての伝統を確かなものにし、その後の財務担当重役に引き継がれていく。

英二のトヨタ内の地位は一段上がることになるが、このとき三六歳、新しく社長に就任する石田退三のもとで常務になる。トヨタ自工の序列では、石田、中川不器男、大野修司に次いで英二は四番目になるが、車両開発と工場などの生産部門を一手に引き受ける立場であるから、経営に占めるウエイトは相当に大きい。石田も、喜一郎のピンチヒッターとして登場した意識があり、技術部門を取り仕切る英二の考えを尊重した。喜一郎は、労働争議の最中には会社に顔を見せることはほとんどなかったが、英二は決して逃げようとはせずに会社に来ていたから、組合員からよく吊るし上げられたようだ。そんなときでも腰が据わっていて、言うべきことはきちんと言う姿勢を貫いていた。

辞任前の喜一郎は、トヨタの将来のことを考えていたものの、実質的に経営トップの役目を果たしていなかったから、その辞任による影響は実際面でいえば限定的であったということができるだろう。

労働争議の前に分離独立してトヨタ自販の社長となった神谷正太郎は、新任の石田社長とともに営業経験者であり、ふたりは阿吽の呼吸でトヨタを支えていくことになる。ただし、喜一郎の引退によって、神谷は自販のワンマン体制をより確かなものにしたといえる。喜一郎がいれば遠慮せざるを得ないところがあったろうが、石田とならば対等の立場で話をすることができるからだ。

いすゞや三菱などの動向

いすゞや日野はトラックやバスがメインであり、日産やトヨタも大型のトラック中心であったときは競合していた。しかし、次第に日産とトヨタが主力を乗用車や小型トラックにシフトする傾向を見せていく。小型トラックは乗用車と共通のところがあるが、大型のバス・トラックの場合は、量産というより多種少量生産方式をとるので生産体制や設計の手法などで異なる部分が多い。ユーザーも運送会社や公共団体などであり、どちらかというと個人を相手にする小型車とは違うから、営業や販売体制も異なるものになる。両方の自動車をつくるのは、異なる部門を二つ持つことになるから、量産メーカーとして乗用車を主力にする傾向を強めるにつれて日産とトヨタでは、大型トラック部門は縮小されていく。

一九五〇年代の前半までは、同じ小型車でも四輪車よりも三輪トラックのほうが生産台数は多かった。この段階では、四輪車メーカーと三輪トラックメーカーとは、ユーザーも異なり、クルマの狙いも異なっていたので競合関係にはなっていなかった。三輪車はトラックが圧倒的に多かったが、乗用車の供給不足があって、三輪トラックの荷台をシートで覆って座席を設けて簡易な乗用車に仕立てたタクシーも少数ながら存在したのは、いかにも貧しい時代を反映していた。

この時代のトヨタと日産に次ぐ自動車メーカーはいすゞ自動車であったが、その成立経過からして陸軍の意向に添ったものであり、「親方日の丸」の意識が染み付いており、半官半民的な体質が伝統となっていた。

一九四九年七月にヂーゼル自動車から社名をいすゞ自動車に変更しているが、戦後の最初の社長であった弓削靖が販売網のために一九四六年十一月に特約販売店を全国に十七社つくった。民間に販売するという意識が希薄であった体質を改めようとしたが、それは簡単なことではなかった。

この年の十二月に弓削が辞任して三宮吾郎が昇格して社長に就任、石川島自動車時代から標準型トラックの開発の中心だった技術者の楠木直道が専務に昇格した。これ以降、一九六二年まで三宮・楠木による経営時代が続くが、一九五〇年代初めまでは、強い労働組合を前にして、その対策にエネルギーの多くをとられている。

いすゞは、良くいえばのんびりとしたところがあったから、市場の動向やライバルたちの動きに敏感に反応するようになっておらず、内部で完結しようとする社風であった。ディーゼルエンジンでは他のメーカーに対して優位性があって、戦後しばらくは販売も好調であった。そのせいもあって、こうした社風は改められないままで、時代の変化への対応に遅れをとることになる。

三菱重工業は、財閥解体で造船を中心とする西日本重工業、各種エンジンや機器の製作を中心にする中日本重工業(のちの新三菱重工業)、大型トラック・バスとスクーターをつくる東日本重工業(三菱日本重工業)という三社に分割されて活動した。この時代はまだ四輪自動車部門には進出しておらず、中日本重工業では名古屋製作所が他メーカーの乗用車ボディ、水島製作所が三輪トラックをつくり、京都製作所が日産やふそう用のディーゼルエンジンの供給などの活動だった。

日産とトヨタに次ぐ乗用車メーカーのオオタ自動車工業(もとの高速機関工業)は、戦前からつくっていた小型車のオオタ号を改良して販売していた。大資本とは無関係であることから、生産台数を増やすことができなかった。それでも、一九四九年には月に百二十台つくるまでになっていた。工場敷地は二千五百坪ほどで、従業員は三六八人、技術者のほうが多いのは社長の太田祐雄がもともとクルマ好きであったからで、資金集めに苦労しながら運営していた。

のちのプリンス自動車となる立川飛行機からの独立組が自動車に参入できたのは、オオタ自動車が傘下にあったからだった。試作課のトップにいた外山保が戦後の立川飛行機が占領軍からの仕事で細々と食いつなごうとしている姿勢に反発して、二百名ほどで独立して「たま電気自動車」を立ち上げた。外山たちは、身近に手本があったので自動車をつくることにしたのである。主として航空機の機体をつくっていた技術者たちがオオタから学んでボディをつくり、それにバッテリーと電動モーターを積んで電気自動車をつくった。資金不足に悩みながらのスタートだった。

先生役を務めたオオタ自動車が生き残れずに、新興のプリンス自動車の前身である「たま電気自動車」が存在感を示すようになるのは、ブリヂストンの石橋正二郎から資金が導入されたからである。資金調達能力では、ずば抜けていた石橋が資本参加を持ちかけられたときに乗り気になったのは、将来自動車メーカーを経営したいという気持ちを持っていたからである。

電気自動車から始めたのは、内燃機関をつくる技術がなかったからで、モーターで駆動する自動車なら比較的簡単につくることができた。ガソリンの供給が思うようにいかない時代であったから、電気自動車の需要があり、たま製の自動車もタクシーなどに利用された。これも、一九五〇年までであり、ガソリン事情が好転すると車両重量と同じほどの重さのある鉛バッテリーを搭載する電気自動車は成立しなくなった。そこで、ガソリンエンジンの開発を中島飛行機のエンジン部門であった富士精密に依頼したことから、両社が合併してプリンス自動車になるもとがつくられる。

したがって、プリンス自動車は、ブリヂストンの資本、立川飛行機の流れを汲むたま自動車、中島飛行機エンジン部門の富士精密という三つの流れを持つ寄り合い所帯的な組織となった。

乱立するオートバイメーカーとホンダの東京進出

オートバイメーカーになるのは、この時代に限っていえば比較的容易であった。出来合いのエンジンを購入してフレームなどを製作するのは町工場でもできることだった。戦後すぐは量産体制が整ったメーカーがなかったから、性能や耐久性を問題にするよりも、ひどい製品でなければつくれば売れる時代だった。百社以上が乱立し、なかにはドイツやイギリスのメーカーのオートバイをフルコピーして売り出すところもあった。

乱立状態に終止符を打つのは、ホンダなどが性能の良いオートバイを量産するようになってからである。

その本田宗一郎は、一九四八年九月に個人企業の本田技術研究所を百万円の資本金で株式組織の本田技研工業と改めた。全国規模のメーカーになろうと立ち上がったと見ることができるが、実際には看板を書き換えるわけでもなく、社長の訓示があったわけでもなく、前日からの仕事を続けるだけだった。このときに従業員は三四人だったという。

他のオートバイメーカーと異なるのは、独自にエンジンを開発することに意欲を示したことだ。オートバイメーカーとして頭角を現すホンダの特色は、エンジンを搭載する製品づくりに徹したことだ。時代が要求する製品をつくり、やがてオートバイから自動車に進出する方向に進んだ。宗一郎自身は「エンジンマン」といわれるタイプの技術者であり、エンジン技術では、どこにも負けないことをめざしていた。

ホンダが大企業になるのは、本田宗一郎の技術者としての卓越した能力に加えて、藤澤武夫という尋常でない発想と能力を持つ経営者がコンビを組んだことによる。

藤澤が本田技研に常務取締役として入社するのは一九四九年十月のことである。

合理的な精神の技術者というより情熱的でカンが働く本田宗一郎が、企業の経営者として活動するには、その欠点をカバーする人物が必要であった。藤澤が宗一郎と一緒に企業を大きくしようと決意したのは、本田宗一郎にそれだけの魅力があったからに他ならない。

藤澤は「俺はあんなバケものみたいにすごい人物には、いままであったことがないよ」と本田宗一郎に惚れ込んで信頼したという（藤澤武夫『松明は自分の手で』）。

同じように、宗一郎も藤澤との初対面のときのことを次のように回想している。

話しているうちに「こいつはオレにないものを持っている。頼れるな」という感じがしたんです。先方も、きっと同じようなことを思ったんでしょうね。理屈抜きで、そういうものが同時にひらめいた時に、初めていいコンビが組めるんですよ。(本田宗一郎『おもしろいからやる』)。

ホンダの場合は、宗一郎と藤澤のコンビが経営トップをさすことになる。宗一郎の持つ能力を最大限に生かす組織にするように、藤澤が経営の采配を振るったことでホンダは発展した。

本田技研工業は一九五〇年三月に東京に営業所を設立し、九月に東京に工場をつくり、浜松から本拠地を首都圏に移していく。このときは、まだオートバイを月に五〇台、エンジン単体を百五〇基つくる程度の会社であった。

宗一郎の製品づくりに非凡さを感じた藤澤は、自己流の経営方針を貫くことで資金調達にも手腕を発揮して、宗一郎が思いどおりに活動する環境を整えた。異端的な色彩が濃い企業であるにもかかわらず、つねに筋を通して、進んだ技術でつくる工業製品で勝負する企業であった。

戦後の貧しい日本で、水泳の古橋広之進が欧米の強豪相手に勝ち続け、世界新記録を次々に樹立する活躍が、多くの日本人に希望を与えた。古橋が同じ浜松出身であることが余計に宗一郎を刺激した。宗一郎は「ものづくりの世界で、世界一になろうという野心を抱いた。貧しさから脱して世界に飛躍すること、相手は日本ではなく世界であることが、宗一郎の目標になった。だから東京に進出し「世界一でないと日本一ではない」というようになったとホンダ社史である『語り継ぎたいこと・チャレンジの50年』にある。

戦時中の窮屈な統制経済でなく、自由に活動できるようになったことが、宗一郎の夢を膨らませた。自由に競争する場が保証されることが、競争の好きな宗一郎の望みであり、ますます張り切ったのであった。

第三章　乗用車開発に力を入れるメーカー・一九五〇年代前半

朝鮮戦争の特需による経営危機からの脱却

一九五〇年六月に勃発した朝鮮戦争により、自動車メーカーに転機が訪れる。このときのアメリカ軍による特需が、日本の疲弊していた経済に対するカンフル注射の役目を果たし、戦後の貧しさからの脱出が図られていく。トヨタや日産をはじめとする自動車メーカーも経営状態が好転するきっかけとなった。

ソヴィエト連邦との対立を深めていたアメリカは、核開発に忙しく朝鮮戦争のような肉弾相打つ地上戦を想定した準備が万全でなかった。そんなところに降って湧いたような日本の隣国での戦争であった。アメリカ軍は闘う体制をととのえるために、トラックなどはすぐに調達できる日本のメーカーに発注した。最初の一年間にアメリカ軍がトヨタから購入したトラックの金額はさん三六億円、日産は三四億円に達した。およそ年間売り上げの三分の一に当たる受注額であった。これにより、アメリカ軍からの資金が入るのはタイムラグがあったものの、両メーカーともこの年の末ころから設備投資に資金をまわす余裕ができるようになる。

そのことが、効率の良い量産体制を構築するもとになり、新しいモデルの開発にも目を向けることが可能になった。依然として販売の主力はトラックであったが、将来のことを考えれば乗用車が主役になる時代がくると思われたから、市場に受け入れられる乗用車をつくることが重要になった。

日産は戦前からのダットサンのままであり、トヨタはトラックベースの乗用車であり、こうした状態からの脱皮が必要であった。また、いすゞや日野自動車が乗用車部門への参入を図ろうと海外メーカーとの技術提携を図る。電気自動車ではやっていけなくなった「たま電気自動車」は、富士精密にエンジン開発を依頼して本格的な自動車メーカーとしての歩みを始め、社名も「たま自動車」とした。乗用車をつくるメーカーが増えて、これまでとは違う競争が始まろうとしていた。

トヨタ自動車の社長が豊田喜一郎から石田退三に代わったのは朝鮮戦争が始まるときと重なっていた。石田社長の誕生が時代の変わり目となり、就任したとたんに商売人らしく振る舞ってトヨタを活力のあるメーカーにしていく。日産では、この翌年の一九五一年十月に浅原源七が社長に就任して新しい方針を打ち出す。日本を代表する自動車メーカーが、大きく動こうとしたのである。

朝鮮戦争の始まる前から、東西の冷戦は深刻となってきており、そのことが日本に対するGHQの占領政策に影響を与えた。占領当初は武装解除と民主化が基本的な方針であったが、中国大陸で蒋介石軍の敗北が決定的になって共産化されたことに対応して、GHQの方針転換が図られた。日本を防共の砦にするためにアメリカ軍の恒久的な在留が図られ、戦争に協力したかどで追放されていた人たちの解除が始まった。賠償指定も取り外され、財閥解体も中途半端なもので終わった。戦前のような軍国主義にならない範囲で保守化することが日本に求められたのである。

防衛のために警察予備隊(自衛隊の前身)がつくられ、自動車メーカーに四輪駆動車などを発注、日産もトヨタも急いで開発し大量発注を受けた。トヨタはランドクルーザー、日産はニッサン・パトロールと名付けた四輪駆動車である。朝鮮戦争による特需に加え、これらの受注はメーカーを潤わせるものであった。このころから、行政側も自動車産業発展のために具体的な手を打つようになる。

通産省の自動車メーカー保護育成計画と市場の変化

一九五一年九月にサンフランシスコ条約が締結され、翌年の四月に日本は独立を果たす。これ以降、自動車メーカーは通産省の行政指導を受けるようになる。戦後になって復活した商工省は、一九四九年に通商産業省に呼び名を変えた。

通産省は、日本が占領統治から脱して独立する際に、経済復興と国際収支の改善のために、貿易の自由化を先送りして重工業の発展を期すという政府の方針に沿って、保護関税の実施や外貨の使用制限などを打ち出したのである。日本の自動車メーカーを保護育成することが通産省の重要な案件となる。それまでなおざりにされていた自動車が、将来の輸出製品として位置づけられ、乗用車の国際競争力をつけることが目標となり、そのために自動車の輸入制限をきびしくした。

経済が好転するにつれて、ユーザーをバックアップする立場の運輸省や自動車ユーザー団体などが「輸入制限を撤廃せよ」という圧力をかけた。古いクルマを修理してやりくりしていたタクシー業界では、性能の良い輸入車を増やすように陳情をくり返していた。しかし、通産省は自由に輸入するのを許すと、国産乗用車は壊滅状態になるとして、これを抑圧した。外貨が貴重な時代であった。

欧米のビッグメーカーが日本に基盤をつくらないように慎重に手が打たれた。ある程度の輸入は国際関係からいって認めざるを得ないが、有力メーカーが日本に基盤を持つことがないようにする方法として、メーカーの大小にかかわらず輸入台数は同じにした。ヨーロッパの小さいメーカーのクルマでもアメリカのビッグスリーでも認可される輸入台数は変わらなかった。この時代はさながら国際見本市のように世界各国のクルマが入ってきてタクシーなどに使われていたのは、こうした事情があったからだ。

工作機械の分野などで、海外の進んだメーカーとの技術提携で効果を上げていた。自動車の場合も、技術提携によって国産化（ライセンス生産）が検討されたのは、日産や日野などから要望が出されていたからだ。

しかし、自動車の場合は金額が張るものなので、生産量が増えるにつれて提携先に支払うライセンス料も増えてくる。そこで、通産相の担当技官が、技術提携しても支払う外貨が増えないようにする方法を考え出した。提携したクルマの部品を順次国産化することで、提携したメーカーへのロイヤリティは一定の範囲に抑える契約にする。そして、国産化した部品はそのメーカーの他のクルマにも流用できることを契約に盛り込む。これが「乗用自動車関係提携及び組立契約に対する方針」として一九五二年十月に発表された。限られた外貨を有効に使用して、日本の自動車メーカーの育成を図る方法として考え出された。優遇されたのは、戦前の自動車製造事業法の許可会社であった日産、トヨタ、いすゞなどで、新興メーカーに対しては三菱を除くと通産省は冷淡であった。

一九五〇年代に入ると、それまで以上に競争原理が働いて市場を意識する時代になり、自動車メーカーとしての総合的な能力、つまり車両開発部門、工場の生産部門、販売店のポテンシャルを含む販売部門の三拍子がうまく揃うことが重要になる。

ここで、市場を意識した製品づくりとその販売で成功したトヨタの例を見てみよう。一九五〇年半ば以降の三輪トラックの市場を四輪トラックが奪おうとしてトヨタが仕掛けたのである。

一九五〇年代の前半まで三輪トラックの販売は好調であった。経済性に優れた輸送機関として中小企業や個人商店などで使われ、ユーザーの要望に応えて性能向上や輸送能力の増強が図られた。経済性に優れた三輪トラックは、トヨタや日産の小型四輪トラックと比較して販売台数で圧倒していた。

トヨタ自販社長の神谷正太郎は、三輪トラックの好調な売れ行きを前にして、なんとか食い込む余地はないか考えた。三輪トラックと競争するには、四輪トラックの車両価格をいかに安くできるかにかかっている。経済状況が好転するにつれて各種の装備を充実させて三輪トラックの車両価格が上昇気味であり、四輪トラックのほうは価格を安くしてきたから、その差は縮まる傾向を示していた。一九五五年前後に三輪トラックが大量の買い替え需要が見込めることが分かり、神谷はこれをチャンスと捉えた。

トヨタ自販からの提案をもとにトヨタ自工の設計部で、コスト削減を図った小型トラックの開発が始められた。エンジンやその他の部品は既存のSB型トラックのものを流用しながら設計した。出来上がったのが荷台部分のスペースを拡大したセミキャブオーバータイプのトヨタSKB型トラックである。一九五四年九月に発売を開始したが、原価を積み上げて利益を確保すると、車両価格は六二万五千円となった。同クラスの三輪トラックよりも二〇万円近く高かった。

発売した当初の日本は不況であったから、あまり売れ行きは伸びなかった。しかし、一九五五年の後半になって景気が回復するにつれて、徐々に販売台数が増えてきた。

ここで、トヨタ自工の石田退三社長が自販の神谷社長とトップ会談を開いて、原価計算を考慮しないで自販に引き渡すから、大量に売る方法を考えてほしいと石田が提案した。車両価格を引き下げても販売台数を増やすことで利益を出そうという発想である。これに応じて、トヨタ自販は、このトラックを中心にした販売網を新しくつくることにした。このときの神谷の有名な台詞が「一升のマスには一升しか入らない」というもので、別の販売チャンネルをつくることで大幅に販売を伸ばそうとしたのである。

一九五六年一月に全国に百店舗の新しい販売店をつくって、価格も七万円下げ、車名をトヨエースとして拡販に乗り出した。その後も価格を引き下げ、一九五七年二月には四六万円にした。これにより三輪トラックとの価格差はなくなり、トヨエースは月間二千台を突破する販売台数になった。当時のトヨタ車全体の三分の一に当たる販売台数を占めるにいたったのである。

トヨタの作戦が成功した背景には、日本経済の成長があったものの、次々と手を打った石田と神谷という「商売人」による連係プレーがあった。トヨタは乗用車中心になると見越しても、堅調な需要が見込まれるトラック部門をおろそかにしなかった。これも、その後に日産との企業格差が生じる原因のひとつになった。

この当時のトヨタは自動車関係の講座を持つ大学の教授たちに教えを請うことに積極的だった。まだ経験が少ない自動車メーカーよりも教授たちのほうが自動車技術に関して豊富な知識を持っていたからだ。これに対し、日産は大学とはほとんど無縁であった。

乗用車生産のための技術提携

乗用車の開発に関して、技術提携か自主開発か議論を呼んだ。

いすゞや日野の場合は、乗用車部門に参入するには技術提携する以外の選択肢はなかったといえる。アメリカなどでは他のメーカーから経験を持つ技術者を引き抜くなどして開発することがあるが、経験がなくとも自社の技術陣で取り組むのが日本ではふつうであった。

日産では、浅原源七が一九五一年に日産自動車社長に就任したことで、イギリスのメーカーとの提携を推進することになる。新しい社長にふさわしい人物として浅原が浮上し、日産首脳陣が社長就任を要請して承諾を得た。浅原が引き受けたのは、技術提携を進めるためといっていいくらいだった。創業時に鮎川義介の意向を受けてグラハムページのトラック製造権の取得や生産設備の一括購入などの交渉をまとめた経験を持っていた。戦時中はトラックしか生産せず、戦後も乗用車の開発などできない状態であったことから、浅原は、日産創業当時より欧米との技術レベルの差は大きくなっているという認識であった。

日産が提携したのはイギリスのオースチン社だった。この技術提携契約を結んだことに関して、日産の広報誌である『モーターエイジ』誌の昭和二十八年(一九五三年)一月号で浅原社長は次のように述べている。

既に世界水準にありテスト済みのものを手本として、それを習うことによって今までの観念から脱却し、新しい土台を築くのは些か安易のそしりはあるにせよ、最も早く技術水準を引き上げる方法ではないかと考えたのである。今のところはマラソン競争で一マイルものハンディキャップを付けられてスタートしたようなものであるから、今後の二、三年間で少なくとも同列まで追いつきたいと思っている。（略）それから先は本当の実力と実力との競争である。その競争に打ち勝つまでの力をそれまでに培うことが肝要であって、この二、三年我が社の技術陣に課せられた問題は、独り日産だけに止まらないことを銘記して大いに頑張らねばならず、又我々は充分にその力を持っていると確信するものである。

浅原は、先頭に立ってオースチン社との提携を進めた。通産省の官僚たちと技術提携に関して事前に話を通しており、提携が認可される確認ができていた。日本では1000〜1500ccエンジンのヨーロッパ車がふさわしいと思っており、戦前に日本に入ってきたオースチンセブンの完成度の高さなどで、浅原は最初から同社との提携を前提に考えていた。

交渉の最初の窓口になったのはオースチン車の日本代理店として活動していた日新自動車である。オースチン社の海外担当が来日するなど交渉は前向きに進められ、煮詰められた段階で浅原がイギリスのバーミンガムにあるオースチン本社に行き、契約調印したのは一九五二年十二月であった。すぐに通産省に報告し正式に認可された。

日産は、少しでも早く生産に移したいと、この年の九月には神奈川県の鶴見にある日産の所有する敷地にオースチンを生産する工場の建設を始めている。このときにエンジン製造のためにトランスファーマシンを設置、量産用機械としては日本初となるものだった。

この直列4気筒のオーバーヘッドバルブエンジンは42馬力、全長4050ミリ、スタイル的には古めかしさが目立ったのはモデル末期であったからだ。年間二千台生産する計画で進められ、一九五三年六月には鶴見工場でライセンス生産によるオースチンA40型サマーセットサルーン一号車が完成した。生産設備の据え付けおよび車両の組立てなどはイギリスから技術者が来日して指導に当たった。

　オースチン車の導入よりも、ダットサンのモデルチェンジを優先すべきだという主張も日産のなかに根強くあったが、浅原はオースチンを日産の主力乗用車にする考えであった。国産で行くべきだと主張していた飯島設計課長は、浅原社長の勢いに押され、かなり力を落としていたという。車両開発の経験を積んで技術力を身につけたいと考えていたからだ。その後のオースチン車の日本での売れ行きを見ると、この導入が必ずしも成功であったといえるかどうかは微妙なところである。


　いすゞと日野自動車も提携して乗用車の生産に乗り出した。

　日産とトヨタと並んで御三家といわれたいすゞ自動車は、戦前の自動車製造事業法の許可会社であった誇りがあり、トラックとバスの販売が好調で資金的に余裕があったことで提携に踏み切った。乗用車に対する思い入れが強いとか技術者の熱心な要望というより、自動車メーカーとしての自然な流れであった。このときも増資が図られて、いすゞは資金調達で苦労していない時期であった。

　三宮社長がリードして、楠木副社長が組立工場の建設から部品の国産化の技術的な部門を取り仕切った。ヒルマンミンクスをつくることにしたのは、イギリスのルーツ社が技術提携に熱心で、いすゞにアプローチしてきたからだった。小型乗用車として完成度が高いヒルマンの国産化自体は妥当な選択と思えるが、ヒルマンがイギリスで実施している手法どおりにしたために、のちに乗用車を自主開発するときにノウハウを取得するのが充分でなかったことを露呈させた。ボディ架装はヒルマンが外注していたので、いすゞも同様に三菱の名古屋製作所に委託したことにより、ヒルマンから技術指導を受けたのは三菱であった。

　部品の国産化に当たっても、ルーツ社はオースチン社ほど熱心ではなく、いすゞ技術陣は苦労しなくてはならなかったようだ。販売に当たっては、ルーツ社と共同出資による総販売会社として「やまと自動車」を設立している。このころは海外からの資本提供は認められなかったが、いすゞの支払うロイヤリティの範囲の資金であることを条件に例外的に認められた。しかし、いすゞの販売体制は、日産やトヨタの販売網に比較すると強力とはいえなかった。

日野自動車の場合は、大久保正二社長の強い意志で乗用車部門への進出が図られた。戦前の瓦斯電以来の盟友であり、経営中枢でコンビを組んだ技術者である星子勇の遺志に応えるためでもあった。日本で最初といってもいい自動車マニアで技術的に優れていた星子は、乗用車開発を熱望していたが、時代の荒波のなかでその願いとは異なるディーゼルエンジン搭載の戦車の開発に勢力を注がなくてはならなかった。その果てに一九四四年に六十歳で戦死ともいえる病気で死亡していた。ようやく星子の願いがかなう時代になり、大久保は提携による乗用車部門への進出を決断したのだった。トラックとバスの生産は順調で資金的にも余裕があったし、技術陣が意欲的であった。しかし、企業の体質としてはいすゞ自動車と似て、おっとりしたところがあった。乗用車開発の経験がなく、内部の技術者だけでことに当たろうとしたのも、いすゞ自動車と同じであった。

日野が提携したのはフランスのルノー社で、車種はリアエンジンの大衆車ルノー4ＣＶであった。フォルクスワーゲン・ビートルと同じ機構で、それを一まわり小さくしたクルマであり、当時のことを考えれば比較的賢明な選択であった。経済性に優れ、小柄なわりに室内空間も広くなっていた。

この当時の日本はドル不足であったが、イギリスのポンドやフランスのフランは比較的手持ちに余裕があり、いすゞと日野の提携に関して、通産省と大蔵省であまり議論されないで認められたようだ。

三菱は、まずは四輪駆動車であるジープの国産化を図るためにアメリカのウイリス社と提携する道を選択した。自衛隊の前身である警察予備隊からの需要が見込まれたからである。その後、乗用車部門ではイタリアのフィアット社との提携を計画したが、そこまでは認められなかった。この当時の通産省は育成する自動車メーカーを選別していたから、そのほかのメーカーが提携しようとしても認めるはずはなかった。

技術提携したからといって、すべてにわたって面倒を見てもらうわけではない。提携先のメーカーが外部から購入している部品は、同様に自分たちで都合をつけなくてはならないし、部品の国産化に当たっては取り寄せた図面をもとに材料の購入から製作の手配をする必要があった。

提携したメーカーの技術者たちは部品の国産化に熱心に取り組んだ。それぞれ当初の計画から遅れることなく、国産化に成功している。部品の出来を審査する提携先のヨーロッパの技術者たちは、日本の技術者や作業員たちの取り組む姿勢、飲み込みの早さ、的確な作業、素早い対応などに感心したようだ。当時の自動車雑誌の記事を見ると、指導にやってきた海外メーカーの人たちが、日本のメーカーの技術者や作業員の仕事振りをほめている。

しかし、国産化された乗用車は、どれも同じような欠点を持っていた。正確には、欠点というより日本の国情にあっていないゆえに生じた問題であった。ヨーロッパではオーナーカーとして使用されることを前提に設計しており、舗装された道路を快適に走る機構になっている。リムジンなどの特別なクルマを別にすれば、乗用車は運転席が優遇されるつくりになっており、リアシートは多少犠牲になっていても問題ない。ところが、このころの日本では、乗用車の多くはタクシーなど営業用に利用され、お客はリアに乗るから都合が良くない。乗り心地重視のクルマは、悪路で酷使されてトラブルのもとになりがちであった。タクシー仕様にするには、オースチンやヒルマンの場合は、ギアチェンジもコラムシフト式に変更し、バケットになっているフロントシートも、三人座れるベンチシートに代えるなどの改造が必要であった。

価格の安い日野ルノーが比較的健闘したが、生産台数も通産省が制限を設けていた。日産オースチンの売れ行きはダットサンを上まわることはなく、期待したほどの販売台数にはならなかった。

最初に導入したオースチンA40型は、イギリスで一年たったころにモデルチェンジされて、A50型ケンブリッチとなったので、日本でも同様に変更されたクルマに切り替えられた。エンジンも1200ccから1500ccに代わっている。部品の国産化は、すっきりしたボディスタイルになったA50型で実施された。

オースチンのエンジンは、当時では進んだ機構のオーバーヘッドバルブ式を採用していたが、サイドバルブ式で開発されたものを変更してつくられていた。したがって、日本にそのままに近いかたちで移植したエンジン用の機械設備は、サイドバルブ式で使われたものを最小限の変更で新しくしていた関係で無駄の多いものになっていた。最初からオーバーヘッドバルブ式にしたエンジン用の機械設備であれば不要なものを含んでいたのだ。

技術提携した自動車メーカーのなかでは、日産がオースチンエンジンをベースにしたエンジンをダットサンに使用するなどの実りがあった。しかし、いすゞや日野は、その成果をうまく生かしたとはいえない。部品の国産化に成功したことと、新しくクルマを丸ごと開発するのとでは、技術を発揮するレベルが違っていたからだ。工作機械などの技術提携では、同じようにつくれば同じ機能を発揮させることができるが、進化し続けるクルマはそんな単純なものではなく、ひと筋縄ではいかない問題を含んでいる。

トヨタの乗用車・初代クラウンの開発

それでは、自主開発する方針を鮮明にしたトヨタは、何の問題もなく開発できたかといえば、これまたそんな単純な話ではない。確かに、当時の日本の使用条件にあった国産乗用車の開発に成功して、トヨタ発展の礎になったが、そうなるには慎重さと大胆さ、そして入念な準備が必要であり、さまざまな知恵を絞る努力が続けられた。果たして、求められている乗用車をつくることができるのか、実際には大きな賭けでもあったのだ。

トヨタが自主開発する方針を鮮明にしたのは、車両開発と生産部門のリーダーである豊田英二の意向だった。

一九五〇年に進められたフォードとの提携はご破算になったものの、英二と斉藤尚一のふたりの研修は受け入れられ、半年ほど相次いでアメリカに行っている。英二は、フォードで三か月ほど生産現場の様子を直に観察、残りの三か月で主要な自動車メーカーや部品メーカーなどを見てまわった。

はじめての外遊である。このときの印象として「フォードはトヨタの一か月分の生産を一日でやっているが、そのシステムやつくり方は、我々の知らないことをやっているわけではない」と語っている。アメリカも戦争で進歩が止まっているという印象を抱いたようだ。この生産量の違いが決定的と思うか、知恵を出すことで克服できると思うか。このときに英二は、後者の考えをとったのである。

アメリカに行って、英二がもっとも強く感じたのは、日本との自動車を取り巻く環境の違いであったと思われる。大衆化しているアメリカ車は、誰にでも運転しやすい機構になっており、ガソリンの価格が安いこともあってクルマのサイズが大きくなっていた。高速道路が建設され、長距離走行が当たり前になっており、乗り心地が重視されていた。道路の舗装率も日本の比ではなかった。

ひるがえって、日本は穴の開いたでこぼこ道が多く、オーナードライバーはいないに等しく、乗用車の多くはタクシーやハイヤーなどに使用される。走り方も使われ方もアメリカやヨーロッパとは大きく異なる。クルマというのは、それぞれ国情に適した機構になっており、提携することに疑問を感じたのである。

自主開発することにした豊田英二常務の意向は、石田退三社長に支持された。喜一郎の教えの良い部分を受け継ぎながらも、自分の考えをしっかりと持ち、長期的な展望を持って進めようとしている英二に、石田は信頼を寄せていた。

石田が社長に就任したとたんに朝鮮戦争が勃発、トヨタは特需で潤うことができ、石田はトヨタに強運をもたらしたといわれた。特需をこなすために増産計画を実行しなくてはならなかったが、特需は一時的なものであるからと、石田は、従業員を増やさずに組立て作業を優先するなどの配置転換で乗り切った。商売人らしくがめつく儲けるように采配を振った。同じように特需で潤った日産やいすゞに比較して、トヨタは利益を多く生み出した。ギャンブルと同じで、ツキのあるうちは強気で押しまくるのが儲ける基本である。問題は、それで獲得した資金をいかに有効に使用するかであった。

フォードでの研修を終えて帰ってきた英二と斉藤が中心になってまとめた、トヨタの「近代化五か年生産計画」は月産三千台規模の工場にすることを骨子にしていた。このくらいの規模にしないと量産効果が上がらないからだ。支出をできるだけ抑えたいという、財布のひもを握る中川専務の意向を尊重しなくてはならないが、英二と中川のあいだで調整するのが石田の役割であった。機械に金をかければ生産効率が上がるし、機械はストライキもしないから、そのほうがいいというのが石田の持論であり、結果として英二の立てた計画に沿って進められた。英二の行動を支え、カバーしたのが斎藤であり、互いに忌憚のない意見をぶつけ合い、トヨタの将来についての方向が一致していることも、トヨタの強みになっていた。

結果として、日産が海外メーカーとの提携、トヨタが自主開発と、異なる選択をしたわけだが、通産省は、両メーカーが異なる路線で進むのは、将来に向けて好ましいという見解だった。

車両開発に関して、トヨタは慎重に計画を立てて実行している。エンジンと車体を同時に新しく開発するのはリスクが大きく、どちらも熟成するまでに時間がかかるものだ。そこで、乗用車専用設計のクルマの開発よりも、それに搭載する予定の１５００cc R型エンジンの開発を先にしている。完成したエンジンは、まず従来からの乗用車に搭載され、トラブルのない状態まで仕上げられている。

新エンジンは48馬力となり、S型30馬力より大幅に性能が向上した。このR型エンジンに換装された乗用車のトヨタＲＨ型は、提携で生まれた国産のオースチン発売の五か月後の一九五三年十月から発売された。オースチンなど提携車との競争力をつける意味あいもあった。

トヨタは、ライバルとなる提携車に対抗して、オースチンの発売前の一九五三年一月にＳＨ型乗用車の価格を百十万円から九五万円に引き下げており、R型エンジン搭載のＲＨ型は百二万円としている。ちなみにオースチンは百十二万円、ヒルマンは百二・五万円、日産のダットサンは八八万円、日野ルノー八十・一万円であった。車両価格を安くする競争が始まり、車両価格の設定は、各メーカーの重要な決定事項のひとつになった。その後、競争が激しくなるにつれてたびたび値下げが実施されて、全般に車両価格は下がっていく。いっぽうで所得はこの後上昇していくから、個人でクルマを持つ人が次第に増えていくことになる。

従来のトラックのフレームを流用した乗用車に代わって、トヨペット・クラウンとなるトヨタの乗用車専用設計のニューモデルの開発は一九五二年一月にスタートしている。量産を前提とした乗用車専用設計としては、トヨタで最初となるものであったが、その開発がスタートした直後の三月に創業者である豊田喜一郎が死亡している。

朝鮮戦争による特需で立ち直ったので、ピンチヒッターという自覚を持っていた石田社長は、一九五二年になると喜一郎の復帰を図った。最初は渋っていた喜一郎も、五月に復帰することを承諾していた。量産乗用車をつくれる時代が来たと張り切っていたようだ。

豊田英二の『決断』によれば「いま思うと張り切りすぎて死んだといえるくらい張り切っていた」ということだ。もとから高血圧気味であり、脳溢血によるものであった。喜一郎が生きていればどうなったかについては、英二は何も語っていない。仮定の話をしても意味がないのかも知れない。

社長を退任してからの喜一郎は、独自に日本の乗用車のあり方などを調査研究し、同時に父親である豊田佐吉の伝記に取り組むなどしていたようだ。

喜一郎が亡くなったことで、トヨタ自動車は一か月ほど仕事にならなかったとある幹部が語っていたものの、とくに経営方針に変更はなかった。喜一郎の不在が恒常化していたので、精神的なショックを別にすれば、それほど影響が大きかったとはいえなかったと見ることができる。この後は、積極的に行動する英二の後ろには喜一郎がいるイメージがあり、英二のカリスマ性が強められていくことになる。

石田の続投が決まり、一九六一年まで社長として活動する。トヨタが成長する時期であったから、石田の発言は各界で注目されるようになり、トヨタ自動車の顔として「したたかな商売人」のイメージを多くの人に植え付けた。

それ以前から技術開発は英二の采配で動いていたが、これ以降は、さらにその傾向が強くなる。

注目されるのが、クラウンとなる乗用車専用設計のクルマの開発責任者の選定の仕方である。従来から車両開発チーフは設計部から選任されていたが、車体工場の生産技術者の中村健也が特別に指名された。予想外のことであったが、豊田英二の深い考えに基づくものであった。

戦前はクライスラー系の「共同自動車」で、その国産化のための図面を作成した経験を持つ中村は、一九三八年にトヨタに入社する際に希望した設計部ではなく、車体の製造部に配属された。そこで力量を発揮し、大型のプレス機をつくるなどの実績を持っていた。乗用車をやらないメーカーに未来はないなどと発言し目立つ存在であった。中村はこのとき英二と同じ三八歳、長野高等工業電気科を出ていた。機械工学に興味があって勉強したが、これに電気を加えれば機械のかなりなことが分かるはずだと思って選んだという。

トヨタの将来を左右しかねない車両開発であるから、英二は新しいかたちで取り組みたいと考えて、技術的な知識に加えて胆力のある中村を指名したのである。もちろん、乗用車の開発で重要なボディ組立てを良く知る人物であることが考慮のうちに入っていた。乗用車の設計では、量産すると原価のかなりな部分を占めるボディが重要になるからだ。新しい乗用車は、ボディ架装を外注に頼らず内製することになるから、その量産のための段取りを考えることのできる技術者が設計するほうが良いと考えたのだ。しかし、実際に車両設計の経験のない中村に開発を任せるのは、大きな冒険でもあった。

中村に乗用車専用設計のクルマの開発チーフになるように伝えたときに、英二と同席していたのが斉藤尚一だった。同世代のトヨタの技術部門の若きリーダーであるふたりが行動を共にする機会が多かったのは、英二が信頼する斉藤に、ことあるごとに意見を聞くようにしていたからだ。この大胆な人事が、自分の独りよがりになっていないかどうかチェックしての結果であった。

中村を新しいモデル開発のチーフ設計者にすれば、設計部からの反発が予想される。そんなことでビビるような弱さを中村は持ち合わせていない。中村は、この開発は本来なら英二が自らやらなくてはならない重要なもので、その代わりに自分がやることになる。だから、相当な権限を持って開発に当たってよいものと考え、引き受けた。戦国時代の武将を思わせるようなサムライたちが活躍できる土壌がトヨタにあり、中村はそのひとりであった。労組に対してもいいたいことを言ったので反発を招き、ユニオンショップ式の組合であったから、経営者があわてて中村課長を非組合員となる次長(課長までが組合員)にしたこともあったという。

このときに、設計部とは関係ない中村が設計の中心になることにより、シャシーやボディ、補機など部門別に設計の担当者が指名され、プロジェクトチームが形成された。これは、航空機開発で見られる主務設計者と呼ばれる開発チーフに権限を集約した手法と同じであった。その開発手法の経験を立川飛行機で持っている長谷川龍雄が中村の助手として付けられ、このふたりは、最初は設計部とはなれた車両製造部のある工場のなかに机を置いていた。

英二から開発に際して提示されたのは、1500cc R型エンジンを搭載すること、タクシーを中心として使用されるクルマであること、販売店などの意見を聞いて概要をまとめること、完成まで三年ほどの期間であることなどであった。

乗り心地を良くしながら悪路走行に耐えられるクルマにすることが最大の課題であった。しかしながら、この時代の技術では耐久性と乗り心地を両立させるのは難問であった。欧米のクルマは舗装路を走ることが前提になっているから乗り心地を優先しても問題にならない。しかし、乗用車を購入するのはタクシー会社が多い時代であったから、酷使されてもトラブルが出ないクルマにする必要があった。トヨタが自主開発することに踏み切ったのは、日本の特殊な使われ方に対応するクルマにするためだった。

中村が、トヨタの有力販売店やタクシー会社の人たちから意見を聞いたところ、耐久性を重視する意見と、新しい時代にふさわしいクルマにしてくれという両方の意見があった。結局は、自分で工夫してつくっていかなくてはならないと中村は思った。意見を聞くなかで、トヨタが自主開発することにエールを送ってくれる人たちが予想以上に多いことが励みになったという。

耐久性を損なわない範囲でトラック用フレームとは異なるフレームにすること、乗り心地を左右する足まわりに新しい機構を採用することなど、具体的な設計方針を中村が打ち出した。従来と同じはしご型フレームではあるものの、コの字断面から箱断面の部材にすることで、フレームの上下方向の寸法を縮めることができる。それにより、フロアの位置を低くして安定した走行を確保でき、腰高で見栄えの悪いクルマから脱却できる。フレームの加工に溶接作業が加わるので手間とコストがかかるが、高級にするには仕方ないことで、そのマイナスを小さくする努力をする。

乗り心地向上のために、足まわりの機構を新しくするのはリスクがともなうことだった。トラック用フレームを流用したそれまでの乗用車でも、使用するバネを柔らかくするなど工夫されていたものの、リーフスプリングを用いるので機構的な限界があった。欧米ではフロントがコイルスプリングを用いた独立懸架方式になっているクルマが多い。しかし、一九三〇年代に独立懸架にしたシボレーが日本に入ってきてタクシーとして酷使するとトラブルが頻発した。その経験を持つタクシー会社では、こうした方式にしてくれるなと要望した。

中村の決断は、乗り心地を良くするためにフロントを独立懸架にすることだった。ただし、トラブルが起こらないように大型車並みのコイルスプリングを用いるなど耐久性に配慮した。他の部分でも安全マージンをとって機構的には重いものにならざるを得なかったが、ひとつでも弱い箇所があれば、そこに不具合が出る恐れがあったからだった。

中村の開発方針に対して周囲から余計な口がはさまれないように、英二をはじめとする上層部が配慮していたので、中村は思いどおりに進めることができた。

設計から試作車をつくるまでのプロセスは、中村が段取りを付けて首脳陣の意見を聞く機会を設けている。デザインを決めるに当たっても、いくつかのモデルを並べて審査会を開いた。候補となっている現物のデザインされたモデルを見て比較することで意見が出やすくなり、具体的な方向が見出されていく。こうした段取りは、それまでの設計部が開発していた時代にはないもので、中村のアイディアであった。その後、開発プロセスとしてシステム化されていく。

試作車の走行テストでトラブルが出ると、機構的に改めたほうがいいのではという意見が出たが、中村は頑固に最初に立てた方針を曲げなかった。開発の途中で、様子を見まもる英二は何度も気がもめたようだが、確固とした信念を持って進める中村に最後まで任せる姿勢を貫いた。

しかしながら、この新しいモデルが失敗するとトヨタにとっては致命的になりかねないと判断した英二は、リスクを最小限に抑えるために、中村の進めるクラウンとなるクルマのほかに、もうひとつのニューモデルを急いで開発するように指示した。新しい試みをしているからトラブルが出ないとも限らない。その場合を想定して準備することにしたのだ。

こちらのほうは、従来どおりに設計部が担当した。タクシーとして使用するには、やはり耐久性が重要であると、クラウンで採用した独立懸架式に不安を抱いた結果で、フロントもリーフスプリングを用いたリジッド（固定）アクスルにするように命じていた。これがトヨペット・マスターと名付けられたクルマである。それまでの乗用車用ボディを外注していた関東自動車などの仕事をつくることも狙いのひとつであった。

中村たちが進めたクラウンと、耐久性重視で進められたマスターが一九五五年一月に同時に発売された。クラウンはオーナーカーとして、マスターはタクシー用と説明されたが、もちろんクラウンもタクシー用として使用されることを前提に開発されていたから、苦しい言い訳であった。同じエンジンを積んで、サイズも同じ乗用車が同時に同じメーカーから出るのは異例のことであるが、技術的にまだ未熟であるという英二の自覚による保険であった。中村には成算があったから、自分の役目を果たすことに専念していた。

果たして、クラウンは国産乗用車として成功した。心配されたトラブルは出なかった。ライバルとして技術提携のオースチンやヒルマン、さらにはプリンス自動車のスカイラインがあったものの、生産規模、販売体制では他のメーカーを寄せ付けない強さがあったことも成功を後押しした。発売当初はあまり景気が良くなかったから販売台数は多くなかったが、充実した装備にした仕様のクラウン・デラックスを一年後に発売したころから販売台数が伸びてきた。タクシーのほかに運転手付きの法人用としても需要があった。

国産であることが、クラウンの評価を高めた。スタイルとしては、テールフィンが付けられるなどアメリカ車の影響が見られるクラウンは、小型上級車としての風格を備えたものとして、国産乗用車のイメージを定着させた。新聞でも国産自動車のレベルが国際水準に達したとして、クラウンを応援するキャンペーンが見られた。タクシーに使用されても耐えられることが実証されたために、マスターは一年で生産中止された。クラウンの成功は、これ以降、各メーカーが国産技術でクルマを開発する方向を決定づけた。

クラウン開発の途中で、中村は開発主査という名称の役職を与えられ、主査室という車両開発を受け持つ独立した組織がつくられた。この後は、主査室に所属する技術者たちによって車両開発が進められた。

好調な売れ行きを示すクラウンの増産を図るために、工場の機械設備に新しいシステムが取り入れられた。一九五四年からトヨタの生産部門ではスーパーマーケット方式を採用していたが、さらにそれが徹底された。小口輸送により食料品をなくなるそばから供給するシステムのスーパーマッケットの手法にヒントを得た部品の在庫管理方式で、喜一郎が提唱したジャスト・イン・タイム思想の具体化であり、一九六〇年代になってトヨタかんばん方式に発展していく。

生産のために機械類も、カタログを見て良いと思われるものを購入していた段階から、全体的なシステムのなかで無駄のない流れにするために、クラウンの生産増強にあわせて新しい機械類に一新された。それまでは、予想したよりも効率の良くない機械もあり、ばらつきがあったのだ。

このころの日本人労働者の賃金がアメリカよりはるかに安いから、人件費では有利であるという主張が間違いであると、英二は啓蒙している。賃金に見合う効率を上げているからアメリカの自動車メーカーの従業員は高い給料を取っているのであって、日本は効率が良くないから安い賃金に甘んじている。したがって、生産性を上げることで賃金の上昇が期待できると主張し、そのことがメーカーにとっても従業員にとっても望ましいと発破をかけたのである。

クラウンの好調な売れ行きにより、挙母の本社工場は一九五六年に月産五千台規模にまで拡張されている。

トヨタ自工によるクラウンの成功、生産設備の効率化と増産体制の確立、そしてトヨタ自販の販売体制の強化に支えられて、トヨタは一九五〇年までの苦境が嘘のように経営状態が好転していった。

日産の労働争議と新型ダットサン、そして川又社長の誕生

一九五五年一月、クラウンの発売と時を同じくして、日産から新型のダットサン110型が発売された。本来なら、クラウンよりもかなり早く登場するはずだったダットサンのニューモデルは、オースチンの導入により先送りされ、さらに自動車メーカーのなかで最大といわれた労働争議により遅れたからである。

日産の組織に大きな影響を及ぼした労働争議について、まず見ておこう。

国論を二分するような資本主義か社会主義かといった議論が現実的であると思われていた時代で、先鋭化する組合が、所属する企業がつぶれてもかまわないような戦い振りを展開したところがある。その典型となった日産は、組合委員長の益田哲夫のリーダーシップで、日常化するほどストライキが頻繁に打たれていた。

このままでは競争力のある企業にならないと、組合との全面対決を決意したのは、川又克二が首脳陣の先頭に立ったからである。先鋭化する組合に対する批判の声も組合内部から出てくるようになっていた。ひそかに組合を切り崩すための準備が進められた。

日産自動車の労働争議は一九五三年六月から始まり、七月にはストライキと臨時休業、そして八月に入ると日産の生産は完全にストップした。そして、穏健な第二組合の誕生と、先鋭な第一組合幹部の退陣で九月に争議は終結した。会社側が固い決意で対決した場合は、組合側に勝ち目はない。企業が存続することが従業員にとって、もっとも大切な条件であるからだ。

課長クラスの非組合員化を会社側が提案し、組合が拒否したことで争議がスタートした。浅原社長も、組合がストライキを頻発している状況を変えることの大切さを認識し、川又の強引な手法を頼りにしたのだ。川又は日本興業銀

行にストライキを打たれても組織を支えるための融資を要請して了承を取り付け、組合員のなかで会社の対決姿勢を支持する人たちと打ち合わせをして、一歩も引かない態度で臨んだ。

組合側では、妥協する姿勢を見せたものの、会社側は彼らが飲めるような条件を提示せずに、ストライキで対決してくるのを待った。組合がストライキを始めると、会社側はロックアウトで対抗した。益田委員長の解雇や暴力行為による告訴など、泥仕合の様相を呈したものの、会社側の態度は一貫しており、八月になって第二組合が結成されて勢力を伸ばし、会社側のシナリオどおりの結末を迎えたのである。川又と第二組合の幹部たちの結束による勝利であり、主導的な働きをした川又克二が、経営陣のなかで存在感をそれまで以上に強くした。

ダットサンのモデルチェンジは、労働争議が一段落してから本格化した。浅原が想定したのとは違ってオースチンは日産の主力にならなかったから、ダットサンに対する期待が大きくなってきていた。技術部門の幹部である原科恭一取締役や、設計部長となった飯島博たちは、ダットサンこそ日産の中心車種であるという意識を持ち続けていた。それでも、首脳陣によって示された新型車両開発企画は、きわめて現実的なものであった。シャシーやエンジンなど基本的な機構だけでなく、キャビンもフロントまわりもトラックと乗用車とを共通にすると決められた。オースチンがあるから開発や生産にかかるコストの抑制がめざされたのだった。

ホイールベースが2000ミリほどしかない旧型のダットサンは、ピッチングなどの走行中の不安定さを解消する手段がなかったが、モデルチェンジでサイズアップを図れば多くの問題が解決することになる。したがって、はしご型フレームでリジッドアクスルという機構は、そのまま踏襲することに決まったのだ。同じクラスに競合車がなく、他のメーカーの動きを気にする必要のない時代であったことも関係している。

このモデルの設計は、吉原工場で旧ダットサンのトラブル対策に取り組んだ原禎一が中心になった。旧型ダットサンはバランスがとれていたので、そのレベルを全体的に上げることを設計の中心課題にした。戦前からの技術首脳は引退したり他の企業に転出したりしていたから、原は飯島の監督の下に設計から試作まで思いどおりに進めることができる立場であった。

目玉のひとつは、新しいデザインだった。このことを期して設計部長となった飯島博は、センスの良い佐藤彰三を造形課の係長に据えていた。クルマ好きである佐藤は、迷いなくヨーロッパ調のデザインにした。シンプルなボディラインでありながら存在感のあるスタイルとなったが、比較対象が旧型ダットサンであったから、市場では好評裡に迎えられた。全長は旧型の3160ミリ(仕様による違いがあるが)から3800ミリになり、ホイールベースは2005ミリから2220ミリになった。このときにボディ架装は関西方面が三菱製、首都圏を中心とした地域では吉原工場による内製と二つに分けられた。その後、増産体制を図る過程で、すべて内製にして一貫生産が実現するのは一九五〇年代後半のことである。三菱も、このころから独自に自動車メーカーへの道を本格的に歩むことになる。

一九五五年の新型ダットサンではエンジンまで新しくすることができず860cc、25馬力のままだった。二年後に新しい1000ccエンジン搭載のダットサン210型がデビューする。このエンジンはオースチン用の1500ccのストロークを縮めたものであるが、ようやくすべてが戦後型のダットサンになった。技術提携するに当たって、国産化した部品はそのメーカーの他のクルマに流用することが許されるという契約が生きたのだ。

日産の設計部では、ダットサン用のエンジンを自主開発しようとしたが、首脳陣は不安があったようだ。そこで、エンジンの経験豊富なアメリカのウイリス社を引退したドナルド・ストーン技師を招聘して指導してもらうことにした。日産では、独自にエンジン開発した経験がなく、これが最初のエンジン開発であると技術陣は張り切ったようだが、ストーンは新規にエンジンを開発することの愚を説いた。新しいエンジンを設計製作すると時間がかかり、その量産のために設備に費用がかかるのに対して、オースチン用エンジンを改良すれば設備のわずかな改変で済み、しかも安定した性能のエンジンになると説明した。

開発陣は、最初から1000ccエンジンとして開発すればコンパクトになり軽量化できると反論したが、リスクのほうが大きいとストーンは問題にしなかった。このときにエンジンの開発に当たってのテスト方式など日産が厳しいテストをしていないことを指摘し、エンジン製作の精度を高めるように指導した。

こうした経緯を経て、エンジンが換装されてダットサン210型になった。出力は25馬力から34馬力になり、順調に噴け上がっていく印象のエンジンになって好評であった。

1000ccダットサンは、個人オーナーが増えるにつれて販売台数を伸ばした。タクシーなどの需要の伸びに比較すれば、オーナードライバーの伸びのほうが次第に著しくなるので、価格の安いダットサンは、ひとまわり大きいクラウンよりも販売で有利に展開していくことになる。

一九五七年十一月に浅原に代わって川又社長が誕生する。戦後が山本社長から始まるとすれば、箕浦、浅原に次いで四代目の社長である。浅原は健康悪化で社長の任に堪えなくなって辞任を決意、後継は創業者である鮎川につながる日産直系で生産部門の中枢にいた原科恭一専務にするつもりでいた。

しかし、浅原が社長にしたくなかった川又が結果として就任したのは、労働組合が川又を支持したからである。このあたりが日産の組織の独特なところだ。浅原は、原科の社長就任に際し、川又を日産ディーゼルの社長に転出する人事を発令するつもりだった。一九四九年にトラック用に当時の民生産業からディーゼルエンジンを購入するようになり、資本参加して子会社化し民生デイゼル（のちの日産ディーゼル）と社名を改めさせた。このあとに後藤敬義が社長として転出して以来、同社は日産自動車から社長が派遣されるようになっていた。

この人事案を知った川又は、労働争議以来結束を強めていた組合の委員長である宮家喩に相談した。組合は浅原社長に抗議し、川又の転出に対してストライキも辞さない態度で反対した。このときに組合のなかで川又を熱心に支持したのが、労働争議の際に青年行動隊長として活躍し勢力を伸ばしていた塩路一郎であった。

浅原は、あっさりと人事案を撤回して川又が社長に就任することになった。早く社長を辞めたいと思っていた浅原は、最初から弱腰であった。旧鮎川系の人たちがオースチンの導入で、その支持派と反対派に分かれて結束していなかったことも、川又には有利に働いた。川又は、ダットサンを主力製品にしようとする主張をくり広げていたから、そうした技術者たちを味方に付けていた。鮎川系の幹部たちの多くは、川又の強引さを嫌っていたが、だからといって川又を排除する動きにまで発展せず、手をこまねいているだけであった。

日産にやってきたときから経営陣のなかでは胆力では抜きん出ており、労働争議も川又の存在なくしては決着しなかったであろう。基盤のない日産にやってきて、川又が社長になる目が出てきたのは、他の経営者たちに胆力のある人がいなかったからである。オースチン国産化以降の浅原は、経営者として積極的な姿勢を示すことができなかった。これも、川又に付け入るスキを与えた要因であった。

川又が社長に就任したことで、日産は大きく変わることになるが、日本の経済成長が始まろうとしているときであった。浅原は会長になったものの、体調も優れず、川又はフリーハンドで経営の実権を握ることに成功したのだった。こうしたクーデターまがいのトップの交代劇は、自動車メーカーでは異例であった。しかしながら、当時の日産の状況では、川又に代わる経営トップとして組織をリードしていくことのできる人物が見あたらないことも確かであった。これは、創業当時から引きずっていた日産のウイークポイントであった。

自動車への関心の高まりと輸出の試み

一九五〇年代に入ってから立ち直った日本経済は、成長を続ける過程で何度かの不況に見舞われている。三〜四年ごとに輸入超過になって金融の引き締めで不況になり、その後は生産性を上げて回復するというくり返しが見られた。一九五六〜五七年は好景気となり、一九五八年は不況になっている。さらに、一九六〇年には回復して高度経済成長期に入っていく。景気の動向に左右されたにしても、自動車の保有台数は一貫して増え続け、一般の関心も次第に高まっていった。

一九五四年から自動車メーカーの団体である自動車工業会が音頭をとって自動車ショーが開催されるようになった。各メーカーのクルマが一堂に展示され、五十万人を超える入場者となり、一九七三年のオイルショックにより隔年開催になるまで、毎年実施されて多くの人たちが詰めかけた。

一九五五年に通産省が「国民車構想」を打ち上げたことに対する反応の大きさも時代を反映したものであった。この構想は、多くの人たちが容易にクルマを入手できるようにと、一定の機能を備えた乗用車を安い価格でつくるメーカーを選んで資金援助するという構想だった。二五万円という車両価格で時速100キロ以上の最高速を出すなど、自動車メーカーには高いハードルだったために実現することなく終わった。

しかし、これに刺激されて低価格の大衆乗用車がトヨタや三菱などで市販され、360cc以下で車両サイズも限定された軽自動車も車両価格を抑えたクルマとして続々と登場する機運がつくられた。


ところで、海外メーカーとの提携でつくられた乗用車と比較して、売り上げで圧倒したクラウンとダットサンは、乗用車として国際水準に達したものになっていたのだろうか。

どちらも日本の国情にあったクルマとして開発されたから、その点では提携したクルマよりも有利であったが、外国車と対抗できるだけの技術水準でなかったことは、実際に開発した技術者たちが自覚していた。

クラウンとダットサンは、ともに一九五七年にアメリカへの輸出が試みられて、まだ国際水準に達していないことが実証された。

トヨタ自販の神谷正太郎社長は、アメリカのビッグスリーがサイズの大きいクルマばかりつくるようになって、フォルクスワーゲンなどの小型乗用車の輸入が増えていることに注目した。アメリカではコンパクトカーは、輸入に頼る状況が生まれていたのだ。将来、輸入規制が実施されるかもしれないから、その前に手を打たないと機会を逃すことになりかねないと、アメリカへの輸出を試みることにしたのである。

日産の場合は、輸出商品として三菱商事がダットサンに注目してアプローチしてきたのがきっかけであった。その後、主体的に取り組むものの、日産は輸出にともなう初期の煩わしい手続きなどはあなた任せであった。

サンプル車をアメリカに持ち込んだのは同じ時期だった。クラウンもダットサンも、高速道路でまともに走ることができなかった。パワー不足でアプローチの道路から高速道路にスムーズに入ることが容易でない上に、高速で走ると振動が出るなど、とてもアメリカで売れるクルマではないことが明らかになった。

この報告を受けた日産の技術陣は、対策をした部品をつくり、開発担当者たちがそれを持ってアメリカで走行テストを実施することになった。

ダットサンの開発チーフであった原禎一は、アメリカの高速道路を自ら走った。そのときに多くのアメリカ車のなかで、たった二台持ち込んでテストすることに絶望的な違いを実感したという。ひとつの車種が何万台も走っており、それはとりもなおさず走行実験を膨大に重ねているのと同じで、自分たちのしていることがいかにもプアーであると思えたのであろう。しかし、自分たちに何が足りないか知る良い機会でもあった。すぐには解決できない課題も多かったものの、どのようにしたら良いかをつかんで帰国したのだった。

トヨタ自販のほうは、アメリカで販売するにはどうしたら良いかの調査から始めた。その結果分かったことは、取引に当たってダンピングなどの不正取引を防ぐために原価や卸価格などを透明にする必要があるものの、そうした条件さえクリアすれば、アメリカでの販売が自由にできることが分かった。トヨタ資本の「アメリカ・トヨタ販売」を設立したが、肝心のクラウンは商品価値があるとはいえなかったから、現地の組織を維持して競争力のあるクルマができるのを待つことにしたのである。

当時の日本車は、最高速度は瞬間的に出たスピードのことで、それでも時速１００キロに達するのは容易なことではなく、高速巡航するのは思いもよらないことだった。これは、日産にもトヨタにも共通する課題であった。寒空（日本の悪路）のなかを歩くために厚くて重い外套を着込んだまま、春の野原（アメリカの高速道路）を速く走るのは、当然のことながら無理だった。

飛行機メーカーなどによる新規参入

この時代のトヨタと日産に次ぐメーカーはプリンス自動車の前身である「たま自動車」だった。

一九五二年五月に、たま自動車は富士精密に依頼してできたエンジンを搭載したプリンスセダンを発売している。小型車の上限となる国産初の１５００cc車であった。大株主となったブリヂストンタイヤ社長を兼ねる石橋正二郎会長が、アメリカ車を好んだことから高級車志向の強いメーカーとしての活動になった。しかし、生産設備や販売体制は充実しておらず、マニアに好まれたものの生産台数は多くなかった。

めまぐるしく社名が変わっているのは合併などのせいである。一九五二年十一月に、たま自動車からプリンス自動車工業に変更。さらに、エンジンを開発した富士精密がプリンス自動車を吸収するかたちで一九五四年四月に合併し、富士精密を名乗り、その後プリンス自動車としている。

一九五七年四月に発表したプリンススカイラインは、プリンスセダンをモデルチェンジしたもので、高級感を強めてスタイルもアメリカ車をイメージしたものになっている。同じエンジンを搭載するプリンス・トラックもつくられたが、これは過積載にもびくともしない頑丈なものであった。そのぶん車両価格も高い。飛行機メーカーの技術者たちが技術の中枢を占めており、技術的に優れたクルマになっているイメージがあった。

オーナーで会長の石橋は、車両開発など具体的なところでは技術者たちに任せた。しかし、日本の航空機メーカーは軍需産業であり、市場を意識した製品とは異なる発想でつくられるなかで育った開発陣は、トヨタや日産のようなコスト意識を持たなかった。販売台数が少ないにもかかわらず、乗用車とトラックの基本部分の機構を別にしている。

コストより性能を優先することが当然であり、それが誇りでもあった。

合併したことで、たま自動車系と富士精密系とのあいだで主導権争いが見られた。たま系の首脳陣にしてみれば規模の違いで吸収合併されたものの、自動車メーカーになり得たのは「たま自動車があったればこそ」という意識があった。たま自動車を率いた外山保は自己主張が強く対抗する意識が旺盛であった。石橋によって送り込まれた経営トップは事務系や銀行マンで、車両開発や生産体制のことまで理解することがなく、将来の方向性に関して主導権をとることができなかった。

旧中島飛行機系の五つの製作所がまとまって富士重工業が発足したのは一九五三年七月であった。スクーターやバス、鉄道車両、農機具など多彩な製品をそれぞれの製作所でつくっており、当初は必ずしも自動車をメインにする強い意志を持っていたわけではなかった。初代社長は、中島飛行機時代からのメインバンクであった日本興業銀行から派遣された北謙治が就任した。副頭取を経験した北は大物銀行マンであった。

一九五四年に富士精密の開発した1500ccエンジンを搭載した乗用車のスバルP-1を開発したものの、生産に移すのを断念したのは、銀行が自動車に融資するのをためらったからである。しかし、この開発の中心になった百瀬晋六は、次にスバル360を開発して成功するから、この経験は無駄ではなかった。百瀬の場合も航空技術者であり、技術者として高いレベルに達していたことが、スバル360という優れたクルマを開発できた要因であった。

一九五八年三月に完成したスバル360は、軽自動車という制限の多い規格のなかで、欧米に負けないだけの完成度の高いクルマになっていた。技術者として自動車のあり方を考察し、世界中のクルマやシステムを調査し、あるべき姿をかたちにしていくにあたって、どうすべきか抽象的に理解して、それを日本のなかの現実に当てはめて具現化するというプロセスをとって開発された。

それまでつくられた軽自動車とはまったくレベルの違うクルマになった。全長3メートル以下という制約のなかで大人四人が比較的ゆったりと乗れるものに仕上がり、安定した走行性能を示しパワー不足を感じさせないものになっていた。このクルマの登場によって、軽自動車というジャンルが日本で定着し、新興メーカーが最初に取り組むのが軽自動車からという道筋ができた。スバル360並みの完成度、あるいは魅力がなくては通用しないから、自動車メーカーとして軽自動車に参入するハードルが、そのぶん高くなったのである。

この後に、百瀬はスバル1000というフロントエンジン・フロントドライブのクルマを一九六六年に完成させるが、その後はこの二台の特徴的なクルマがスバルのイメージを決定づけた。

富士重工業の場合も、飛行機メーカーから転身したプリンス自動車と似て、技術優先でコスト意識に欠けた体質であった。自動車はいくつかある製品のひとつであったから、どのような方向をめざすかは開発陣の裁量で決められ、経営トップはそれを承認するだけで方向を指し示すことはなかった。

富士重工業が自動車を経営の中心にするのは一九六〇年代の後半になってからのことだが、そのときには他の自動車メーカーに生産や販売体制で大きく遅れを取っていた。それでも、機構的に優れていたスバル360は、一九六六年にホンダN360が出てくるまで軽自動車のスタンダードであり続けた。

本田技研のふたりの経営者・本田宗一郎と藤澤武夫

自動車メーカーの多くは、最初から大企業としてスタートを切っている。資金もあらかじめ調達され、組織的にも整備されて出発するのは装置産業の色彩が濃いからだ。そうしたかたちに当てはまらないでスタートしたのがホンダである。最初から異色であったが、企業が大きくなっても創業時の異色さを失わないような組織になっている。尋常ではないふたりの経営者が支配する会社だったからだ。

一九四七年三月に河島喜好(宗一郎の後の二代目社長)がホンダ技術研究所に入ったときには、従業員十二人で、最初の三か月は給料がもらえなかったという。それでも実家から通っていたから辞めないで済んだというくらいの零細企業であった。株式会社組織の本田技研工業になって三か月後の一九四八年末でも、社員は五十人ほどであった。それが一九五四年には二千人、一九六〇年になると五千人を超えている。急成長を遂げたのであった。

型にはまらない組織なのは、本田宗一郎という卓越した能力の職人的な技術者と、桁外れの発想で組織を取り仕切る藤澤武夫というコンビによるものだ。それぞれに相手のやることを信頼して助け合う関係ができたのである。ふたりとも自分の想いどおりに行動するタイプであり、企業の経営やものづくりを「自分の人生の表現方法」として捉えていた。藤澤がのちに「企業経営はアートである」と発言しているのは、このあたりのことをいっていると思われる。既存の考えや世間の常識にとらわれず行動するふたりは、自らが信じた方向に進もうとする情熱とエネルギーを並外れて身につけていた。世のなかが変化する時代に、それを敏感に感じ取ってダイナミックに生きようとした。時代の寵児になる条件をふたりともが持っていたのだ。そんなふたりが企業の草創期に出会ってコンビを組むことになるのは奇跡であり、けんか別れしないで済んだことも他に例を見ないことであった。賭け率の高いルーレットで当たりが出続けたようなものである。

まずふたりのひととなりと行動の基本となっているものを探ってみよう。

本田宗一郎は、異能の技術者である。音楽で絶対音感というのがあるが、機械やシステムに関して宗一郎は、それと同じような才能に恵まれていたようだ。最初からというよりも、修業中に身につけたものだろうが、機械の持つ魅力にとらわれ、自分のものにしたのである。機械やシステムは、いってみれば細かい部品のつながりで機能を果たす。そうした関係性を深く理解するのは機械に対して並外れた興味を持ち、実際に作業するなかで獲得できた能力であろう。クルマが故障した場合でも、誰も修理できないものも宗一郎の手にかかると、たちどころに直すことができた。周囲では魔法のように見えたにしても、宗一郎にしてみれば順序を追って推理すれば原因を突き止めることができたのである。本人は、いたって合理的であると考えていたのだ。東海精機時代には、他のメーカーではできない工作機械を独自につくることができたのも、その能力を発揮して、使用する目的にあう機械としての仕組みを考えてアイディアを試してみたからだ。

もちろん、育った時代のなかで能力を身につけるから、宗一郎といえども、並みの人間と同じように限界がある。機械に強いものの、電気のように目に見えないものの理解は人並みであったという。また、電子制御のような機械ではない部分は理解を超えていたようだ。

興味を持ったものに対する熱意も尋常ではなかった。それがたぐいまれなアイディアマンにし、人のできないことができる技術者になったベースである。子供のころから持っていた大きな夢は、年齢とともに膨らむことはあっても小さくなることはなかった。だから、繁盛する修理工場も他人に譲り、その後に社長になった自動車部品工場の経営者であることに満足できなかったのだ。

その情熱は狂気ともいえるほどであった。自分の興味があることには夢中になり、声が大きく感情が激してくると抑えることができないほどだった。テンションが高く、行動力・集中力が持続する。その狂気とも見えるところに目がいく人は、宗一郎を否定的に見ることがある。その情熱のほうを見る人は、並外れているすごさに心酔する。

人生を楽しむために全力疾走するタイプであり、その「楽しみ方」や「おもしろがり方」はきわめて貪欲であり、同時にきわめて人間的でもあった。その楽しみを邪魔する態度をとる相手には怒りをぶつけ、ときにはげんこつを振り上げ、手に持っている工具をぶん投げることもあった。宗一郎とベクトルが合っている人には、その怒りのよってきたるところが分かるから、ぶん殴られることがあっても宗一郎と行動をともにすることを好んだ。もちろん、子供のころから我慢することを強いられた経験を持っていたから、誰にでも手を上げたわけではないし、怒りをぶつけた相手を後でフォローすることも忘れなかった。自分が楽しくありたいように、周囲も楽しんでほしいと思っており、その感情が剥き出しになるだけだった。周囲を巻き込んでその気にさせることのできる説得力があり、豊かでジェスチャーたっぷりの表現で、感心させるほどの話し上手でもあった。

ものづくりに宗一郎が魅せられたのは、それが大きな楽しみであり、昔からの夢を実現する方法でもあった。ものづくりとは、頭のなかのもやもやしたイメージをかたちにして差し出すものである。そのもやもやしたものとは、人々が欲しいと思って、誰かがかたちにするのを待っているものだ。時代が変われば欲しいものも変わるし、かたちにしたときに「こんなかたちがあったのか」と周囲を驚かせるものにしたい。能力を発揮してかたちにし、人々に喜ばれることほど楽しいことはない。それは他の人たちとの競争でもあり、競争に勝つことがまた大きな楽しみでもあった。苦労してつくった製品を見た人に「すごいものをつくったね」と言われるとうれしそうにする。内心では「次にはもっとすごいものをつくって驚かしてやるぞ」と思う。その連続でとどまることがない。仕事と遊びの区別がないところがあった。

もちろん、おいしいものを食べ、美しいものを賞味するのも楽しみだ。だから、デザインにこだわった。オートバイのデザインのために各地の神社仏閣を見てまわり、それを生かしたデザインにしている。工業製品として世界に通用するには、デザインで優れたものになっていなければならないと思っていた。

宗一郎の表現方法は、ときに過剰であり過激であった。常に暴走する危険をはらんでいるといっていい。やっかいなことに、あるアイディアをかたちにしようとしたときに、それが暴走であるのか、すばらしいものになる可能性を秘めたものなのか、周囲には見分けがつかないことがある。そんな過激ななかから時代を画すような製品が生まれてくる。暴走するところがあることが取り柄となる。常識的な行き方をする企業のリーダーと対極にあるといっていい。

自動車メーカーの経営者としての条件のひとつに「クルマの本質を理解すること」があげられるが、宗一郎は理解しているかどうかの判断を超えたところで行動することがある。弓矢での競技では、的に正確に当てるルールになっているが、宗一郎は、的に当たるようになると、弓矢の改良に目を向けるようになり、さらに、新しいルールを自分でつくり出そうとする。だから、まん真ん中を射抜くことができるのに、とんでもないところに矢が飛んでいくこともある。矢のスピードを上げたり、飛ぶ距離を伸ばしたりと、弓を射ることの本質に迫り、それを楽しもうとする態度といえるのではないだろうか。

藤澤武夫には、そんな宗一郎という人間がよく理解できたのであろう。宗一郎の能力をフルに引き出すことが、自分の使命であると思って組織づくりをした。

工業製品のメーカーは、つくった製品を市場に出して評価されて成り立つ。宗一郎という希代の技術者に、いかに魅力的な製品をつくらせるかが藤澤の重要な役割であり、そのためには宗一郎が思い切り活動する環境をつくる必要があった。それは、宗一郎というエネルギーの固まりのような男をいかに活用し、制御するかという問題でもあった。

一九一〇年生まれの藤澤は、宗一郎より四つ年下だった。東京の小石川に生まれ、父親が経営していた映画館のスライド広告の制作会社が関東大震災で倒壊して廃業の止むなきにいたり、その後は一家の支えとして働くようになった。二三歳のときから鉄材商(おろし問屋)で販売の仕事をするようになり、能力を発揮してトップセールスマンになった。競争が激しく価格の乱高下する鉄材のような商品を扱うには、鋭いカンと先を読む目が要求された。店主が招集された際には店の経営を引き受けている。価格のめまぐるしい変化を前にして、激しく変化するのが常態であると捉えて対応した。変化の仕方をいくつかのパターンとして捉え、さらに経験とカンによってパターンを追加したり修正したりして、柔軟な対応で他の人たちに差を付けることができた。

こうした経験が抽象化されて、ホンダの組織運営に生かされる。多くの人たちが、いったん会得した知恵を後生大事に持ち続けるのに対して、藤澤は、変化にダイナミックに対応することの重要性に気づいていたから、行動や思想の基準が違っていたのである。それが藤澤のカリスマ性のもとになったものであろう。経営にとって大事なことのひとつは、柔軟に対応することであると藤澤は強く認識していたのである。

一九三九年に切削工具の製作会社を独力で立ち上げる。中島飛行機にも工具を納入するようになり、東京の板橋にあった工場を福島に疎開して終戦を迎える。その後、福島で製材業を始めてから、中島飛行機にいた技術者の竹島博に東京で偶然会って話をし、本田宗一郎を紹介されたのだ。いつかは東京に戻りたいと思っていた藤澤は、製材所を畳んで東京に進出した本田技研に常務として迎えられた。

藤澤は、本田技研を大きくすることに意欲を示したが、それは普通の意味での大企業をめざすものではなかった。宗一郎のつくる製品の質を高め、より多くの人たちに受け入れられる道筋をどのように立てるかという発想で組織を運営しようとした。それがうまくいけば、自然に大きく育っていく。

製品を広く販売しようとすれば、工場で量産する必要がある。そのためには資金がいる。しかし、資金がないところからスタートしているから、いかにして資金を獲得して規模を大きくしていくか。その道筋を立て、規模を大きくしていくなかで、ここぞというときに勝負に出る。そのためには銀行の信用を獲得しておくことが大切であった。銀行からの借り入れなどのほかは、すべて販売で獲得した資金を使うようにすれば、自主性を失うことがない。そうした観点から販売体制の構築の仕方を考えるから、他のメーカーが実行している販売の仕組みを参考にせず、独自のアイディアを出した。

企業が大きくなれば、組織機構が複雑になり、無駄な仕事が増えていくものだ。それをなくすには、製品そのものを第一に考慮すれば良い。優れたものを開発し、製品として市場に受け入れられるものになり、それを効率良くつくり、販売する。その道筋がつけられれば商売として成立する。後のことは、組織として滞ることがないようにするだけで良い。藤澤が、無駄な伝票をつくらないようにうるさく言ったのも、この考えに基づくものであり、藤澤の思想を社内に徹底させるためでもあった。

組織を複雑にするのを許すと、自分の仕事を抱えこんで他の人に分からせないようにする人が出てくる。自分がいなくては困るようにすることで自分の価値を高めようとする。これが、もっとも藤澤の嫌うことだった。そのために、できるだけ透明性を保つ。誰が何をしているか誰でも分かるようにする。そうすれば、能力のある人が、その能力を発揮して自然に目立つものだ。組織のなかに管理機構を設けて管理することを優先させると、高い地位の人は安閑としていられるが、従業員は萎縮しがちになる。そうした組織にならないように手を打つのが藤澤の仕事であった。

組織が大きくなり従業員が多くなっても、シンプルなままの組織形態にして、ものづくりに専念できるようにするという藤澤の思想は、宗一郎のものづくりのやり方を生かすものでもあった。そうした経営手法は、他の自動車メーカーに見られないものであるだけでなく、世界的に見ても特徴的なものであった。

藤澤の著書のタイトルに『松明は自分の手で』というのがあるが、他人の明かりを頼りに進むべきではなく、自分で明かりを掲げて進むべきだという、自主、独立の精神を表現したものである。独自の哲学と思想で運営され、前進する企業であるという意識が強かった。

宗一郎は、自分のモットーとして、つくる喜び、売る喜ぶ、買う喜びを挙げている。つくるのは技術者であり、売るのは営業する人であり、買うのは顧客である。ユーザーに買って良かったと思われる製品をつくることがメーカーの重要な仕事になるから、技術者である宗一郎は「つくる喜び」にもっともこだわった経営者であった。

これに対して、市場に送り出す製品をユーザーが支持してくれるあいだだけしか企業の存続が保証されないと、藤澤は考えていた。だから、支持される製品を次々に市場に送り出さなくてはならなず、それが途切れることがないように配慮した。そのためにも、宗一郎のものづくりの能力を生かそうと、藤澤がさまざまなアイディアを出し「売れる製品」にするように方向付けた。さらに、販売店をその気にさせる営業活動をすることが大切であると考え、それが「売る喜び」であるとし、販売店がホンダに信頼を寄せるようになることを重要視した。

宗一郎のモットーである三つの喜びは、宗一郎と藤澤がコンビを組むことで実現できるものであった。

ホンダは、日本が貧しいときには、その貧しさにふさわしい製品をつくり、豊かさを求めるようになると生活を便利にし、エネルギーを発散して楽しむような製品をつくった。

宗一郎が「技研」という言葉を社名に付けたのは、技術研究することを主眼にし、単に利益を追求するだけでなく、優れたアイディアを駆使して「良くて安い製品」を提供することで、顧客に喜ばれるようにする。そのことが関連会社の興隆に資し、日本工業の技術水準を高めて社会に貢献する。その夢を託した名前のつもりだった。

最初に製品化した自転車用エンジンは、いってみれば二輪のトラックともいうべき輸送の道具であった。そして、一九四九年八月には早くも本格的なオートバイであるドリーム号を世に問うている。四輪にたとえれば、乗用車ではなくスポーツカーである。だから、デザインに凝り、かっこよく仕上げている。将来に希望が持てる時代に入って「夢をかたちにしたもの」であった。洗練されたオートバイであり、ヨーロッパのものまねが多いなかで、ホンダはまったくの独創であった。

ほどなくドリーム号は、エンジンを2サイクルから4サイクルに変更している。吸気と排気が同時進行的である2サイクルより、吸気と排気が異なる行程になっていて合理的でメリハリのある機構をしている4サイクルのほうが、宗一郎の好みに合っていたからだ。

宗一郎のアイディアをもとに、河島喜好が図面を描き製品化した。このころの小さいエンジンはほとんど2サイクルだったのは、機構がシンプルで同じ排気量なら馬力のあるエンジンになるからだった。ホンダも当初は2サイクルであった。4サイクルエンジンは、機構的に複雑になりコストでも不利であるのに、オートバイメーカーのなかでホンダだけが4サイクルエンジンに固執した。2サイクルは燃料と一緒に潤滑用オイルも燃やしてしまうので排気が汚くなり、ライダーに嫌な想いをさせることがあるのも、宗一郎が嫌った理由だった。馬力が少ないことは、自分たちのがんばりでなんとかなるという強い自信に裏づけられた選択であった。このことが、後になってホンダの技術発展の原動力になる。

一九五三年六月にドリーム号の姉妹車であるベンリィ号が登場する。「夢と便利」の完成である。この時代になると、オートバイは輸送の手段ではなくなり、ライディングを楽しむものだからスポーツ性の発揮が開発の主テーマとなる。それにいち早く応えて、バラエティに富んだ製品展開をしたのであった。

この前年に自転車用補助エンジンとして完成形ともいえる「カブF号」を製品化している。こぎれいで洒落たデザインのエンジンであった。藤澤が日本中の自転車店三万店に、その販売を依頼する手紙を書いて成功したのは有名な話である。自転車店も販売で利益が出るし、ホンダも予約した販売店からの振込みによってタイムラグがなく現金収入が得られた。この製品の売れ行きが飛躍的に伸びたことで、ホンダは資金的な余裕を持つことができたのである。

一九五二年(昭和二十七年)から五三年にかけて、ホンダは埼玉県の白子、同じく和光、さらに地元静岡県の浜松の葵町に、相次いで工場を建設する。これらの工場に据え付ける機械類の購入に四億円以上かけ、最新鋭のものを取り揃えた。当時の本田技研の資本金が六百万円だったというから、とんでもない投資額である。三菱銀行が融資を引き受けたが、リスクの大きさも桁外れであり、企業経営の基本を大きく外れたものであった。

それは企業規模を大きくしようとする行為というより、宗一郎の信念に裏付けられた投資だった。世界に羽ばたく企業になるためには、世界でもっとも進んだ機械類を自在に使いこなすことが大切であると考えたのだ。投資する金額を抑えると、それだけの企業にしかならない。三菱銀行も、宗一郎の卓越した製品づくりと、透明性のある経営をしている藤澤のやり方に信頼を寄せて融資した。

この工場に据え付ける工作機械は、宗一郎がドイツやアメリカなどに買い付けに行っている。購入した機械類は、さすがに宗一郎がしっかりと吟味しただけのことがあると評価された。

優れた職人は道具を大切にするというが、宗一郎にとっては、見上げるような大きな工作機械類であっても手になじむ工具と同じように自分の使い良いようにするのが当然と考えていた。普通は、工作機械となるとマニュアルどおりに使うものと思いがちだが、それを自分たちで改良したのだ。

工場のレイアウトでは、食堂やトイレはとくに大切にする。楽しく作業することを優先するからだ。

二輪車の量産工場としては、世界に例を見ない規模であった。ヨーロッパの二輪メーカーは趣味的に始めて製品化したところが多く、量産するという発想がなく、手づくりで良いものをできるだけ多くつくる程度であった。工場で量産する生産方式とはなじまないと思っていたのだ。宗一郎と藤澤は、よくできた製品を低コストでつくることにこだわった。このことがホンダを世界一のオートバイメーカーにした大きな要因である。

これらの工場は、工業製品メーカーの人たちが見学によく訪れた。他のメーカーの工場の場合は、ノウハウを結集した場所は立ち入り禁止にしているが、ホンダの場合はどこでも勝手に見ることが許されたし、写真撮影も禁止しなかった。宗一郎にいわせれば、毎日のように改良して新しくしているから、まねしても、そのときにはホンダはもっと効率の良い工場になっているから一向にかまわないのであった。

四輪メーカーが、乗用車を主力にしようと動き出したときに、ホンダは二輪の世界で高性能なエンジンを開発し世界一になろうとしていた。宗一郎は、レースに勝つことが大好きだったから、ホンダは率先してレースに出場した。負けると悔しがり「一等賞を取る」までやらなくては気が済まなかった。

レースに勝つには性能を上げなくてはならない。レースでは過剰さを突出して表現したものが勝つ。水泳の古橋広之進は鍛錬を重ねた肉体で、その過剰さを表現することで世界記録を樹立した。宗一郎も、過剰な性能のエンジンを積んだオートバイをつくって勝負する。オートバイの世界では、市販車も高性能にする競争であったから、レースと製品とのつながりがあった。

企業が大きくなることだけが目的ではなく、楽しむためにやっていることが企業の成長につながったのである。世界を意識したレース活動がホンダの特徴でもあった。四輪のルマン24時間レースに相当するオートバイの最高峰レースであるイギリスのマン島で開催されるTT（ツーリング・トロフィ）レースにホンダが出場すると宣言したのは一九五四年三月、ホンダが経営的にもっとも苦しい時期だった。スクーターのジュノオ号の失敗、ドリーム号のクレーム問題、売れ行きの良かったカブF号の急速な落ち込みが重なったときである。補助動力として脚光を浴びたカブF号の衰退は、戦後の貧しさが終わったことを意味していた。

苦境を乗り切るには、地道な活動を続けていくしかないが、従業員の意欲を喚起し、企業のエネルギーをフルに発揮する環境をつくることで、突破しようと試みたのである。

「TTレース出場宣言」が出されたのは、モチベーションを上げるタイミングを考慮したものであった。

まさに好機至る。…TTレースに出場せんとの決意を固め、……優勝するためには、精魂を傾けて創意工夫に努力することを諸君と共に誓う（略）。吾が本田技研はこの難事業を是非共完遂し日本の機械工業の真価を問い、此れを全世界に誇示するまでにしなければならない。吾が本田技研の使命は日本産業の啓蒙にある。

と、本田宗一郎の名での宣言であった。気宇壮大にして有言実行の精神を披露したが、なにやら革命家ないし扇動家のアジ演説のような感じさえするものだ。将来の希望を具体的に思い描き、共通した夢を持つことで、ホンダの人たちが当面の課題に前向きに取り組むことができるムードにした。烈々たる宗一郎の宣言を、このタイミングで発信させる藤澤の経営者としての異能振りが際立っているというべきだろう。

この直後に経営危機であることをつつみ隠さずに従業員に話し、緊急体制を敷くことを伝えた。取り引き先の部品メーカーにも、同様に生産調整せざるを得ないことを伝え協力を求めた。この年、宗一郎はTTレースとヨーロッパ事情視察に出発した。そして、ホンダがTTレースに挑戦するのは一九五九年のことだ。

第四章　経済成長と自動車メーカーの活動・一九六〇年代前半

急速な成長と技術進化

一九六〇年代を迎えて日本の経済成長は本格化する。好景気に支えられて公共事業が盛んになり、日本の道路の舗装率が高まり大きく改善される。重化学工業の伸びが著しく、成長の代表として自動車産業がクローズアップされるようになる。国民所得の伸びが自動車を個人で購入する人たちを増やし、販売の右肩上がりが続いた。それにともない、技術的な進化が促され、自動車メーカー間の競争が激しくなる。

池田内閣のブレーンとなった経済学者の下村治が当時「それぞれの国の経済で勃興期とも言えるように経済が著しく成長する時期があり、現在の日本がまさにそのときである」といっているが、そのまま「経済」を「自動車」に置き換えても当てはまることであった。全体のパイが増えて、主要メーカーは積極的な投資を実施するようになる。自動車メーカーの人たちも、それぞれの持ち場で力量を発揮した。海外に行くなどして情報が以前より多く入るようになり、海外メーカーのクルマに接する機会も多くなる。以前より、進むべき方向を見定めることができるようになった。

それぞれのメーカーによって、技術レベルや経験に違いがあり、企業風土の違いがあり、経営トップのめざす方向に違いがあったから、表現されたクルマに違いがあった。そのなかで、車両開発、生産体制、販売体制でリードするトヨタと日産が有利であったのはいうまでもない。

一九六〇年の日本における乗用車の生産台数は十六万五千台、前年比で八七パーセントと大幅に伸び、この後も伸び続けて、一九六四年の生産は五八万台近くになる。これはイタリアを上まわり、アメリカ、ドイツ、イギリス、フランスに次いで世界五位であった。もはや自動車の後進国とはいえなくなっている。

一九六〇年代に入ると自動車メーカーの主戦場は乗用車になり、海外のメーカーと技術提携したメーカーも、その後継モデルを自分たちの手で設計して市販する。

オースチンの後継モデルとして日産は、トヨタのクラウンと競合するセドリックを登場させる。逆にトヨタはダットサンのライバルとなるコロナをデビューさせた。需要の伸びが期待される小型大衆車部門の乗用車や軽自動車などの入門車種でも競争がくり広げられる。

序章の冒頭に近いところで触れたように、日本は第二期の大量生産による勃興期を一九六〇年代に入るころに迎えた。一九五九年八月に登場した初代ブルーバードがベストセラーカーになり、乗用車が日本の自動車産業の主流になった。量産体制が構築されて淘汰が進むことになる。そして、巨大化したメーカーが繁栄を謳歌する時期である第四期を迎えるのも、それからあまり時間がかからなかった。

日本なりのかたちであるにしても、自動車メーカーが勃興期から繁栄期までをわずか十数年という短期間にかけ抜けたことで分かるように、一九六〇年代の日本の自動車メーカーの活動は、その歴史のなかでもっとも充実していたのであり、登場する新型車は見事に進化を遂げて国際的に通用するクルマになっていった。

自動車を取り巻く環境の著しい変化に、各メーカーは素早い対応が求められた。この時期の対処の仕方が、その後の自動車メーカーの方向を大きく左右したといっても過言ではない。アメリカのメーカーは悠々と繁栄を謳歌する期間があったが、日本では安閑としている期間は、ほとんどなかったといっていいだろう。

日本の自動車産業が隆盛することに成功したのは、通産省の保護育成行政に負うところがあることを否定できない。

しかし、一九六〇年代になると、その行政指導は、逆に物議をかもすことになる。その六〇年代を前半と後半の二つの章に分けて、見ていくことにしよう。

通産省による活発な行政指導

新規参入組が増えて、乗用車部門での競争が激化することに、通産省は懸念を示した。乗用車の貿易自由化が待ったなしになりつつあるのに、国内の競争で消耗して国際競争力をつけるべき特定のメーカーも体力が弱まってしまうことに不安をいだき、行政指導を強める動きを活発化する。

通産省が、国産乗用車が国際的競争力を持つことを目標にしたのは、将来的に輸出製品となることで、日本経済の牽引力になることを期待してのことだった。

古い話になるが、通産省は一九五三年に日産とトヨタに対して、ディーゼルエンジンのトラックはいすゞや日野に任せて手を引くように勧告した。トラックが販売の中心の時代であったが、乗用車に力を入れるように指導したのである。このときに、勧告にしたがって、日産はガソリンエンジンのトラックは自分のところで生産し、ディーゼルエンジン搭載車は傘下の日産ディーゼルでつくることにした。

日産は実に素直であったが、トヨタはディーゼルエンジンも独自開発であったことから、通産省に呼び出された豊田英二が、この勧告にしたがうわけにはいかないと断っている。この直後にディーゼルエンジントラックの販売店系列をつくっているから、行政指導にしたがうどころか、トヨタは逆らう姿勢を見せたのだった。自分の始末は自分でつけるという方針を貫こうとしたのだ。このトヨタの作戦はディーゼルエンジントラックがそれほど伸びなかったから成功したとはいえなかったが、この販売チャンネルをもとにパブリカ店（のちにカローラ店となる）の販売網をつくっている。行政指導に対する受け止め方にも、メーカーによって違いがあったのだ。

通産省が行政指導を強めるのは、乗用車の自由化を先延ばしすることがむずかしい状況になって焦りを感じたからである。一九五五年に日本がガット（関税および貿易に関する一般協定）に加入したことで、国際的に自由化の圧力が強まるようになった。繊維製品や電気製品など日本の輸出が伸びていたことも影響した。

政府は一九六〇年六月に「貿易・為替自由化の計画大綱」を決定し、一九六〇年代の半ばまでに乗用車の自由化を実施する方向を示さざるを得なかった。日本の自動車メーカーが国際競争力を高めるための余裕期間がなくなってきたのだ。まだ国産乗用車の生産台数は少なく、車両価格で見ても国際的に太刀打ちできないし、車両技術でも同様であることを考えれば、自由化されると日本のメーカーが危機に陥るのではないかという懸念があった。

それにもかかわらず、新規に参入したメーカーは、新しい工場を建設し、乗用車の生産に力を入れようとしていた。プリンスは都下の村山に月産一万台規模の工場を建設し、いすゞは神奈川県の藤沢に小型車用の工場を建設し、日野自動車は都下の羽村に小型車専用工場を建設し、三菱も乗用車部門への進出のために名古屋製作所の充実を図り、東洋工業やダイハツも、新しい工場を建設して生産能力を高めようとしていた。

各メーカーの首脳を呼んで、設備投資を自粛するように要請した。しかし、ここで通産省のいうことを聞いたのでは競争に負けると、強気の姿勢を変えるところはなかった。

この事態を放置するわけにはいかないと、通産省が打ち出したのが「自動車メーカーの三グループ化」構想であった。量産乗用車・特殊乗用車・軽自動車と三つに自動車メーカーを分けて、それぞれ生産するクルマを限定しようという行政指導である。実際には、量産乗用車メーカーを日産とトヨタだけにしようとする構想であった。特殊乗用車というのはディーゼルエンジン車やスポーツカー、さらには高級車などをさす。いすゞや日野、プリンスなどがこのグループに入る。その他のメーカーは軽自動車だけの生産に閉じ込めようとする構想で、日産とトヨタ以外のメーカーの活動を制限する意図があった。

その指導は強制力のあるものではなく、どのメーカーも強気の姿勢を崩すことは、それだけで負け組になることを意味したから、計画を変えるつもりはなかった。事態の解決にはならなかったのだ。

通産省では法的な拘束力を持った政策を打ち出すしかないと、一九六三年に「特定産業振興臨時措置法」を立案した。略して特振法といわれた法案は、対象にした産業はそのほかにもあったが、自動車が主要なターゲットであり、特定のメーカーだけに乗用車生産を限定するものである。そのメーカーは当然、日産とトヨタであり、その他のメーカーは吸収されるか提携を図るかして自動車産業を通産省のコントロール下におこうとするものであった。貿易の自由化を乗り切るための切り札とし閣議決定を経て国会に上程された。

しかし、戦前につくられた自動車製造事業法に似て、産業を行政が統制する意図を持っており、それだけに反発も小さくなかった。

もっとも強く反発したのは本田宗一郎であった。まだ四輪車を発売していなかったものの、軽自動車の開発を進めており、通産省から呼ばれて四輪部門に参入しないように要請された宗一郎は、自由な競争こそ、産業や技術が発展する原動力であり、それを否定するような動きは断じて許せないと怒り狂ったのだ。宗一郎の思想からすれば、当然の反応であった。宗一郎はいろいろな機会を利用して、通産省の進めている指導が時代の要求にあわないこと、競争を阻害することがいかにマイナスであるか、特振法反対論を展開した。

日産とトヨタ以外のメーカーは、独立が保てないことになるから例外なく反発し、識者といわれる人たちや政治家などでも、こうした統制経済を思わせる法案に反対する人が多く、国会に三度上程されたが、結局、特振法は廃案に終わった。通産省は、その指導が行き過ぎであるという主張に屈したのであった。

一九六五年十月に乗用車の自由化が実施された。これで、輸入制限はなくなったが、輸入車には関税がそれまでと同率で課せられたこともあって、自由化は国産自動車の販売にほとんど影響を与えなかった。乗用車の貿易自由化に間に合うように日本の自動車メーカーが力を付けたからである。

通産省の危惧したようにはならず、宗一郎の想いどおり自由競争がレベル向上の原動力なのであった。予想を上まわる力の付け方だったといえるかもしれない。しかし、通産省によるメーカー再編を意図した行政指導は、各メーカーに多くのプレッシャーを与えて、その影響は、その後も決して小さいとはいえなかった。

トヨタの工場建設と車両開発の方向

トヨタ自工の石田社長が高齢(七六歳)になり、筆頭副社長だった中川不器男に社長の座をバトンタッチするのは一九六一年八月であった。副社長の豊田英二がナンバー・ツーになり、喜一郎の長男である豊田章一郎が常務になり経営の中枢をになうことになった。十一年におよぶ石田体制が終わった。中川の社長昇格により、一時は英二だけが副社長であったが、中川が受け持っていた事務系の仕事をしてもらうために大野修司を副社長にするように英二が要請して実現している。

このときの社長交代は、トヨタの基本的な体制そのものに変化がなかったが、英二がトップに近い副社長になり、その権限がそれまで以上に増した。日本経済の成長を見越したように、その成長の果実をもっともよく摘み取るように行動したのがトヨタであり、それを中心的に推進したのが英二だった。

トヨタ自販が躍進に大きく貢献したことも見逃すわけにはいかない。販売網の充実が図られて「販売のトヨタ」といわれるほど目立つ活動をした。この時期にトヨタの販売体制が固められ、他のメーカーをリードするもとがつくられた。トヨタ自販は、神谷社長がトップの座にデンと座って、その指示で動く組織になっていた。販売で弱かった東京でもトヨタ自販の直営店をオープンさせ、ディーラーのあり方を主導する店として、大学卒セールスマンを大量に雇用するなど新しい方向を打ち出していた。親切な対応とてきぱきしたサービス体制も、トヨタの販売店ならではのものであった。

ちなみに、一九六〇年のトヨタの乗用車生産台数は約四万二千台、日産は五万五千台だった。一九六四年にはトヨタが十八万台、日産は十六万台弱と逆転したものの、ほぼ拮抗していた。しかし、翌一九六五年にはトヨタが二三万六千台と大幅に伸びたのに対し、日産が十七万台弱と微増にとどまり、その差が広がった。

トヨタが日本一の自動車メーカーになるのは、日本で最初に乗用車専用工場を建設したことに始まる。英二の提案により乗用車だけをつくる工場計画が、一九五〇年代後半という早い段階で動き出した。乗用車中心の時代が来ることを読んでのものだった。一九五八年は鍋底景気に入っており、日産は川又社長の指令で二割の減産を決めたときだった。乗用車専用の元町工場の建設は、トヨタの大きな賭けであった。

将来は月産一万台規模の工場にする計画にして、当面五千台生産する工場であった。このころの挙母本社工場は月産五千台規模で、そのうちクラウンの生産は月二千台程度であった。

計画どおりの生産規模に見合った販売ができなければ、過剰投資で苦しむことになる。しかし、トヨタ自販のほうも強気な需要予測をしていた。英二の数ある決断のなかで、もっとも思い切ったものだった。

一九五八年七月に「新工場建設委員会」が発足し、その委員長には豊田章一郎が就任、英二がその上で監督し、元町工場の建設が本格化した。喜一郎の長男である章一郎を工場建設の前面に立てることで、豊田一族のリードする企業であることもアピールされたのだった。細部にわたっては、それぞれの部門ごとに経験豊富な生産技術者たちが指揮に当たり、トヨタ技術の粋を結集した取り組みであった。このころまでに鋳物や鍛造などのトヨタの弱い部分の人的な対策は、英二が抜かりなく手を打っていた。

万全を期して完成した工場が稼働したが、立ち上がりでトラブルが発生した。新しいことをするときに起こりがちな試行錯誤であり、その後は生産体制の効率の向上に向けて努力が積み重ねられていく。アメリカのようにひたすら量産を図るのではなく、それぞれのシステムなどを工夫することで生産体制のあり方が追求される。

生産設備の効率化が図られるのはトヨタに限ったことではなく、日本の自動車メーカーで成功したところすべてに共通したことである。どのメーカーも優れた人材がおり、常に改良を続ける姿勢を持っていたことが、日本の自動車メーカーを強くした要因のひとつである。

元町工場は、クラウンおよび新型となるコロナＰＴ20型が生産の中心であった。そのため、この時期に登場する予定のパブリカを生産するための資金まで調達するのは無理があると判断した石田社長は、フォードからの資本を導入しながら技術的な教えも受けるという提携方法をとることにして、フォードに申し入れた。

日本に橋頭堡を築けるチャンスであるとフォードも前向きに検討したようだが、最終的には断ってきた。フォードが資本提携の条件として日本で主導権を持って活動できる保証を求めたのに対し、日本側はトヨタの自主性が失われないことにこだわったせいで成立しなかったようだ。これで、三度にわたってフォードとトヨタは提携交渉しながら実っていない。

パブリカも元町工場で生産することになり、乗用車の販売は所得水準の上昇によって伸び続けたから、すぐに元町工場はフル生産となり、増産のために第二期工事が実施されて月産一万台体制となる。

クラウンに続く乗用車を相次いでデビューさせて、トヨタは乗用車部門の充実を図っていくが、一九六〇年当初のトヨタの車両開発は、必ずしも順調であるとはいえなかった。最初のうち、コロナはライバルとなるダットサンに商品力で対抗できなかったのだ。

一九五七年に発売された初代コロナの企画は、クラウンと同時に発売したマスターが生産休止になったので、その生産を受け持つ関東自動車の仕事を確保するためもあり、マスターのコンパクト版といえるクルマであった。マスターの部品をできるだけ多く使って早急にデビューさせようと、エンジンも旧タイプとなる１０００ccのＳ型が搭載された。革新的な技術を盛り込みたかった主査の中村健也にとっては、不本意な開発であった。

初代コロナを発売するとすぐに二代目コロナＰＴ20型の開発が始まった。初代でできなかった革新的なクルマにしようと、中村主査は、さまざまな技術を織り込んだ計画を立てた。全高を高くしないで室内空間を広いクルマにすることがテーマのひとつであり、その実現のために足まわりも独特の機構にした。意欲が強いぶんだけ技術的にムリがあった。モノコック構造を採用し、スタイルも洗練され、エンジンも新開発の１２００ccになった。それまでにない画期的なクルマであると謳ってデビューした。

元町工場の立ち上がりにあわせて生産開始する計画であったが、走行テストで問題が出た。ボディ剛性が不足しており、クルマとしてのバランスにも欠けていた。中村主査は、完成度を高めてから発売したかったのだが、いつまでも工場のラインを遊ばせておくわけにもいかず、周囲の督促でやむを得ずに市販に踏み切った。コロナはトラブルが続出して期待どおりの売れ行きにならなかった。

一九六一年六月に発売された７００ccエンジンのパブリカも、予想された販売台数を確保できなかった。国民車構想をきっかけに開発が進められたもので、車両価格が三八・九万円という軽自動車並みの価格にした。どこまでコスト削減できるかに挑戦した開発であった。部品ひとつひとつのコスト削減が細かく図られた。エンジンもシンプルな機構の空冷２気筒水平対向にして、当初はフロントエンジン・フロントドライブ（ＦＦ）方式で開発が進められた。英二が具体的に開発陣に指示したものだが、技術的に経験のないことが多かったので、開発は簡単ではなく、一応かたちにしたところで開発がストップした。空冷エンジンを性能的に安定させるのがむずかしく、ＦＦ方式に関するノウハウもなかった。

打開するためにコンベンショナルなＦＲ方式に変更することを条件に引き受けたのが長谷川龍雄であった。主査室に在籍していてクラウン開発時に中村の助手をした長谷川の、主査としての最初の仕事であった。かつて立川飛行機で高高度戦闘機を開発するなどエリート技術者であった長谷川は、トヨタの労働争議でも技術部の職場委員長をしてデモの先頭に立つなど、常にリーダーであり続けないと承知できない人物であった。それだけ自信があったのだ。

パブリカがコストをかけないで走行性能に優れたクルマとして誕生したのは、長谷川の技術者としての力量を示すものであった。しかし、簡易なつくりで貧相なイメージがあったことが原因したようで、販売が伸びなかった。高額製品である自動車は、それなりに立派に見えるように仕上がっているほうが好評であった。

この時代の日本車の技術表現としては、スバル３６０に次ぐ完成度の高いパブリカは、非力なエンジンでありながら走行性能に優れ、車両サイズのわりに室内も広くなっていた。エンジン排気量を拡大してつくられたスポーツカーのトヨタＳ８００が、高い評価を受けることができたのは、スタイルもさることながら、ベースであるパブリカの出来がよかったからである。しかし、販売が伸びなくては何もならないというのが首脳陣の評価であった。

パブリカ開発の成果としてあげられるのは、徹底してコストを低く抑える開発であったことだ。車両価格を低く抑えるために、部品メーカーや材料メーカーに思い切った価格交渉するなどの試みが成果を生んだ。

満を持して発売した二代目コロナは、アメリカへの輸出車としての期待も裏切られ、パブリカの販売も苦戦したので、一九六〇年代はじめの乗用車の販売台数で、トヨタは日産に追いつくことができなかった。

この後、トヨタ自工の開発主査は新しい人たちが任命され、世代交代が図られていく。それにつれて、クルマのあり方が英二の考える方向に進んでいくことになる。とくに、英二が方向転換を図るように指令を発したわけではないが、人事や開発チームのつくり方などで、確実に開発技術者たちに伝わっていく。英二の意志が、その言動により示され、それに沿うかたちで技術者たちが切磋琢磨する体制になった。それがトヨタのなかで出世するための条件であったからでもある。

この時代のトヨタ車に欠けていたことのひとつは、高速走行での安定性であった。どこがどのように足りないか、英二の指示でシステムごとに対策する委員会を立ち上げて具体的な解決を探る。対策ができれば、開発中のモデルにすぐに反映させた。

一九六四年九月に登場する三代目となる１５００ccエンジン搭載のコロナＲＴ４０型は、こうした成果を生かしてつくられた。着実性を重んじる技術者である田島敦が主査として起用された。中島飛行機から戦後にトヨタに入った田島は、チームとして開発に取り組むタイプの指導者で、中村のように独断専行するタイプではなかった。

田島によってトヨタらしいというか、日本人の好みにあったというべきか、商品として出来のよいクルマに仕上げられた。みごとにバランスがとれ、スタイルも好評であり、機構的にも無理をしないクルマとなった。イタリアやアメリカにデザインの勉強に行ったデザイナーが帰国して腕を振るうことでスタイルもあか抜けたものになり、それまで培ったさまざまな努力が開花して新しいコロナに結集された。国際的に通用するクルマとなり、無理して新しい機構を採用するより全体のバランスをとることの重要性を改めて知ったのであった。

このクルマが完成したころから、トヨタの車両開発の方向性が明瞭になった。それまでの開発は、試行錯誤しながら進むべき方向を見つけようとするものだったが、トヨタ流のクルマづくりの方向に迷いがなくなり、開発をリードする主査の選定の仕方も、英二のなかで明確になったようだ。

日産の川又体制の確立

一九五七年に日産社長に就任した川又克二は、一九七三年に岩越忠恕にバトンタッチするまで十六年間、その後は会長として一九八五年代まで権勢を振るった。日本の自動車産業が大きく発展し、日本の基幹産業として押しも押されもしなくなる時期であり、日産自動車の企業風土をつくるのに大きな影響を及ぼした。

川又が社長に就任したときには、戦前から幹部として活躍した原科恭一が専務であり、同じく飯島博は取締役設計部長であった。このふたりは、浅原が社長時代にオースチンを優先することに反対していた。原科は主として生産部門であったが、車両開発でも方向性を示すなど重きをなした。商工省の技官から日産入りした飯島は、技術者が能力を身につけて自主開発ができる体制にするために設計に優秀な人材を集めていた。

川又が、このふたりの能力を生かす方向で社長として采配を振るっていけば、あるいはその後の日産の進み方も違ったものになったかも知れない。

社長就任当初の川又は、このふたりに技術部門を任せる姿勢を見せていたが、一九六〇年になってふたりを経営中枢から排除するように画策する。ふたりとも、これに反発する姿勢を見せるような人がらではなかった。「飯島は川又の強引なやり方に辟易しながらも嘆くばかりだった」と周囲にいた人から聞いたことがある。良心的な技術者であり、政治的な動きを見せるようなタイプではなかった。

川又の政治力というか腕力というか、その手腕に太刀打ちできる人物が日産の首脳陣のなかで見あたらなかった。飯島は、静岡にある吉原工場長に転出し、その一年後に病気で亡くなっている。原科は、本来なら川又が行くはずだった日産ディーゼルの社長になり、やがて同社で上尾工場の建設の先頭に立つ。車両開発、生産体制という自動車メーカーにとって要となる部門のトップふたりを交代させたのは、川又が社長としての自分の地位を安泰にするためであった。

川又が「宮廷革命」のように宰相から国王(社長)になったことで、自分の地位が必ずしも安泰でないという潜在意識に苦しめられていたのかも知れない。この革命が成功したのは、軍隊(この場合は労組)を味方につけたからだった。

川又は専務時代に、豪腕で知られる石原俊を経理部長に抜擢し経理システムの改善に取り組ませ、生産性向上を図るために岩越を市場調査や組織管理の専門家として目をかけるなど、川又体制を盤石にしようとする手が打たれた。社長になってからは、さらに彼らを重用する。

社長として迎えた最初の新年の挨拶のときに「より良いクルマをより多く」という経営方針を川又は披露した。日産の進むべき方向として示されたのである。川又社長になった一九五七年には、トヨタの売り上げが約二百四十八億円、日産は二百二億円と二割ほど水をあけられていたが、川又は慎重に行動しリスクを避けることを優先した。一九五八年の鍋底景気の際にも、トヨタと違っていち早く減産指令を出したのは、在庫が多くなることを恐れてのことだった。トヨタが乗用車専用工場をつくる計画を知っても、川又は手を打とうとしなかった。

川又の打ち出したスローガンは、その言葉どおりに良いクルマをつくり、それを大量に販売すれば、企業は安泰である。しかし「良いクルマ」とはなにか、どのように「より多く」するかは人によって考え方や手法に違いがある。具体性のある方向を示していないから、経営方針としては、いささか曖昧なものだった。

銀行マンらしく川又は数字に強い。売上高と経費の関係、投資額とその効果、従業員数とクルマの生産台数の関係、各工場の生産効率といった財務内容の改善、クルマでいえば最高速度やエンジン性能などの数値の向上を図ること、ニューモデル開発にかかる時間と経費を抑えること、販売予測と投資額の関係など、表現された数値で経営の内容を判断した。

企業の最高意志決定機関として常務会が設けられた。ここでの議題の多くは、下から上がってくる提案の検討であった。あらかじめ各関係部署で根まわしされ煮詰められたものが提案されたという。もちろん、最終的には川又の意志がものをいった。

社長として実績を上げなくては権力を維持することはできないから、利益を出すことと資産価値を高めることが重要視された。しかし、企業の価値やポテンシャルは、数値に表れたものだけで評価したのでは万全でない。経営で大切なのは、将来への布石の打ち方である。当然、数値に表れない部分を多く含んでいる。どのような未来にしていくか。数字にこだわるだけでは、指導者として能力を発揮しているとはいえない。序章で触れた権威のあり方で見れば、川又の場合、指導者としての権威よりも、父や主人としての権威を示す態度であったというべきだろう。

とはいえ、それだけの権威を持つことができたのは、川又の持つ腕力の強さであり、それに対抗できる人が日産にいなかったからである。川又は「日産中興の祖」といわれることを好んだようであり、実際に、川又がいなければストライキを頻発する組合を変えることはできなかったろうから、川又の権威はいや増したのである。

新しい計画や事業を推進するときは、川又社長をどのように説得するかが大きな問題になった。計画の実行には資金が必要になるから、将来的に日産にとってプラスと思われることでも、川又が承認しないことがあって、その説得に多くのエネルギーを割かざるを得ない組織になっていた。

日産が乗用車専用工場である追浜工場を建設するときも、そうした例が見られた。

工場建設委員長になった佐々木定道は、トヨタの元町工場が月一万台体制であったから、同じく月産一万台規模の計画案を作成した。しかし、経費がかかりすぎるとして、川又は五千台規模の工場に縮小するように指示した。それではあまりにも消極的すぎて日産の将来に禍根を残すと考えた佐々木は、工場の施設は、その七割の稼働でも利益を上げるように計画しなくてはならないから、五千台計画の場合は七千台規模にするというのがアメリカのメーカーの考えである。ついては、七千台規模にするなら一万台にしても経費のかかり方はそれほど違いがないと説得した。建設途中の工場に様子を見に来るたびに、川又は、経費がかかることを心配していたという。川又の渋さを引退してからまとめた自伝的な冊子で佐々木は嘆いている。

日産最初の乗用車専用工場は、もと富士自動車の敷地だったものを国から払い下げられた用地につくられ、最新鋭の機械設備を持った工場になった。それにしても、トヨタに続いてこれだけの規模の工場をつくることができたのは、日産の力量を示すものであった。

一九六三年に完成した追浜工場の玄関前に、日産の労働組合が川又社長の業績を顕彰して銅像を建てた。現役の社長で、その後も社長を続ける意欲満々の人の銅像を会社内に建てることが、周囲にどう受け取られるか理解しなかったのだろうか。このことに、川又社長の権威のあり方と、川又と組合の関係が象徴されている。銅像を建てて顕彰するのは引退した後か故人になった場合であろう。労働組合は、会社側とは超えてはならない一線を持っている組織であるべきだが、組合が率先して現役社長の銅像を建てることが、その一線を越えた行動であると組合は考えなかったようだ。川又も然りだ。一九六三年からサファリラリーに挑戦するために結団したチームの記念写真が、川又の銅像を入れて撮影され、報道陣に配られている。

この銅像には「労使の相互信頼の精神を基とし、また川又社長の下、全日産人が一丸となって努力した結果であり、これを記念して将来の社運の隆盛を期して、この像を建てる」という文言が刻まれている。銅像の建立に関しては同社発行の『日産三十年史』にも、その経緯が記されており「事業人としての川又社長の卓越した指導力を景仰し」顕彰することを願ってのことであると書かれている。追浜工場の完成を祝うタイミングで建てられた。

このときに川又の揮毫による「相互信頼の記念碑」も建てられている。「労使の相互信頼こそが日産の源泉であり誇りである」という趣旨の文言で、会社と組合の馴れ合いをかたちにしている。

川又が社長になるときに組合の世話になった関係で、組合は川又の支持母体として機能するものであった。そのことが日産を特殊な組織にした。

川又とコンビを組んで第二組合の設立を指導した宮家喩は、委員長の地位を塩路一郎に譲った。宮家は日産のなかの出世コースの条件のひとつである東京帝国大学出身であり、組合の委員長を続けるよりも会社役員になろうとしたためのようだ。しかし、宮家が川又に対して恩を売るような態度になったことで、川又が宮家の意に添うように行動しなかったといわれている。組合を離れれば、川又に逆らうことはできない。弱い立場になったせいか宮家は、その後退社している。

これにより、組合を掌握した塩路一郎が勢力を伸ばしていく。私立大学の夜間部出であるから、日産の組織ではエリートになる道は最初から閉ざされていた塩路の野心は、組合活動を通じて発揮される。日産のなかで組合の地位を高めることが、塩路自身の力を大きくすることであった。

機を見るに敏、人の弱みに付け込む巧みな人心掌握術、鋭くて説得力に富む弁舌など、リーダーになるにふさわしい側面を持った塩路は、周囲に親衛隊ともいうべき人たちを配し、塩路の動きに批判的な勢力がないか監視体制を強め、塩路に逆らえば日産のなかで出世できない雰囲気をつくっていく。川又が、最初のうちは塩路のこうした動きを支持しているように見えたこともあって、組合そのものが権力機構になっていく。

川又が「これはまずい」と思ったときには塩路の勢力圏が大きくなっており、塩路の活動を制限するには、塩路と全面対決を覚悟しなくてはできなくなっていた。そうした状況を読める塩路は、川又を支持する姿勢を見せながら、役員の人事や会社の方針に影響を及ぼすようになり、塩路に睨まれれば日産にいづらくなるまでになった。

塩路は、自動車総連の会長になるなど、労働界でも有力な活動家として知られる存在になった。そして、川又とともに、日産のなかで「天皇」といわれるようになる。批判を許さない権力を持った存在になったのである。塩路は、媚び諂う人たちにかこまれ、権力を行使し、贅沢な待遇を自分のものにした。

日産の組織を権力機構としてみた場合、創業時代からぽっかりと大きな空洞があったように思われる。権力志向の強い人には、その空洞がよく見えて、そこに自分が入り込むチャンスをものにしようとした。戦後すぐの労組を牛耳った益田哲夫がそうであり、川又や塩路がそれに続いたという見方をすることができる。

ベストセラーカー・ブルーバードの誕生

組織的に問題を抱えるにしても、日産は、自動車メーカーとしては好調だった。技術者をはじめとして優秀な人材がそろっていたからである。首都圏を本拠にしていることから、トヨタよりも優秀な人材を集めるのに苦労しなかった。一流大学を優秀な成績で卒業した人たちが多く入社している。

一九五九年八月にデビューしたダットサン310型が日本で最初にベストセラーカーといわれほどの売れ行きを見せた。川又によってブルーバードという車名が付けられ、日産の発展を確かなものにするクルマとなった。1000ccエンジン搭載のダットサン210型をモデルチェンジしたものである。

スタイルを新しくし、機構的にも乗用車らしくなって売れ行きが伸びた。ライバルとして誕生した初代と二代目コロナに対して優位性は歴然であった。高度経済成長が本格化し国民の所得水準が上昇しつつあって、販売が伸びる条件が揃っていた。

日産でもトヨタの主査室と同じような組織である企画室が設けられ、開発組織が整備されてきていた。この初代ブルーバードの開発も引き続き原禎一がチーフとなり進められた。オースチンベースの１０００ccエンジンを１２００ccに拡大し、シャシーは耐久性を重視しながら運動性能の向上をめざした。技術的な冒険はせずに、フレームの改良など細かい技術の積み重ねにより進化したクルマであった。この開発が終わったときには、自分たちに何が足りないか、それを克服するためにどうしたら良いか、次のモデル開発の課題が明瞭になっていた。

川又社長も、自分が社長になって最初に登場したモデルが好評であることに気を良くしていた。

続いて、オースチンの後継者となるセドリックが登場した。イギリスのオースチン社との提携契約は一九六〇年で切れるので、そのタイミングで発売するように計画された。クラウンに対抗するクルマとなった。オースチンの１５００ccエンジンは機構的な古さが目立つようになり、改良しても性能向上に限度があったので、日産技術陣による初のエンジン開発となった。ドイツフォードのタウナス用エンジンをモデルにして設計された。

開発に当たって、川又社長から他のメーカーのエンジンに負けない性能にするように指示された。この当時の１５００ccエンジンはトヨタとプリンスにあり、プリンスは最高出力70馬力であった。

日産の開発陣は、使いやすいエンジンにするよりも最高出力を出すことにこだわった。エンジンは低回転で粘りのある実用タイプにするか、高速走行での能力を優先して実用域を犠牲にするか、どちらかを選択することになるが、川又の指示をまもるために日産では後者のタイプにして、ようやく71馬力のエンジンにすることができた。川又は、最高出力の高いことが技術力であると思っていたから、開発陣も、それに応えなくては覚えがめでたくなかったのだ。

日産が最初のエンジン開発で無難に切り抜けることができたのは、日本の部品メーカーが力をつけていたことも貢献していた。エンジンの重要な部品は自動車メーカーと部品メーカーの共同開発であった。イギリス車であるオースチンの後継モデルであることから「小公子」の主人公の名前をとってセドリックと名付けられた。

セドリックは一九六〇年四月にデビューした。ブルーバードがドイツ車のように合理的な機構のクルマになっていたのに対し、こちらはアメリカ車に近い乗り心地と豪華さを追求したクルマになっていた。

開発チーフは京都帝国大学機械科から海軍技術工廠に勤務した航空技術者で戦後に日産に入った藤田昌次郎だった。ブルーバードを担当した原は、奨学金を受けて東京帝国大学機械工学科に学んだのに対し、青森の旧家に生まれて豊かに育った藤田とは、クルマに対する考えが違っていた。原は合理性を求めて理にかなうように設計したのに対し、藤田は贅沢に楽しむものにするように配慮した。開発の過程でも、原は自分の想い描いたシナリオどおりに進めようとするのに対し、藤田は周囲に任せながらも最終的には自分の狙ったものにしていくというスタイルの違いもあった。セドリックは、この時代のクルマとしては高踏的なイメージがあったせいか、いい意味で泥臭さを持つクラウンに販売で及ばなかった。

経営トップがクルマの方向性を示すことがなかったせいで、日産は開発技術者たちがそれぞれに思い描くクルマにすることが可能なところがあった。良くいえば多様性のある開発となったが、その後の展開で見ると必ずしもそれがプラスに働いているとはいえなかった。


一九六〇年代に日本車が急速に良くなったのは、四年ごとのモデルチェンジが定例化し、新しい技術やシステムを導入したクルマを次々に出していったからである。ヨーロッパではじっくりと開発して完成したクルマは、比較的長期にわたって販売される。フォルクスワーゲン・ビートルは戦前の設計であるにもかかわらず、三十年近くモデルチェンジをしていないし、FF車として革命的な機構のオースチン・ミニもモデルチェンジなしで長期間つくられ続けた。これに対し、日本で頻繁にモデルチェンジされたのは、新しい機構を採用してライバルに負けないようにメーカーが競争したからであった。

好評だった初代ブルーバード310型が発売されるとすぐに、四年後に発売する次のモデルの開発がスタートした。

二代目ブルーバード（ダットサン410型）の大きな変更は、フレーム付きのシャシーからモノコック構造にしたことだった。これによって車両の軽量化が図られ、フロア位置を下げることが可能になった。道路の舗装が進み、高速走行できるクルマにする方向に舵が切られた。トラブルが出ないように強度や剛性を高めることを優先した初代と違って、思い切って軽量化を図った設計にして、走行テストで出たトラブルを対策するようにしたのである。日本の道路事情が改善された結果、クルマに求められるものが違ってきていることを原が見抜いていたからだ。原は、ヨーロッパの進んだクルマを見て方向性を見出した。合理的な機構のクルマにすることが選択されたのは、原のクルマに対する考えを反映したものであり、開発の経験を積み重ねてきたからであった。

川又は、ブルーバードに対しては思い入れがあるから開発に口を出した。乗用車の売れ行き全体が伸びるなかで、ユーザーが欲しがっているのはスタイルのいいクルマであるが、それを実現するには日産のデザイナーたちだけでは不安があると考え、定評のあるイタリアにデザインを依頼するという方針を打ち出した。このころには、管理がいき届くようになった日産の組織を嫌って、デザインを主導していた佐藤章三が退社していた。

この時代の自動車のデザインでは、イタリアの専門デザイン工房（カロッツェリア）が世界的に有名であった。そのトップクラスに位置するピニンファリナに依頼することになった。この当時の日本のメーカーは、競ってカロッツェリアにデザインを依頼しており、モーターショーでは日本車らしからぬデザインの参考出品車が人目を集めていた。

出来上がったデザインは、さすがにピニンファリナだけあって洗練されたスタイルになっていた。しかし、この当時の日本では、まだクルマが生活のなかに浸透する時代であり、高額製品らしく重量感のあるスタイルが好まれた。洗練したスタイルのクルマが受け入れられるのは、クルマが生活のなかに定着してからのことだった。このときの日産の人たちもこのデザインに対して違和感を持ったようだ。

アメリカのメーカーも依頼する優れたデザイン工房の仕事であるから、いいものに決まっている。まして、依頼することに決めたのが川又社長であるから「これでは良くない」ということのできる雰囲気ではなかった。多くの人が、これでいいのかと思いながらも、そのままに近いかたちで採用され市販された。

生産する工場では、機構的に大きな変更のあったブルーバードを量産するために、設備の大幅な変更に取り組んだ。日産では、伝統的に生産部門が強く、設計で多少まずいところがあってもカバーする体制がつくられていた。このときの開発と生産との連携もスムーズだった。

デビューは一九六三年九月だった。ライバルである二代目コロナは、途中で大幅な改良を施してトラブルを克服していたが、一度落とした評判の挽回は容易ではなく、二代目ブルーバードは初代に勝るとも劣らない売れ行きを示した。月販一万台に達する月もあり順調な滑り出しであった。平均するとブルーバードが月八千台であるのに対し、コロナは四千台ほどであった。この状況が変わるのは、翌年に三代目のコロナが出てきてからである。

ホンダの独特な組織づくりとレース活動

本田技研工業が四輪部門に進出を果たすのは一九六三年夏から秋にかけてである。

日産やトヨタは、戦後すぐの段階では他の分野の優秀な技術者たちを雇用したが、一九五〇年代になってからは、学卒を定期的に採用する方式をとるようになる。急速に業績を伸ばしたホンダは常に技術者が不足がちで、中途採用で補われていた。自動車産業が成長するようになった段階で淘汰が進み、脱落した企業の技術者や、他のメーカーを途中退社した技術者がホンダに入る例が多く見られた。従業員の構成でも中途採用者が常に過半数を超えていた。必要なときに必要な人材を求め「混血主義」をとり、広く門戸を開いていた。能力中心主義であったから、経験者は大歓迎であった。

ホンダはレースで活躍するなど魅力的に映るところがあり、それに引かれて入社を希望する人たちが増えてきた。破天荒な気質を持った優秀な人たちが入社して、ますますホンダはホンダらしさを強める傾向を見せた。

大企業になる勢いを見せるにもかかわらず、ホンダは初期に見られた独自性をなくさないような組織的な取り組みがなされた。大企業病になることをもっとも嫌ったのは本田宗一郎であり、藤澤武夫であった。ものづくりの現場のダイナミズムを失わないように、レースに取り組み、組織のあり方を独特の手法で追求し、ものづくりへの情熱を持続させ、既存の概念にとらわれない発想を生かすなど、多くの大企業とは異なる取り組みが意識的になされた。

一九五九年に始まるTTレースへの挑戦では、技術部門の中枢にいる河島喜好が監督となり、プロジェクトチームがイギリスにレースの一か月前に乗り込んだ。ブラジルのレースに出た経験があるとはいえ、世界最高峰のレース、それもイギリスというオートバイの本場のレースに挑戦すべく、日本人ライダーと社員によるチームが形成されたのであった。

最初の年は、最高六位であったが、充分に戦うことができる感触をもって帰ってきた。翌年も同様の体制で戦い、さらに健闘する。ヨーロッパのトップライダーたちがホンダに注目し、ホンダ車に乗りたいと希望するなど二年の挑戦の成果が大きかった。ホンダのレース用マシンは高性能化し、三年目の一九六一年に念願の優勝を果たす。イギリスの新聞も「時計のような精巧で優れたエンジン」とホンダを誉めたたえた。

その後は、日本からヤマハやスズキが参戦して、やがてヨーロッパのチームは敵でなくなり、日本のメーカーチームによる戦いとなる。ホンダのエンジンは4サイクルで、他は2サイクルであり、同じ排気量のエンジンではホンダは性能的に不利だった。そのハンディキャップを補うために高性能を極めた機構にする努力が続けられた。四輪エンジンでは考えられないようなマルチバルブの高回転エンジンになっていた。

短期間に目覚ましい性能向上が見られたのは、試行錯誤のスピードがふつうの企業の開発ペースとは比較にならない速さだったからだ。

たとえば、夜九時に性能を良くするための新しいカムシャフトが出来上がると、宗一郎がやってきて実験室にいる技術者に「明日の朝までにエンジンに組み込んでデータを取っておいてくれ」と言って、宗一郎は帰ってしまう。そのカムシャフトをエンジンに組み込んで、テストのためにシャシーダイナモに載せたうえで、エンジンを運転してデータをとる。スムーズにこなしても大変な作業であり、性能がどのように良くなっているか、エンジンのさまざまな運転状況ごとのデータをとらなくてはならない。当然のことながら徹夜になる。

朝早く宗一郎がやってくる。データを見て話し合い、アイディアが浮かぶと、直ちに性能の優れた部品をつくるように指示する。ふつうの企業なら書類がまわされ、課長など上司の許可を得て作業が始まり、別の部署にまわされるというプロセスをとるから、速くても二〜三週間くらいかかる作業を一日か二日でやってしまう。

レースは待ったなしであり、技術開発の集積がものをいうから、ふつうの企業の作業手順ではまどろっこしいものになる。ホンダは、製品開発もレースに近いスピードで実施されることがある。

まだ四輪部門に進出していないのに、一九六二年に四輪の最高峰のレースである世界グランプリF１にチャレンジすると宣言して人々を驚かせたが、これもホンダらしいと受け止められた。ホンダならやるだろうという期待があった。当時の日本の自動車メーカーの置かれている状況を考慮すれば、F１への挑戦は無謀ともいえるものだった。しかし、高性能エンジンの開発では世界水準を超えたところのあるホンダは、充分に勝算があると思っており、事実、一九六四年からチャレンジして二年目に優勝を果たした。この時代の世界選手権のかけられたグランプリレースに勝利するのは、オリンピックで金メダルを取る以上の価値のあるものだった。

二輪車で最大のヒットとなったのが、一九五八年八月に発売されたホンダのスーパーカブである。それまでの概念を超えた実用性のある二輪車として、新しい需要を掘り起こすことに成功した。アイディアを出したのは藤澤である。ヒットした自転車用補助動力であるカブF号を、新しい時代にふさわしい二輪車としてよみがえらせたものといえた。

スポーツに特化したオートバイとは異なり、スクーターとも違う乗りものだった。低価格で、燃費が良く、扱いも楽になっていた。それでいて安易なつくりではなく、高性能車をつくったホンダだからできた製品であった。50ccで4.5馬力というのは驚くべき性能であるが、それを感じさせない実用性を持っていることがすごかった。

それまでの二輪車は月に二千〜三千台売れれば驚くほどだったが、スーパーカブは月三万台というペースで販売され、圧倒的な支持を受けた。現在でも使用されていることでも分かるように、完成度の高いものであった。

スーパーカブの爆発的な売れ行きは、ホンダの屋台骨を支えた。需要予測でも相当な販売が見込まれたことから、その生産のために三重県鈴鹿市に七十万坪近い土地を購入して鈴鹿製作所がつくられた。新しいマスプロダクション工場として、それまでにない規模および設備であった。この当時は資本金が十四億円になっていたが、この工場への投資は七十〜百億円にも上ることが予想された。

具体的な建設内容は若手中心に進められ、工場のレイアウトは、四輪車の製造まで考慮されたものであった。無窓で完全空調式、部品および完成品の倉庫がないことも特徴であった。協力工場からの部品搬入や全国への出荷配送をリアルタイムで流れるように計画された。「定時・定点・定量」に基づくダイヤフラムが基礎になって運営された。製品開発と大量生産の準備が同時進行的に実行するところにホンダの強みがあった。宗一郎の凄さと藤澤の行動力の冴えである。

特筆すべきことは、この製作所の近くにテストコースを兼ねたレース用サーキットが建設されたことだ。どのメーカーもテストコースを持つようになっていたが、宗一郎の意向で日本最初ともいうべき国際的なレース場である鈴鹿サーキットがつくられた。運転テクニックがものをいうコースで、そのレイアウトは世界的に優れたものであった。このサーキットができたおかげで、日本で大規模なレースを開催することが可能になり、クルマの高性能化に果たした貢献は計りしれない。そもそも自動車メーカーがレース場をつくるのは、採算を優先する企業では考えられないことである。

スーパーカブは輸出でも成功するが、そのための労苦は大変なものであった。輸出のためにアメリカ市場を調査した段階では、需要は限りなくゼロに近かった。アメリカでつくられるハーレーやインディアンといったオートバイは、アウトローが乗るものというイメージが定着しており、日本製二輪車の販売に興味を示すところがなかった。輸出担当者たちに「そんなイメージを変えて輸出の花形製品にしろ」というのが藤澤からの指令であった。

アメリカ市場の開拓を託されたのは、藤澤のもとで日本の販売体制を確立するのに功績のあった川島喜八郎であった。河島喜好がマン島TTレース挑戦に旅立つのと同じ時期に、川島(同じ読みの苗字なので後にアメカワと呼ばれる)はアメリカにたった三人で飛び立った。一九五九年六月にロスアンゼルスにアメリカ・ホンダモーターを設立したが、スーパーカブと125ccベンリィ号は大きいバイク中心のアメリカでは相手にされなかった。しかし、無理と思われることをやり遂げることがホンダでは求められたのである。

明るく健全で経済的な新しい商品であることを強調することで、需要を喚起する努力が続けられた。「ナイセストピープル・ホンダに乗る」というキャンペーンでイメージアップが図られた。販売店づくりも、運動具店やモーターボート店などを巻き込むためにダイレクトメール作戦を実施した。

苦労が実ると、アメリカでも若者中心にヒットした。ホンダという名称がスーパーカブの代名詞となった。ホンダの成功で、数年のちにアメリカに進出したヤマハやスズキが同じタイプの二輪車を売る際に「ヤマハ・ホンダ」「スズキ・ホンダ」といわなくてはならないほどであった。

ホンダは、アメリカで最初に成功したオートバイメーカーとなり、ドルを大いに稼いだ。この当時にあっては、日産やトヨタよりもホンダのほうがアメリカではよく知られていた。

本田技術研究所の設立と四輪部門への進出

一九六〇年七月に技術設計部門が分離独立して別組織の「本田技術研究所」が設立された。これより少し前につくられた日産やトヨタの技術研究所は、将来に向けて長期的な技術開発や研究活動をする組織であるが、ホンダの場合は製品を開発する設計部門を中心にして、本社機能や工場と別組織にしたものである。利益追求や量産効率の徹底をめざす生産部門とは組織も資本も別にすべきだという考えに基づくもので、ホンダ独自の思想を具現化したものである。

会社が大きくなっても、個人の能力を最大限に発揮する組織であり続けることがめざされた。企業が大きくなると、組織が複雑になって指導的な立場に立つ技術者が管理職の仕事をするようになるが、それは企業にとって必ずしも好ましいことではない。その典型が宗一郎である。社長としての業務に忙殺されたのでは、技術開発に手腕を発揮する宗一郎の良さを生かすことができない。

組織のなかで職制の階段を上がっていくにつれて部下の数が増えるのがふつうだが、課長になっても部下をうまく使うことが得意でない人もいる。その人のキャリアを買って地位を引き上げることが組織にとってプラスにはならない場合がある。能力のある人をフルに生かす職場であり続けるにはどうするか。企業が大きくなれば、開発すべき製品の数が増えてくるし、技術の進化に対応して試行錯誤のあり様も単純ではなくなってくる。それに対応するには、たくさんの宗一郎のような人をつくり、彼らの能力を引き出す。そのためには常識的な組織体系にしないほうがいい。それが研究所設立の目的でもあった。

製品開発は「社会のニーズ、企業のニーズ、お客様のニーズ、技術者のニーズ」があってつくられるもので、製品化は、そのためのプロジェクトチームをつくって実施されるのがホンダ方式であった。

技術者は、その能力を発揮するために自主性が尊重される。上からの指令で動くのがふつうの組織だが、ホンダの技術者たちは原則的に平等である。研究員は「一件一人主義」「現物主義」「収斂主義」のもとに自由に研究テーマを自己申告し、評価会で評価されたうえで開発のスタートが許される。現物主義というのは、理論倒れにならないように実際に試して実証することである。

商品に結びつく開発では、一通り以上の異なったアプローチで併行して進められる。その過程で成果を確認し、それぞれのメリットを比較して最適なほうを選択して商品化する。これが収斂主義である。

研究所で商品として完成させたものは、図面として製作所に引き渡されて、その対価として得た資金で研究所が運営される建前になる。研究所の使える資金は、本田技研の売上高に見合う比率（三～五パーセント）と決められる。研究開発に使用する資金は、技術者が資金のことを考慮しないで理想を追いかけて無駄なことをすれば膨らんでしまう。そのための歯止めにもなる。

この時代のホンダはオートバイが主力であったが、エンジン付きの汎用製品など多種にわたる小さい製品を製造販売していた。自動車とは異なり、時代的な制約が大きいもので、環境の変化に敏感に反応して、次々に新製品を開発する必要があった。それにふさわしい開発組織にするためには、技術者たちの自主性を尊重し、さまざまな工夫をさせて鍛えることが必要であった。

宗一郎は、初代の研究所社長も兼務し、ここを「おらんち」（静岡弁で自分の家ということ）と呼んで、多くの時間を過ごした。「研究所というのは人間の気持ちを研究するところだ」というのも宗一郎が良く言ったことだという。社会の要請にどう応えるかを製品として結実させるためだ。技術開発では、仲間どうしの競争になるが「やらまいか」という宗一郎独特の表現で、一緒にやろうという姿勢があったから、同じ目標に向かう仲間としてのまとまりがあった。レース活動も研究所の仕事であり、これこそ技術開発の粋を極めるものであった。

藤澤は、資本金がゼロに近いところから出発したホンダが成長したのは、他のメーカーにない独自性を発揮したからだという自覚があった。最初に興味を持って取り組んだときの情熱を持ち続けられるように「何人もの宗一郎を出していく」ことが必要であり、そのための研究所であった。

同じように、将来に向けては何人もの藤澤武夫も必要であった。

生産現場である工場などでも、同様に個人の能力をフルに発揮できるようにする制度がつくられている。それが専門職と管理職という資格制度の確立である。

労働組合ができた当時に、藤澤が「専門職制度」をつくる提案をしている。宗一郎も藤澤も大学を卒業していないから、大企業に入っていたら出世コースに乗ることはできない。一生現場の仕事で終わった可能性が強い。会社にとって大切にしたい専門職(エキスパート)を持つ従業員をどのように処遇するか。現場の管理職にすることが、その人の能力を生かすことにならない場合がある。いっぽうで専門職としての能力をどう評価するかという問題もある。組合からも勤務評定が不合理なものであるという苦情が寄せられていた。

現場で、これを巡って熱心な討議が行われ、エキスパートとはどういう人をいうのかが次第に明瞭になってきた。彼らをどう処遇するか、どう生かすかの前段階として藤澤が、それぞれに「私の記録」を書くことをすすめている。どんな仕事をしたか、どんな成果を上げたかを記録する。それを公認のものとすれば、各人の仕事内容が明らかになり、評価の基準ができてくる。仕事の内容と実績でエキスパートを認定し、それなりに処遇することができるような組織にしたのである。

藤澤武夫の『松明は自分の手で』という著書のなかに、このことに触れた記述がある。

私の漠然とした夢のような組織のあり方を、永い年月をかけて全社員で話し合ったことは、企業の将来の発展と個人の生活との関係を全社員が深く理解するのに、大変役立ったと思います。(略) エキスパートの力によって変わった職場のなんと多いことか。(略) 十五年という年月をかけた人間の成長の過程があってこそ、組合も納得する組織の変更になったのですね。それは人事部が、企画部が、作成した案を組合幹部と交渉してまとめたような組織図とは、些か違うのだと自負しています。

専門職になるには自己申告する。資格とともに職位が設けられ、年功によらずに個人の能力によって認定されるもので、専門職は管理職とは違って人数に制限がない。どの分野にどのようなエキスパートがいるか従業員が知ることによって、必要に応じて活用できるように「専門職組織図」が発行されている。

また、管理職は、班長から係長、課長、工場長、所長、部長とあり、定常業務に責任を持つ監督者であることから、欠員があるときに登用され、ピラミッド組織による定員制となっており、人材の発見と育成が図られる。

このほかに藤澤がやったことは、経営者の鍛錬の場である役員室の設置であった。個別の役員室ではなく、机を取っ払って、お互いに好きなように話し合う役員室にしたのである。藤澤にいわせれば、日常業務は各部長の仕事で、重役は原則的に仕事がない。したがって、一堂に会して話し合うのが仕事であった。サロンのような部屋で戸惑う役員もいたようだが、それぞれのパートの壁を取り払って将来に向けてのホンダのあり方を話し合うためであった。重役になる人は、例外なくエキスパートであるから、いろいろな角度から意見を戦わせ「わいわいがやがや」とやり合うことで、方向性を見出していく。他のメーカーにはない試みであった。

一九五九年に、河島喜好が監督となってイギリスTTレースに挑戦して好成績を上げたこと、川島喜八郎がアメリカへの輸出に挑戦し市場開拓に成功したことは、前者はもうひとりの宗一郎をつくるために、後者はもうひとりの藤澤をつくるための鍛錬の意味もあったと見ることができる。カルチャーショックを経験しながらの困難な挑戦であったが、どちらも成果を上げたことはホンダの将来を明るくするものであった。

一九六二年六月に販売組織である全国ホンダ会のメンバーが、建設中だった鈴鹿サーキットに集まってミーティングが開催された際に、開発途中のスポーツカーとトラックが内示された。いずれも軽自動車のカテゴリーに入るクルマであり、このときが四輪進出を外部に表明した最初であった。次いで十月に報道関係者に披露された。

研究所で四輪の開発を担ったのは「外人部隊」といわれる途中入社の技術者たちだった。後にF1チーム監督になる中村良夫はくろがね工機から、シビックの開発チーフとなる木沢博司は三輪トラックメーカーの三井精機からであった。もちろん、宗一郎は四輪開発に関心を持っていちいち口を出した。最初の企画は軽規格の乗用車だったが、途中で宗一郎が、ふつうでは面白くないとしてスポーツカーにすることになり、高性能エンジンの開発が指示された。

このころには、ホンダが四輪車をつくるのは既定の事実と受け取られていた。性能や生産設備、販売網などを考慮すれば、急ぐ必要はないというスタンスで開発が始められた。そんな折に、前述した特定産業臨時振興法案が出てきて、ホンダのような新規参入するメーカーは制限が加えられる雲行きになった。通産省に異議申し立てをするだけでなく、自由な競争が保証されないことがいかに理不尽であるかを宗一郎は広くアピールした。しかし、悪法であっても閣議決定され、国会で成立すれば、その通りに実施される恐れがある。そこで、実績をつくるために、開発中の四輪車の発売を早めることにしたのである。

最初に発売されたのは軽トラックのホンダT360で、一九六三年八月であった。このエンジンはレーシングカーに採用されるような高性能なDOHC機構をしていた。トラックは実用性が重視されるから常識はずれである。いびつな商品となったのは、スポーツカー用エンジンをトラック用に手直ししたものだったからだ。異なる二つの機構のエンジンを用意するだけの余裕がなかったのが原因で、乱暴なことを承知のうえの選択であった。

スポーツカーのほうは、その二か月後に発売された。当初は軽自動車360ccと、小型車になる500ccが計画されたが、軽自動車の枠ではエンジンパワーが足りず、発売されたのはホンダスポーツ500であった。DOHCエンジンを搭載するコンパクトなスポーツカーで、さすがはホンダであるとクルマ好きの心をくすぐるものであった。エンジンのパワーを伝達する機構は、オートバイと同じにチェーンが用いられるなど、四輪車の常識的な機構ではなかった。四輪を経験している開発技術者は、しぶしぶ宗一郎の主張にしたがったのだった。

それにしても、宗一郎がこだわったスタイルは、ヨーロッパのスポーツカーに負けないイメージがあり、本場のヨーロッパでも評判になるほどだった。

ホンダのF1レース挑戦と時期が重なって、既成のメーカーとは異なるホンダの四輪部門への参入の仕方は、クルマに熱い情熱を寄せる若者から喝采を浴びた。

しかし、発売を急いだために生産体制が完全にととのわないなど、さまざまな問題を抱えたスタートであった。高性能エンジンといってもスポーツカーとしては500ccでは余裕がなく、やがて600cc、そして800ccにスケールアップしていく。軽トラックも、それにふさわしい実用的なエンジンにやがて換装される。

華々しいデビューであったが、どちらも少量生産でコストがかかり、採算が取れるものではなかった。しかし、ホンダのイメージが大きく上がったことは間違いない。

販売網は、ホンダの二輪車を扱うホンダ会が中心になるが、四輪となると狭い店舗では修理やメンテナンスをすることができないし、その技術修得も簡単ではない。日産やトヨタの全国にある販売店はサービス工場を持ち、研修を受けたサービスマンがこなす体制になっている。そうした販売組織をつくることは、四輪に進出したばかりのホンダにはできないことだった。そこで、サービス専門のSF(サービス・ファクトリー)を全国規模でつくり、販売店と提携してサービスする体制にした。「メーカーと同じ高い技術水準でサービスを受けることができる」といううたい文句で、一九六四年七月に建設が始まり、新しくホンダのサービス工場がつくられた。

実際には、全国ネットのSFの拡充には時間を要するし、ユーザーはクルマをSFに自分で持ち込まなくてはならないし、窓口でトヨタのように行き届いたサービスをするように教育するのも容易ではない。あえて独自のサービス組織にしたのだが、販売体制などで大きなハンディキャップを抱えてのスタートだった。四輪部門への取り組みは、車両開発・生産設備・販売体制のどれをとっても、進出したばかりのホンダは、優位に立つどころではなかった。

ここで、現在では考えられないような当時のホンダらしいエピソードを記しておこう。

そのひとつが、一九六三年九月に実施された創立十五周年記念イベントである。従業員にアイディアを募集して採用されたのが、京都の街を一晩、ホンダの解放区にすることだった。八千人の従業員が京都に集結して、用意された会場でパーティや芸人を呼んでのイベントなどを楽しみ、宿泊したので、この夜ばかりは京都はホンダの人たちのものとなった。翌日は大きな体育館で創立記念行事を開催した。大学卒の初任給が二・八万円だったときに一億円の予算を使っての記念祝賀イベントであった。こんな破天荒なことはこのときだけであるが、宗一郎も藤澤も、派手に遊ぶことが好きだったからである。

もうひとつは、ホンダS800でヨーロッパの長距離ラリーに従業員である某選手が出場して死亡するというアクシデントがあったときのことである。こうした競技は危険がともなうものなので、保険に入るように指示して現金を本人に渡したのだが、それで仲間と酒を飲んで出かけていったのだ。競技中に死亡して、保険に入っていないことを知った宗一郎は、社葬にすることで集まった香典を遺族に渡したのだった。

こうした剛毅なことは、企業が大きくなるとなかなかできないものだ。

マツダ(東洋工業)の四輪部門への参入

日産とトヨタという大きくて厚い壁に跳ね返されないようにするにはどうするか。これが、新規参入を果たすメーカーをはじめ、三番手以下のメーカーの共通課題だった。

特振法が廃案になってからも、通産省は依然として乗用車をつくるメーカーが多いことに懸念を抱いていた。アメリカでも、淘汰が進んでビッグスリーに収斂する傾向を見せており、ヨーロッパでも、各国にせいぜい二〜三社の有力メーカーだけが国際競争力を持っている。それなのに日本は、日産とトヨタのほかに、いすゞと日野、マツダとダイハツ、三菱と富士重工、特異な存在であるプリンス自動車、二輪メーカーからホンダとスズキが名乗りを上げ、十一社を数えるメーカーが乗用車部門に参入する状況になっていた。すべてのメーカーが生き残れると思えなかったから、合併や提携を促す行政指導の方針は変わらなかった。

新規参入したメーカーのなかで注目されるマツダ（この時代は東洋工業）は、三輪トラックのトップメーカーからの転身であった。本格的に四輪事業に参画するに当たって、松田恒次社長が打ち出したのが「ピラミッドビジョン」であった。商用車や軽自動車を底辺にして、そのうえに大衆乗用車の普及を図り、さらに頂点にある高級車をつくることで、トヨタや日産に対抗していこうという方針である。まずは底辺の開拓から始められた。主力だった三輪トラックがじり貧になっている以上、企業の存続のためには四輪メーカーとして生きる以外の選択はなかったのだ。

恒次は一九五一年に五六歳で社長に就任しているが、その翌年に創業者ともいうべき父親で会長となった松田重次郎が亡くなり、それ以来オーナー社長として率先して先頭に立って組織を牽引してきた。三輪トラックメーカーとしてダイハツと覇を競いながらも、車両やエンジンの先進的な技術をいち早く導入して、生産体制の構築でもトヨタや日産に負けない設備を持つ工場にしていた。一九五〇年代前半までは三輪トラックの売れ行きは好調で、四輪メーカーよりも生産台数が多かった。

三輪トラックだからといって実用性一点張りではなく、工業デザイナーの小杉二郎にデザインを依頼し、マツダらしいクルマにすることを重視した。トップメーカーであったマツダが三輪トラックのあり方を決め、時代の変化のなかでドライバーが快適に過ごせる空間にして、機構的にも性能的にも四輪に負けないものにする方向に進んだ。それは四輪に進出するための技術的なトライアルにもなっていた。しかし、四輪メーカーとなるには、それまで持っていたトップメーカーとして業界を支配していた意識は捨てなくてはならないし、トヨタと日産が君臨する自動車の世界でシェアを獲得していくのは大変なことだった。

そのマツダの前途に立ちふさがったのが行政指導を強める通産省だった。トヨタや日産の隆盛を図りたい通産省は、マツダが自動車に参入することを快く思っておらず、何かと干渉していた。軽三輪トラックのマツダＫ３６０とそのシリーズの売れ行きが好調であるにしても、多くの従業員を抱えて、さらなる発展を期すために緊急に手を打たなくてはならないマツダにとって頭の痛いことであった。トラックをつくってきたのだから、軽自動車と小型トラックだけをつくるメーカーに閉じ込めようとする圧力を強めていた。

欧米の自動車メーカーを見れば、乗用車を生産していないメーカーの将来は明るいはずはない。恒次社長は乗用車メーカーになることに迷いはなかったものの、通産省に真っ向から楯突いて進むわけにもいかないという思いもあった。中央から離れた広島で活動するマツダは、企業として大きくなればなるほど、地域的なハンディキャップを意識せざるを得なかったから、通産省の意向を無視しない範囲で活動しながら力をつけていくことで、メーカーとしての存在感を示していこうとした。新規参入メーカーの苦しさであり、それをもっとも意識したのがマツダであった。しかし、ここが勝負どころという強い意識があり、経営者として円熟期を迎えていた恒次は、積極的な姿勢でマツダを引っ張っていた。しかし、四輪進出はジレンマを抱えての活動となった。

積極的な姿勢は、新規従業員の採用にも現れていた。このころからトヨタや日産が大学卒の技術者を積極的に採用するようになるが、マツダも同様であった。中央から遠いというハンディを克服するために、初任給は他の自動車メーカーよりも高くし、トヨタや日産並みの人数を採用することにした。技術者を育てることが企業にとって重要であることは、三輪トラック時代から身に染みて感じていたからである。

マツダは、恒次社長の妹婿に当たる村尾時之助が技術部門を統括して三輪トラックのトップメーカーとして活動してきたが、四輪生産にシフトする時期になって、技術者として頭角を現してきたのが山本健一だった。海軍技官であった山本は、終戦で故郷の広島に帰り、出直しするにあたって地元の大企業である東洋工業で、一作業員として働き始めた。ところが、東京大学工学部出身のエリートエンジニアであることが知られて、設計部に配属されることになった。技術を統括していた村尾は、中央から離れた企業であるために人材の確保と情報の入手に常に気を遣っていた。技術的に能力の高い山本を次第に優遇するようになり、このころになるとエースエンジニアになっていた。

マツダの技術顧問をしていたのが国産エンジン技術のパイオニアともいうべき島津楢蔵であった。大正時代に遅れていた航空機エンジンの国産化で能力を発揮し、オートバイ用エンジンの開発を手がけ、ガソリンエンジンの設計では日本でもっとも知識と経験を持つ人物だった。恒次社長は、父親の重次郎が大阪で鉄工所を経営しているときに生まれて大阪で育った関係で、大阪在住の島津と知り合い、ずっと教えを請うていたのだった。

島津がもっとも大事にしたのがエンジンの燃焼技術だった。燃焼によるガスの膨張圧力をパワーに変えてエネルギーとして取り出すエンジンは、完全燃焼に近づけることが大切であるからだ。したがって、マツダのエンジンはコンパクトな燃焼室になる傾向があり、実用性を重視する伝統があった。ホンダが高性能を優先するために吸入空気量を増やすことを優先するのと対照的であった。前者は低速で力を発揮しスムーズな動きを重視するのに対し、後者は高速域で元気になり腕力で勝負するという違いがあった。どちらが正しいというよりも、エンジンの能力を引き出すためのアプローチの違いであり、企業のめざす方向の違いでもあった。

得意とするエンジン技術を生かすことが四輪進出でも重要であった。需要の見込める軽四輪トラックから始め、すぐに車両価格を徹底して抑えて三〇万円という低価格で売り出したマツダクーペを市場に投入した。

続いてマツダの存在感を高めたのは、軽自動車として贅沢な機構の乗用車キャロルと、小型大衆車のファミリアであった。軽自動車のマツダキャロルは360cc、小型車のファミリアは800ccであるが、同じアルミ合金のシリンダーブロックにした。当時、アルミの使用は画期的なことであり、そのうえに軽自動車用エンジンでも小型車と同じ直列4気筒エンジンにして同じ設備でつくるという設計手法は相当に先進的であった。

軽自動車用エンジンは、せいぜいが2気筒だった時代である。360ccで4気筒にするのはひとつの気筒が小さくなりすぎて燃焼などでムリがあったものの、スバル360など既存の軽自動車に対抗するために、価格の安いマツダクーペと贅沢な機構のキャロルで挟み撃ちにする作戦を展開した。軽自動車の分野でも、技術力のあるメーカーが商品としての魅力をアピールしなくては競争に勝てない時代に入っていたのだ。

本命となるクルマは小型大衆乗用車のファミリアであった。ところが、軽自動車に進出するのは問題なかったが、マツダが小型乗用車までつくることに通産省は難色を示した。

ファミリアシリーズのうち最初に市販したのが乗用車ではなくライトバンであったのは、通産省の批判を和らげるためであり、同じように三輪メーカーから四輪に進出したダイハツも同様であった。どちらも四輪メーカーとして生き残る以外にないと思うのも同じであり、ファミリアと大きさもコンセプトも同じようなダイハツのコンパーノシリーズも、ほぼ同時に開発を始めている。しかし、ダイハツは乗用車カテゴリーのワゴンを一九六三年九月に市販し、セダンの発売もマツダよりも半年以上早かった。

ライトバンより一年遅れて一九六四年十月にマツダは、四輪小型乗用車であるファミリアセダンの発売に踏み切ったのは、通産省の意向に添わなくても問題ないと見極めてのことだった。そのぶん、完成度を高めることができたから、ライバルと目されるトヨタのパブリカを上まわる売れ行きを示すことができた。

このころになると、マツダはロータリーエンジンと結びつくイメージのメーカーになっていた。独自性を出すための選択であった。ドイツのNSU社と技術提携したのは一九六一年二月と比較的早い段階であり、従来のレシプロエンジンに代わる新しい機構のエンジンとして注目されていた。四輪部門への進出に当たって、トヨタや日産にない技術をものにしたいと強く考えていた恒次社長が決断したものである。

当時、将来的には内燃機関(レシプロエンジン)が自動車の動力として使用されなくなるのでは、という予測が一部にあった。飛行機の主力がジェットエンジンに代わったように、自動車もレシプロ(往復動)エンジンは時代遅れになり、それに変わるエンジンを開発したメーカーが優位に立つという観測が流されていた。そんななかで、ドイツのバンケル博士が開発したロータリーエンジンが、NSU社から提携先を求めて世界的にアピールしていた。

このエンジンに関心を示さないメーカーはなかったといえるくらいだが、提携して実用化しようとするメーカーは限られていた。独自性を出すことに意欲を示していた松田恒次社長は自らドイツまでいって、このエンジンを見て、搭載したクルマに乗り、このエンジンに惚れ込んだ。提携するには外貨の使用で大蔵省の承認が必要だが、このときの首相である大蔵省出身の池田勇人が、地元広島の人であったから都合が良かった。

実用化しようとすると、ロータリーエンジンは技術的に超えなくてはならない壁があり、その解決は簡単ではなかった。提携したアメリカやヨーロッパのメーカーは、そのために実用化に二の足を踏んだ。

松田社長は、これを逆にチャンスと見て、ロータリーエンジン研究部を一九六三年四月に設置して、社を挙げて取り組むことにした。このときに部長になったのがマツダの車両開発のエースである山本健一であった。情熱的な技術者である山本は部員とともに、寝食を忘れて実用化に取り組む姿勢を見せた。赤穂浪士の討ち入りになぞらえた部員四七人による悲壮な決意であった。

内燃機関の権威である東京大学名誉教授の富塚清は「ロータリーエンジンはレシプロエンジンより優れたものではなく、これを実用化するのは無駄なことだから止めたほうがいい」と批判した。

バンケル型ロータリーエンジンでは、レシプロエンジンのピストンに当たるのがおむすび型をしたローターで、この回転で吸入、圧縮、燃焼、排気というサイクルがくり返される。ガスをシールしながら、ローターの頂点部分がハウジングの内壁に接触しながら偏心して回転する。そのため、内壁が摩耗してシールが保たれないという問題があった。ガスシールのためにさまざまな素材が試され、その組み合わせやアイディアが浮かんでは消え、苦労は並たいていではなかった。カーボンなどの新素材が実用化され始めた時代であり、取り組む技術者たちの熱意と知恵で、ようやく実用化にこぎ着けたのだった。潤滑を保つのもむずかしかったが、これも苦労して解決した。

先に述べたようにエンジンの燃焼技術を重視するマツダの技術的な伝統からすれば、ロータリーエンジンは、それから外れる特性のエンジンであるということができる。機構上、燃焼室が扁平になる欠点があり、低速域のトルクも不足がちであった。マツダの技術者のなかで、ロータリーエンジンの実用化に対する疑念を持つ人たちがいたものの、部品点数も少なくコンパクトになる利点があって、恒次社長が、マツダの独自性を出すために決断したことであり、反対意見が大きくなることはなかった。レシプロエンジンよりも機械設備への投資額も少なくてすみ、エンジンの回転上昇がスムーズであるのも利点であった。

一九六三年の第十回全日本自動車ショーには、早くもロータリーエンジン搭載のコスモスポーツが試作車として姿を見せた。精悍で未来的なイメージのスタイルのクルマで一般の関心も高く、マツダが他のメーカーにないものを持っている印象を強めることに成功した。ロータリーエンジンに賭ける恒次社長の狙いが当たった感じであった。

三輪トラック時代から生産体制と販売体制が充実していたマツダは、市販されたクルマが手堅く売れたから、一九六〇年代前半の段階で、トヨタと日産に次ぐメーカーとしての地位を確保する勢いであった。

三菱の新しい挑戦

明治以来の日本における重工業の世界で、三菱重工業は資金力でも組織力でも、また人材という点から見ても、ずば抜けて強力であった。その巨人がいよいよ本格的に自動車に参入したのである。

戦後になって、GHQによる財閥解体指令の影響を受けて、三分割された三菱重工業がふたたび合併してひとつになるのは一九六四年六月のことである。それ以前から、新三菱重工業（以前の中日本重工業）と三菱日本重工業（同じく東日本重工業）が自動車事業に参入しており、その活動は製作所ごとに独自性を持ったものだった。新三菱重工業に属する岡山県にある水島製作所は三輪トラックを中心にし、同じく名古屋製作所は日産やトヨタのボディ架装をしながら小型トラックの製作を始めた。そして、大型トラックやバスは三菱日本重工業の東京製作所と川崎製作所が担当した。また、各種エンジンは京都製作所が担当していた。

一九五〇年代の初めに東京製作所でアメリカのカイザー・フレーザー社と提携してヘンリーJという乗用車をライセンス生産したことがあったが、日本の風土に合ったクルマとはいえず、販売が伸びずに数年のうちに休止し、三菱の自動車づくりに生かされることはなかった。

飛行機の製造がGHQによって禁止されたために、航空機製造に関与していた各製作所は自動車に注目し、もっとも早く活動したのは水島製作所で、戦後すぐのことであった。技術的に遜色ない出来の三輪トラックであったが、老舗であるマツダやダイハツに対抗するまでには至らなかった。新規参入組のなかでは健闘したものの、小まわりが利く製品づくりが、三菱は得意ではなかったのである。

一九五〇年代の後半になると、三輪トラックの販売が低迷するようになり、ボディ架装の仕事も各メーカーが内製に切り替えるなどしたから、水島製作所も名古屋製作所も、四輪自動車に参入する計画が本格化した。財閥グループであることから通産省も一目置いており、自動車に参入するに当たって、マツダが感じたような行政による圧力とは無縁であった。しかしながら、海外のメーカーとの提携でアメリカのジープをライセンス生産することが認められたのちに、さらにイタリアのフィアットと提携して乗用車の生産計画を立てたものの、これは認可されなかったことから自主開発となった。

三菱が四輪車への進出を図ったのは、まだ三分割されたままの時期であるうえに、同じ新三菱重工業のなかでも、水島製作所と名古屋製作所では異なる活動になっており、製作所どうしが連携して、ひとつのプロジェクトに取り組むことはなかった。三輪トラックから転身する水島製作所は軽自動車クラスから、名古屋製作所は小型車クラスからのスタートであった。

三菱グループのなかでの最初の乗用車は、名古屋製作所から一九五九年九月に登場した三菱５００であった。名古屋にある三菱の製作所は、自動車関係、機器関係、航空関係と三つの製作所があったが、三菱５００は車体が自動車製作所(名自)、エンジンが機器製作所(名機)で開発された。乗用車に進出するからには高級車からという意見もあったが、通産省が打ち出した国民車構想に近いクルマに決まったのは、価格の安い大衆車が市場に受け入れられるクルマであると考えたからだ。しかし、開発当初とは自動車界の流れが変化しており、思惑とは異なる結果となったのであった。

このころに出た乗用車のなかで、三菱５００は国民車構想で示された仕様にもっとも近いもので、三菱が関心を示したフィアットのコンパクトカーをモデルにしてつくられたものだ。三菱の最初の本格的な乗用車となるものだから、車体もエンジンも力の入った開発で、持てる技術を結集して出来の良いものになっていた。しかし、一九五五年に国民車構想が発表されたときには、ろくな軽自動車がなかったものの、三菱500が出たころには、スバル360をはじめとして技術的に優れた軽規格の乗用車が市場に出ていたから、小型乗用車でありながら軽自動車に近いイメージの三菱500は、中途半端なクルマと受け取られた。軽自動車が享受できる特典（税率および車庫証明が不要など）のない小型車は需要が伸びるはずがなかった。エンジン出力も不足していたので、すぐに600ccにスケールアップし、改良が加えられてコルト600としたが、根本的解決にはほど遠かった。

その反省のもとに一九六三年七月に登場したのがコルト1000で、市販に耐えられる小型車となっていた。新開発の1000ccエンジンの出来もトヨタや日産に技術的に遜色のないものであり、典型的なセダンタイプのスタイルをしたクルマであった。ブルーバードがベストセラーカーになっていたときで、それに比較すると地味な感じであった。すぐに1100ccにアップ、性能向上が図られている。

三菱の乗用車のなかで注目を集めたのが高級車デボネアである。コルト1000の一年後に発売された2リッター直列6気筒エンジンを搭載し、アメリカ車を思わせるデラックスカーとなっていたのは、ゼネラルモーターズのチーフデザイナーであるブレッツナーを招聘して指導を仰いだからだ。当時にあっては高性能なツインキャブを採用したエンジンは、その後、4気筒化されてコルトに搭載され、コルト1500になっている。

同じ三菱グループの水島製作所は、他の三輪メーカーと同様に軽自動車から始めた。その最初は一九六一年の商用車三菱360であった。翌年に軽乗用車の三菱ミニカを発売、小型乗用車をそのまま軽の規格に当てはめたようなスタイルと機構を持つミニカは意外に好評であった。当時はクルマらしいスリーボックスであることが軽では珍しかったせいもあるようだ。

一九六五年になって、水島製作所は2サイクルエンジンで800ccの小型車コルト800で小型車部門に進出する。

サイズ的にはコルト１０００と同じほどであるが、当時では珍しくファストバックスタイルであった。しかし、独自に開発したエンジンは燃費が良くないうえに2サイクルの悪い面が出て、未熟であることを露呈した。すぐにエンジンはコンベンショナルなコルト用の１０００および１１００の4サイクルエンジンに換装された。しかし、最初のエンジンが失敗したことで、良くないイメージを変えるための積極的な手を打たなかったこともあって、販売は苦戦を強いられたままだった。

三菱全体として見た場合、製作所ごとに同じようなクラスのクルマを出すなどメーカーとしての統一性や方向性を明瞭に示すことができず、日産やトヨタを脅かす存在になるにはいたらなかった。特徴的なのは、性能で優れていることをアピールする手段としてラリーに力を入れたことだ。他のメーカーはツーリングカーレース出場が中心だったが、ユーザーの多くが直接参加する機会の多いラリーで活躍し注目を集めた。

一九六〇年代の中盤までの三菱の小型自動車の分野は、方向を見極めるための準備期間でもあった。トラックやバスは、運送会社や公共団体など特定のユーザーになるので、三菱の企業体質に合う製品であり成功したものの、ここで採り上げた小型車以下のクルマは、不特定ユーザーをターゲットとする個人相手の商品であり、伝統的に三菱の得意な分野ではなかったから、参入当初は、どんなクルマにするか模索せざるを得なかったのだろう。

プリンスの苦闘および国産化に挑戦したいすゞと日野

量産体制を構築しなくては生き残れない時代になって、乗用車をつくるメーカーは正念場を迎えていた。ニューモデルが市場に受け入れられなければ、設備投資に費やした負債が経営を圧迫することになるからだ。

プリンス自動車は、資本金を出した石橋正二郎が会長になり、石橋の意向を汲んだ社長が派遣され、エンジン開発と生産はもとの富士精密系、車体関係がたま自動車系と、人的に複雑な組織になっていた。

航空機メーカーの技術者たちが中心であることから、技術に強いという印象を与えていたが、生産と販売では日産やトヨタに大きく遅れていた。ちなみに、一九六〇年九月に道路運送車両法の一部が改訂されて、小型車はエンジン排気量が1500cc以下から2000cc以下、全長4.7メートル以下になり、どのメーカーもこれに合わせた車両を発売したが、そのトップバッターはプリンスであった。スカイラインに2000ccエンジンを搭載して、それをグロリアと名付けた。したがって、一九六二年九月に発売されたプリンス・グロリアは二代目となる。

プリンスは、月産一万台規模の工場を一九六一年に建設して、さらに飛躍しようと開発した二代目グロリアが、将来を左右する大事なクルマであった。そのグロリアは凝った機構になり、コストのかかるものになっていた。プリンスらしさを出そうとしたからだが、製品としての魅力が足りなかった。

これよりひとまわり小さい新しいスカイラインは1500ccエンジンを搭載し、ブルーバードやコロナの対抗馬という位置づけで、一九六三年九月に発売された。エンジンも新開発で性能的にもトップクラスの出来であった。メンテナンスフリーにしたことが特徴であった。しかし、日産やトヨタは販売店のサービスでカバーできたことだから、優位性があると受け止められるものではなく、他のメーカーの目標になっただけだった。

この二つの車種で勝負することになったが、販売体制が弱いことが壁になった。プリンス車は価格が高く、一部のマニアに受けたが、計画のように月販一万台ペースには達せず、在庫が膨らんだ。

プリンスは、高級車にふさわしい直列6気筒エンジンを開発してグロリアに搭載するなど、その後も生き残りをかけた活動を展開したものの、コストがかかっているわりに販売は伸びなかった。

どのようなメーカーになるべきか、他のメーカーとの違いをどのように表現するか。出資者で会長である石橋は、自分の良いと思う方向に誘導しようとしたが、車両開発する首脳陣は受け付けようとしなかった。

その後、石橋自身も、技術力のある人たちの集団であると、あえて自分の主張にこだわらない態度になったのは、本業であるブリヂストンの経営をおろそかにできなかったことが関係しているようだ。送り込まれたブリヂストン系の経営トップは、コストのことや考え方などについて苦言を呈することがあっても、技術で生きてきた首脳陣とは、かみ合う話し合いにならなかった。そのうえ、たま系と富士精密系の対立もあり、ひとつにまとめて全体をリードすることのできる指導者も出てこなかった。

経営者としてずば抜けた能力を持つ石橋は、自動車メーカーがリスクの大きい事業であることから、これ以上資金を投入することは危険と判断したようだ。販売の伸びが期待できず既存のメーカーに対抗できる見通しが立てられそうもないことから、独立したメーカーとして活動を続けることを断念した。その決断をしたのは一九六三年の半ばすぎのことだと思われる。

プリンスに多額の資金を出した石橋は、その経営から一歩距離を置いた関係を保っていたから、冷徹に決断することができたのであろう。村山工場の建設で投入する資金が莫大になり、将来のことをしっかり見極めようとしたが、プリンス自動車の首脳陣のやり方に疑問を感じるようになったようだ。

結果として、技術者集団のプリンス首脳を石橋が見限ったことになる。だから、プリンス自動車を引き取ってもらうメーカーを探し、日産と交渉する際にも内密に進めている。従業員には日産との合併が決まってから知らせたので、彼らには寝耳に水の話であった。

海外のメーカーと技術提携して乗用車部門に進出したいすゞと日野は、一九六〇年代に入ってからは、海外メーカーとの提携の成果を生かして日産やトヨタに負けないだけのクルマを自力で開発することができるかが問われていた。

結論からいうと、どちらも水準に達したクルマにすることができなかった。技術者の能力というより経験不足であり、企業風土として必死さに欠けるところがあった。トラックメーカーとしての企業体質が染みつき、技術提携を充分に生かせなかったようだ。

いすゞは、戦前からの許可会社御三家のひとつという誇りがあって、日産とトヨタの小型上級車のクラウンとセドリックに真っ向勝負となるいすゞベレルを一九六二年四月に発売したが、失敗作といわざるを得ず販売は伸びなかった。この弟分となる1500ccのベレットを一九六三年六月に発売、四輪独立懸架でディスクブレーキの採用というスポーツタイプにして特徴を出そうとした。一部のマニアに支持されたが、洗練されたクルマになっていなかったので成功とはいえなかった。この後も、いすゞの乗用車部門は赤字であり続けた。

日野は900ccのコンテッサを一九六一年四月に出したが、ルノーと同じリアエンジン・リアドライブ（RR）方式を採用したものの、その機構のプラス面を生かす設計になっておらず、クルマとしての完成度も高くなかった。そのため、一九六四年九月に、比較的早くモデルチェンジを図り、コンテッサ1300にした。イタリアのカロッツェリアであるミケロッティにデザインを依頼、スタイルはすばらしかったが、RR方式は機構として古めかしいものになってきていたので苦戦を強いられた。

トヨタと日産の販売合戦およびグランプリレースの開催

ここで、日本の自動車産業の成長と関連した一九六〇年代前半の特徴的な出来事について見ることにしよう。

一九六〇年代中盤に注目された日産とトヨタのブルーバードとコロナのあいだの販売合戦は、俗にBC戦争といわれた。販売台数で日本一になる競争がくり広げられた。日本の自動車産業が成熟してきた証である。

ベストセラーカーとして日産成長の象徴ともいうべきブルーバードは、一九六〇年代初めからとくに目立つ売れ行きを維持した。ライバルとなるコロナは初代と二代目は、機構的に対抗できなかったので勝負にならなかった。それでも、トヨタ自販をはじめとして販売現場の人たちのがんばりでその差を詰めようとしていた。

一九六三年九月に登場した二代目となるブルーバード410型は機構的に新しくなり、月販一万台に乗せることに成功し、ブルーバードの強さは依然として持続する勢いだった。

満を持して、モデルチェンジされた三代目コロナが登場するのは、その一年後の九月である。前述したように、新しいスタイルで機構的にも高性能時代にふさわしいものになっていた。

コロナの販売現場では、拡販のためにブルーバードの弱点を強調する手段をとった。セールスの第一線では、ユーザーを獲得しようとしばしば泥仕合の観を呈することがあった。

ピニンファリナのデザインによるブルーバードは、当時の日本人の好みに合わないところがあった。洗練された感じよりもボリューム感のあるスタイルのほうが好まれたからだ。ブルーバードのルーフは「カッパの頭のようにみにくい」という声がそれとなく流され、コロナの存在感のあるスタイルが優れていることをアピールした。

日産が、クルマのスタイルは洗練されたもののほうが良いというキャンペーンを張ってイメージを良くする努力をしていれば違う展開になったかも知れないが、それをしなかったことでトヨタ系の人たちが広めたブルーバードの弱点を認めた印象を一般に与えた。

一九六五年一月、この月の販売台数でコロナは初めてブルーバードを上まわった。トヨタでは自販でも自工でも、これを社内放送で流し、念願がかなったことを祝う姿勢を見せた。T型フォードがシボレーに販売で負けたときを思わせる出来事だった。日産では、ブルーバードは突出した売れ行きの虎の子であったから、コロナに負けたのは単なる一敗ではない敗北であった。

日産ではマイナーチェンジでスタイルを少し変更し、ブルーバードシリーズに高性能エンジンを搭載したスポーツセダンを追加するなどの対策をとった。しかし、一度イメージが定着してからは、盛り返すのは簡単ではなかった。トヨタと日産の売り上げの差は開いていくことになる。乗用車中心になってきたとはいえ、トヨタは需要の活発な小型トラックも重視して開発に力を注いだのに対し、日産は乗用車よりも一段下の仕事であるとして力の入れ方がおろそかになり、商品力として劣っており、トラックの分野でもトヨタに差をつけられたままであった。

大きな話題は、日本グランプリレースが開催されてモータースポーツの高揚期を迎えたことだ。日本で大規模な自動車レースが開催されたきっかけは一九六二年に日本で最初の本格的なレース場としてオープンした鈴鹿サーキットの完成であった。こけら落としのレースはホンダが国際レースで華々しい活躍を見せている二輪車によるグランプリレースで、次のビッグイベントが四輪レースであった。

それが日本の自動車業界に多大な影響を与えた。本田宗一郎のレース好きで破天荒な経営姿勢によらなければ、この時代に本格的なサーキットが日本でつくられることはなく、大規模なレース開催も考えられなかった。

日本の最高峰レースである第一回日本グランプリレースは一九六三年五月に開催された。運営から規則の作成まで自動車の国際組織であるＦＩＡの指導を仰ぎ、ホンダ傘下のレースクラブが主催した（第二回から自動車連盟主催）。自動車メーカーは、レースの持つ意味を理解しないところが多く、ホンダに利用されることを恐れてか、このレースに直接的にかかわらないという申し合わせをした。ユーザーが勝手に出場するのを陰ながらサポートする程度にとどめることにしたのだった。

思い切りスピードを上げて走る機会がそれまでなかったから、市販車かそれに近いクルマでサーキットを走行するとトラブルに見舞われ、国産車は高性能化の水準が高くないことを露呈した。どのメーカーも、その対策をせざるを得なかったが、申し合わせがあったから、支援は限定的になるところが多かった。

この申し合わせにしばられたのはトヨタ自工で、制約されないトヨタ自販は、レースに勝つことの意味を良く知っていたので組織的に取り組んだ。優秀なドライバーを選び出して契約し、出場車の性能向上に取り組んだ。レースは延べ二十万人を超える観客が押し寄せた。関心の強さは予想を超えたものであった。トヨタは、出場したパブリカ、コロナ、クラウンがそれぞれのレースで優勝した。優勝したのはクルマがいいからだというアピールは有効で、普及し始めたテレビでも、トヨタが派手に「グランプリ優勝」を宣伝し、販売店でも幟を立ててアピールし、トヨタは販売を伸ばした。

これに対し、性能に自信のあったはずのプリンスは、スカイラインスポーツもグロリアも惨敗した。自工会の申し合わせに忠実にしたがい、たいした支援をしなかったからであった。怒ったのが石橋正二郎会長である。性能が良いことをアピールする絶好の機会という認識がなく、トヨタに手柄を独り占めされたことにあきれたのだった。「バカ正直に手をこまねいていた」として首脳陣から始末書をとった。グロリアの販売不振も重なって、企業にとって重要なことが分からない人たちに任せておくわけにはいかないと、石橋は思ったのだった。

翌年もグランプリレースが開催されたから、どのメーカーもレースのための組織をつくって活動する。クルマの高性能化に取り組み、トヨタが上げた効果を自分たちのものにしようとした。しかし、最初のレースでの宣伝効果と比較すれば、二回目となると費用をかけたほどの効果はなかった。第二回大会では、プリンス自動車が最も目覚ましい活動をしたものの、販売に結びつく度合いは第一回ほどではなかった。

プリンスでは、このレースのためにグロリアの２０００cc高出力エンジンを１５００ccのスカイラインに無理してホイールベースを延長して搭載したスカイライン２０００ＧＴを急遽開発して臨んだ。これが活躍したことで、レースから生まれたクルマとして２０００ＧＴを市販、評判になりプリンスのイメージを高めた。しかし、経営改善につながるまでにはならなかったし、石橋の決意を覆すことにもならなかった。

アメリカへの輸出は、一九六〇年代の半ばから活発になった。日産のブルーバードの評判が良く、トヨタをリードした。ブルーバード４１０型は日本でコロナに負けたが、アメリカでの評価は高かったのだ。トヨタも三代目コロナを出して、ようやくアメリカで売ることのできるクルマを持ったが、これだけでは日産に太刀打ちできるまでにはいたらなかった。

アメリカではビッグスリーがサイズの大きいクルマ中心になり、コンパクトカーは輸入に頼る状況が続いていた。ヨーロッパからはフォルクスワーゲンを除くと熱心にサポートする体制で輸出を試みるメーカーが多くなかったから、日本車が食い込む余地があった。日本のメーカーは、サービス体制の構築にも熱心で、各地域の販売店が日本車を競って扱うようになり、日本車が販売を増やす好循環になった。

日産は、乗用車だけでなく小型トラックを積極的に売り込んで効果を上げた。アメリカでは気軽に大きな荷物を運ぶことが多く、乗用車ベースの小型トラックは需要が活発であった。この傾向は現在まで続くアメリカの特徴であり、だからピックアップトラックが売れるのであった。

この時代の輸入車トップであったフォルクスワーゲン・ビートルが、次第に機構的に古めかしくなり、日本車が有利になる傾向を強めていく。ブルーバードがオーナーカーとしてトヨタより先に国際水準に達したクルマになったこと、クルマ好きな片山豊が、日本車が売れる地域であるカリフォルニアで初期の販売の指揮をとったことなどで、一九六〇年代は、日産がトヨタをリードし「輸出の日産」というキャッチフレーズが用いられた。

反組合色の強かった片山は、半ばアメリカに追いやられるかたちで着任したが、現地で携わる人たちに支持されて、日産車の輸出に貢献した。アメリカ日産の社長になり、アメリカで売れるクルマをつくるように日本の本社にも情報を提供するなど、独自な活動を展開した。

片山に限らず、ニッサンでは一匹狼的なクルマ好きが各セクションで精力的に活動し続けることで、日産の組織の活性化が図られるところがあった。惜しむらくは、それを組織全体の力として有効に生かすことができなかったことである。

第五章　世界的メーカーへの成長・一九六〇年代後半

トヨタと日産を中心にした成長

一九六〇年代の後半が、日本の自動車メーカーがもっとも成長を遂げた時期で、日本の自動車メーカーの技術的な遅れを問題にする人は、ごく少数になった。技術提携などもあって部品メーカーが優れた技術を発揮するようになり、材料も安定した品質になり、関連する工業の技術レベルが向上し、自動車メーカーの要求に応えられるようになったことも貢献している。

一九六八年に日本の乗用車生産台数が二百万台を突破、乗用車が自動車生産の過半数を占めるにいたった。一九七〇年には三百万台を突破、乗用車の占める割合は六〇パーセントを超え、有数の自動車生産国になっている。その後、一九七一年のドルショックや七三年のオイルショックの影響により一時的な停滞があったものの、伸びは止まらずに自動車メーカーは成長を続けていく。

一九六〇年代後半のトヨタは、トヨタ自工が豊田英二に、トヨタ自販が神谷正太郎に、それぞれ率いられてモータリゼーションの発展を我がものにする。自動車が生活のなかに浸透していくなかで、強気の読みをして打った手が当たって、トヨタは販売を伸ばし確実に利益を生み出していく。

トヨタとの販売台数で差が開いていくものの、依然として日産はトヨタと並ぶ大メーカーであった。その伸び率も時代の流れのなかで安定していた。一九六六年から始まるいざなぎ景気は一九七〇年まで続き、モータリゼーションの安定成長を促した。その恩恵を受けて、トヨタほどの戦略を立てて臨まなくとも、日産の伝統と技術力を持ってすれば、充分に成果を上げることができた。

日産はトヨタよりも進んだ機構を採用する傾向があり、第二回グランプリレース以降、とくにプリンス自動車と合併してからはレースではトヨタを圧倒した。クルマに思い入れを持つ人たちは、日産を支持する傾向があり、野球でひいきのチームを応援するのと同じ心理が働くところがあった。この時代は、クルマに興味を持つ人たちがオピニオンリーダーの役割を果たしており、新しく登場するクルマは機構的にもイメージ的にも進化したから、ニューモデルの登場に対する関心は、現在と比較すると非常に高かった。

一九六〇年代初頭に各メーカーは生産規模を拡大するために競って投資をしたが、計画どおりに販売を伸ばすことができないメーカーは経営的に苦しむことになる。通産省は、依然として提携や合併で国際的な競争力を高めることが大切だとして、メーカーの再編を促す指導方針を変えなかった。

一九六四年の東京オリンピック後の不況を克服した後は、自動車が生活のなかに急激に浸透してきた。十年前とは自動車を取り巻く環境が激変した。高速道路網の整備が図られ、それまで以上に高速性能が重視されるようになる。一九六四年に東海道新幹線が開通したものの、物資の輸送は鉄道に頼らなくなる傾向が強くなった。高速道路を利用してトラックが物流の中心になっていく。自動車用燃料にかけられる税金は、道路などの特定財源になったので、道路の整備は止まることなく進められた。

いっぽうで、日本は都市部のインフラの整備ではアメリカやヨーロッパを凌いでいる。バスや路面電車、地下鉄などがあり、鉄道網も全国的に整備され、自動車がなくとも生活に困らないほどである。ところが、自動車が普及すると路面電車は邪魔者となり、東京などでは撤去された。

日本の自動車は、いまや品質でアメリカの水準を凌駕するようになっており、どのメーカーも輸出を伸ばすチャンスがあった。全体のパイが大きくなって、経済成長の恩恵を受けることができたのだ。

一九六〇年代に入ってから、アメリカではカリフォルニアを中心にして自動車の排ガスによる公害問題が放置できない段階に達し、その対策をとることが求められた。また、自動車の安全性が社会問題になって、新しい安全基準がつくられるなど、自動車と社会生活のあいだに生じるさまざまな問題に自動車メーカーは対応を迫られた。これは、日本にも若干のタイムラグがあったが、同じように突きつけられた問題であった。

豊田英二の社長就任

豊田英二がトヨタ自動車工業社長に就任したのは一九六七年十月、中川不器男の急逝にともなうものであった。筆頭副社長であり、技術部門のトップとしてトヨタの経営を支えていたから当然の人事であった。このとき英二は五四歳、車両開発と生産関係では、トヨタの中核にあって采配を振るってきていた。それにもかかわらず、就任に当たっては「豊田一族だから社長になったのでは」という観測がマスコミの一部でなされた。英二自身は、なるべくしてなった意識であったから、新聞などで「豊田家への大政奉還」などという見出しに、記者たちが現状を正しく認識していないことを今さらながら感じたようだ。なにかにつけて本質と外れ興味本位で記事にすることが多いマスコミの対応に、英二は不信感を抱いていたようだ。

英二の自伝でもある『決断』によれば「意識のうえでは常務でも副社長でも社長になっても別に変わったことはなかった。ただ驚いたのは、周りの人の見方が変わったことである」ということだ。社長になっても、とくに考えが変わるわけでもなく、それまでどおりにトヨタのためになることを率先してやるという態度だった。

トヨタでパブリカ用空冷エンジンの開発を担当し、排気対策で指導的な働きをして長谷川龍雄のあとに技術部門の最高責任者として副社長になった松本清は、自動車技術会による自動車技術の歴史に関する調査報告書のなかのインタビューで、英二の経営者としての態度について、次のように発言している。

クラウン開発の時でも「自分たちでやろう」というのが基本になって外国の自動車メーカーと提携しないで自主開発する道を選んだ。喜一郎さんの意志を継いで、「自分たちでやろう」というのがトヨタの血としてずっと流れている。それをずっと引っ張ってきたのは豊田英二さん。社会人となって最初から最後まで英二さんの下で仕事をしたけれど、英二さんは「やれるかやれないかということよりも、今何をすべきか、どうしたいか」という基準で決めている気がする。

未来をつくっていくのが経営者の任務であると考えれば、できることだけやるというのでは競争相手に勝つことができない。どうあるべきか、そのためには困難も承知で挑戦することが求められるときがある。もちろん、ブレークスルーできないこともあるが、その見きわめがつかなければ先に進むことができない。「今何をすべきか」の判断は、トヨタという組織が未来的に安定して発展することが、英二の基準になっていたといえるだろう。

創業から戦時中、そして戦後の混乱のなかで、トヨタは常に不安定な状態に置かれてきた。それからの脱却を期してがんばってきた英二は、浮き沈みのある世の中で、一休みすれば置いていかれるという意識を持っており、組織が弛緩することがないように常に前向きに配慮し、行動してきていた。指導者としての能力を発揮し続けて、その権威を高めたのである。

経営のトップとしての英二の強みは、技術開発や生産設備について現場で指揮を執る技術者たちよりも知識と経験を持っていることで、広い視野で見たうえで指示が具体的であった。下の人たちはしたがわざるを得ないだけの説得力を持っていた。

松本と同じく自動車技術会のインタビューを受けた英二は、自分の人生観や若いころに教えられたことについて、次のように述べている。

私の人生観は「済んだことをくよくよ考えても何の意味も無い。過去のことはさらりと忘れ、前を向いて歩いたほうがいい」というもの。それを最初に教えてくれたのは、旧制八高で数学を教えてくれた椎尾先生。（略）お寺の息子さんで（略）「正しいと思い、良いと思うことは、そのときにそのように行えとの天地の大御力の大みことなるぞ、行け行け進め、そのままに、思いのままに、そのままに」という言葉です。

信じたこと、正しいと思われるときは強気で行けという信念を持って、ことに当たったことが分かる。もちろん、強気ばかりではなく、クラウンと同時にマスターを開発して販売したことでも分かるように石橋をたたいて渡る慎重さも兼ね備えていた。その行動原理としては「予測がつきかねる、あるいは分からないときは細心に、分かったときは大胆に」といえるだろう。言葉を変えていえば「リスクは最小に・利益は最大に」を狙うものである。もっとも良くないのは細心であるべきときに大胆であること、逆に大胆であるべきときに細心であることだろう。細心になるべきときと大胆になるべきときとのタイミングを読むことができる経営者であったということだ。

東京帝国大学機械工学科では金時計組という能力に恵まれていたうえに、粘り強い性格を持っている英二は、創業直後のトヨタに入って鍛えられる機会が多かった。社長直属の監査係長になったのも入社数年後のことで、車両のトラブル対策をするなかでクルマの機構についての洞察力を深め、トヨタが世界のなかで、何がどのように遅れているか理解した。

戦時中も技術関係の問題処理に率先して当たり、組織全体をリードする赤井副社長に信頼された。戦後の混乱のなかでトヨタの生産関係の弱点克服に力を注ぎ、資金難の時代にも知恵を出して解決を探る道筋をつけている。戦前の苦難の多い時代から戦後の倒産寸前のトヨタで、喜一郎の「気ままとも思えるわがままな行動」をカバーしたのは英二であった。気負ったところを見せずに全体をリードしていく英二の姿は懐の深さを感じさせ、英二についていけば間違いないと思わせる雰囲気を持っていた。

トヨタ博物館が発行する冊子の十周年記念号（一九九九年）に英二のインタビューが載せられている。第一線から退いて久しいこともあって「私にとって、クルマとは何かって?」という問いに対して率直に答えている。

そりゃあ、飯の種だね。どういうクルマが好きですかなんて、よく新聞記者に聞かれるんだけれど、好き嫌いの問題じゃない。どういうクルマが売れるだろうってことを考えるよって、答えるんだ。自分が嫌いでも、売れるクルマを造らなければ飯の種にはならんでしょう。自分には何万という部下がいたからなんで、まあそう窮屈に考えなくても、率直にいって、飯食う種はクルマなんだから、クルマが売れてくれなければ、飯が食えんということだ（談）。

当たり前といえば当たり前のことだが、市場の志向するクルマにすることを第一に考えたことを明言している。クルマ好きの技術者は、コストなどを考慮せずに自分がつくりたいクルマにしようとする傾向がある。トヨタでは、それが厳しく戒められたのは、英二が車両開発を統括していたからだ。技術的に未熟で苦しんだ時代、資金がないために生産設備を充実させることがままならない時代をくぐり抜けた経験のなかで、英二が身につけた経営哲学のベースとなっているものだ。

自動車の機構や生産設備に関して、もっとも良く知る英二は、資金を必要以上に使うことは厳しく戒めた。コスト意識のない人が重役になることもないといっていいだろう。もちろん、市場が要求すれば贅沢な装備は無駄なものではない。それをいかにコスト削減してつくるかが問題になる。戦後最初のＳＡ型乗用車、二代目コロナなど技術追求を優先したクルマの開発が成功しなかったこと、さらには初代パブリカで走行性能を良くしても売れ行きに結びつかなかったことに対する反省の意識が強かった。本田宗一郎風にいえば、英二は「買う喜び」を重視した商品づくりをモットーとしており、「つくる喜び」にこだわった宗一郎とは対極にあった経営者ということができる。

企業として自主性を保つことが、もうひとつの英二の経営の要（かなめ）であった。自主性を維持できなければ自分のペースで進めることができないからだが、信念を持ち自信に裏付けられていないと実行できることではない。他のメーカーとの提携や合併に関しても、トヨタの自主性が阻害される恐れがある交渉には乗らない。プリンスの石橋会長から合併の話があったときも、競合する車種が多いことから、考える余地のないことと断っている。

同じように、クルマの性能を左右するような重要な部品やシステムのうち、専門メーカーに外注するのが当たり前であっても、自分のところで開発し技術進化させるように促す。自恃の精神を持ち、他力本願にならない組織にしようと周到に未来に備えた。

自動車メーカーは、ユーザーにアピールするためにクルマに関する情報を発信することが重要であるが、その点に関しても、トヨタは、首脳陣の組織的な制御ができていた。他のメーカーでは優れたクルマであることを強調するために、その設計者を全面に出して宣伝することがあるが、トヨタの場合はそうした動きがまったくといっていいほど見られない。ひとりだけをヒーローとして扱うことが戒められている。クルマが誕生するには多くの人たちが関わっているから、ひとりだけ目立つのは好ましくない。自動車に関する本がたくさん出ていても、トヨタの関係者が著者になって主張を展開する例は多くない。首脳陣に引き上げられる人は、それをわきまえ謙虚なところがあるのが条件となる。いい気になって自己主張することが許されないのは、英二（トヨタ）の組織論の本質でもある。

傘下の企業のトップを含めて、管理職の人たちは、一目で全体が分かるような報告書や企画書をつくることが求められた。それらの説明文も無駄な言葉をなくし、簡にして要を心がけるのは実際の仕事と同じことだった。そうして改良されたマニュアルのシステム化でトヨタのノウハウが蓄積された。多様化・多元化する組織を俯瞰的に見るために重要な情報伝達の仕組みがつくられたのは、英二をはじめとする首脳陣が正しい判断ができるためであり、報告書や企画書を作成する首脳たちの意識革命を求めたものでもあった。

社長になってもとくに考えが変わるわけではないといった英二であったが、経営トップになったことで、それまで以上に攻撃的ともいえる設備投資を実行するようになり、工場の生産設備の充実と効率化が図られた。これに対し、クルマづくりでは保守的な色彩を強める方向に進んでいる。あるべき姿を追求するのは生産体制であり、クルマづくりでは一般受けを狙うものになっている。

カローラの成功とトヨタの躍進

初代クラウンを開発した中村主査がトヨタの車両開発の道筋をつけたとすれば、その後に主査となった長谷川龍雄が車両開発のシステム化を完成させたということができる。トヨタの優位性を決定づけたカローラの開発主査となった長谷川は、トヨタ車のあるべき方向を示すとともに、開発主査のあり方を指し示した。

頭脳明晰で技術的能力に優れている長谷川は、その能力を発揮して初代カローラの開発に取り組んだが、その過程で自分のやりたいことと、英二によるトヨタのめざす方向とが異なることを意識したに違いない。そのなかで選択したのは、トヨタの進むべき方向に自分のベクトルを合わせることであった。それが、トヨタのなかでエリートであり続けるための条件であったからだ。

コロナとパブリカの中間クラスとなる大衆車の必要性を英二自身は強く感じていなかったようで、当初は消極的であったという。しかし、市場が拡大するなかで、パブリカよりも訴求力のある大衆車が待たれていると、ニューモデル開発を提案したのはトヨタ自販であった。経済成長に合わせて大幅な販売増を狙うには、時代にフィットした新しい大衆車が必要であると考えたのだ。

これに敏感に反応したのが主査室の長谷川龍雄であった。トヨタ自販の商品企画の人たちとの話し合いでイメージをつかみ、車両開発を買って出たのだ。もちろん、英二もこの提案を理解し、その重要性が認識された。

要諦は、英二が考えている以上にトヨタらしいクルマにすることだった。長谷川が打ち出したカローラの開発コンセプトは「八〇点主義」であった。クルマに対するいろいろな要求を高い次元でどれも満たそうとするには、どれかを百点にするのではなく、すべてで八〇点をめざすという考え方である。ファミリーカーとしながらもスポーティな乗り方をしたい人も取り込もうとするもので、量販車にすることが最大の目標であった。

パブリカ開発の後、長谷川はスポーツカーを試作しており、本人の指向は走行性能の高いクルマにすることであったが、大衆に受け入れられるクルマにすべく開発に挑んだ。スポーツカーのように高性能に特化したクルマよりも、多くの人たちの要求を満たすクルマにするほうがむずかしいもので、それだけに挑戦し甲斐のあるものである。新しい機構を盛り込みながら、リスクのある試みは周到に避けられた。もちろん、コラムシフトが全盛の時代であるのに、率先してフロアシフトにするなど、保守的一辺倒になっていない。このあたりのメリハリをつけたのは、長谷川の状況判断の的確さと高い技術力によるものだ。

カローラの開発が始まったころに、ゼネラルモーターズの社長としてフォードから全米トップメーカーの地位を奪うことに成功したアルフレッド・スローンが『GMとともに』という著書をアメリカで出版した。ライバルのT型フォードをゼネラルモーターズのシボレーが破ったときの戦術をはじめとして、ゼネラルモーターズを世界一の自動車メーカーにした経営手法を克明に記した内容であった。

圧倒的な売れ行きだったT型フォードを引きずり降ろすためにゼネラルモーターズがとった作戦は、エンジンや装備などで優位性を発揮させることでフォードよりもシボレーが高級であるという印象を与えることだった。ライバル車より車両価格は高くするが、その差はできるだけ小さくすることも配慮された。

トヨタ自販では、このシボレーのとった作戦にならって、ライバルと目される日産サニーよりカローラが優っている印象をユーザーに与える戦略をとるように開発陣に要請したのである。そのひとつが、プラス100ccであった。サニーのエンジンがカローラと同じ1000ccであることをつかんだトヨタ自販の首脳は、自工の首脳に急遽エンジンを1100ccにするように提案した。

エンジンの試作ができていたときなので、開発陣にとっては排気量を変更することは好ましくなかったが、性能向上のためではなく100cc大きくすることに意味があるといわれ、急遽ボアを大きくして対応した。クルマの税金はエンジン排気量によって課せられていたものの、その違いはわずかでしかなかったので、エンジンでの優位性を分かりやすく表現する作戦をとり「プラス100ccの余裕」とアピールして日産を悔しがらせた。

車両スタイルも、最終段階で変更されたのはトヨタ自販の神谷の要求によるものだった。セミファストバックという、それまでのセダンとは異なるスタイルになっているのがカローラの特徴だったが、もっとボリューム感を出したほうがいいと、リアまわりが変更された。自販と自工が一体となって商品力を高める努力を最後まで続けたのだった。

エンジン排気量、スタイル、装備などでライバルとなるサニーを上まわるクルマになったのは、販売時期が半年ほど遅くなって、対策をほどこす時間的な余裕があったからだ。周到にライバルに対する優位性を発揮して、カローラは当初から爆発的な売れ行きを示し、トヨタのベトセラーカーとなり、輸出の中心となって、トヨタの成長を確かなものにした。

トヨタ自販の神谷社長が「計画では月に三万台販売を見込んでいる」と、カローラ発売直後に語って報道陣を驚かせた。この数字は輸出も含んだものだが、神谷だけの計画ではなくトヨタ全体の計画であった。

最初から月間二万台の生産体制で立ち上げたカローラ専用の高岡工場は、月産三万台体制を確保できる規模になっていた。新しくつくられた高岡工場は、カローラ単一の乗用車専用の車両組立工場であり、こうした大胆な計画は日本ではじめてのことであった。カローラの開発とともに高岡工場の建設計画がスタートし、月三万台つくることは過剰投資ではないと、英二も神谷も予測したのであった。

高岡工場の建設計画が立てられるころから、トヨタの工場建設計画は新しい段階に入った。量産効果を上げるために、また質的な向上を期して、工場建設の展開の仕方がこれまで以上に明確化された。高岡工場建設の一年前にエンジン専用の上郷工場を建設しており、将来的には各部品やシステムごとの工場計画があった。一九六八年七月には駆動関係部品の三好工場を、一九七〇年十二月には新機種の組立用の堤工場を、その後も、時代の要求に応えて足まわり部品を中心とした明知工場などの建設を進めている。こうした攻めの生産計画は、トヨタ以外にできないものであり、生産体制で他のメーカーを圧倒的にリードした。

さらに、購買管理部が新設され、部品や材料の仕入れが一元化されている。車両生産に関して、外部から仕入れる部品や材料のウエイトが大きかったから、コスト削減のために積極的に手が打たれたのだった。

工場の生産システムの改良も同時に進行している。在庫を持たずに各作業箇所で必要な部品の数量などの情報を記す「カンバン」と、故障が起こった箇所をいち早く知らせる「アンドン」がシステム化されて、効率化が図られた。アメリカのような量的拡大に頼る生産方式ではなく、少ない生産量でも効率を良くするシステムを追求することで確立した生産方式である。そのうえで量的拡大を図ることができれば、さらに効率が良くなる。クルマの多様化が進む時代になり、異なる車種を同時にラインに流すことが可能になる柔軟性を持ち合わせていた。

トヨタに限らず、日本の自動車メーカーが生産体制で強みを発揮したのは、作業員すべてが作業のやり方を改善するアイディアを出し、常に改善が進められたからだ。フォードが実施していた現場の作業員による創意・工夫の提案制度を研修に行った英二がトヨタの工場で採り入れた。フォードではアイディアが出されずに尻すぼみになったのに、トヨタでは作業員が積極的にアイディアを出す習慣がつくられ成果を生んでいた。システムなどの大きな変更と、細部にわたる作業のしやすさ、無駄の排除などに取り組んで効果を上げた。

カローラの販売に当たって、それまでのパブリカ店からカローラ店として新しい販売チャンネルに衣替えされた。日産サニーも、同様に新しい販売チャンネルがつくられたが、トヨタの販売店は、都市部の繁華街近くにつくられたところが多かったのに対し、後手にまわったためにサニー店は都市部の一等地につくられなかった。販売に関してもトヨタは有利な条件でスタートしたのであった。

一九六〇年代後半になって、開発する車種が大幅に増えて主査となる人が多くなったことに対応して、トヨタでは一九六六年一月に製品企画室が発足した。主査室がその所属になり、製品企画室の幹部から車両開発の方向が提示され、それに基づいて主査が立てた企画が承認されて開発が始まる。翌六七年に長谷川龍雄が製品企画室の副室長として乗用車担当になり、クルマづくりの方向が、それまで以上に定まった。技術的に冒険してリスクを背負った時代から抜け出て、市場に適したクルマをどのようにつくるかが主要なテーマになった。

その新しい例が、長谷川が主査として一九七〇年に開発したセリカとカリーナである。アメリカのクルマのつくり方を学んでトヨタ流にアレンジしたものであるが、そのきっかけは、トヨタ自販からフォードのマスタングのようなクルマをつくってほしいという提案であった。一九六三年にスポーティなスタイルのスペシャリティカーとして登場したマスタングがヒットしている情報をつかんでの提案であったが、販売チャンネルのトヨタ店系列がクラウンしかないことで新しい車種が必要であったからでもあった。

トヨタ流の高性能なイメージを持った量産車のセリカとカリーナは、たくさん売ることを前提にするから廉価にしなくてはならない。そのために、コロナと共通のコンポーネントを使用して、スタイルなどで異なるクルマであることをアピールする。スポーティさを強調したセリカと、セダンよりも洒落たスタイルであるカリーナは、それまでの乗用車系列とは異なる印象のクルマとしてつくられた。

高性能バージョン用エンジンはＤＯＨＣエンジンがふさわしいが、少量生産となり採算が取れないものだった。そこで、廉価につくる方法が考え出された。実用性を重視したオーバーヘッドバルブエンジンをベースにして、性能に関係するシリンダーヘッド部分だけを別にしてＤＯＨＣにする手法をとったのだ。共通部分を多く持つエンジンとしてつくるから、日産やホンダの高性能に特化したＤＯＨＣエンジンに比較すると性能では劣るものの、コストは大幅に削減できる。ＤＯＨＣエンジンを搭載しながら車両価格を安くすることが可能になるから、セリカの高性能仕様車は、少数のマニア向けではなかった。

トヨタは、車種の豊富さでも他のメーカーを圧倒した。

一九六七年九月に高級感を打ち出し富裕層をターゲットとした三代目クラウンがデビュー、初代がめざしたタクシー仕様を考慮した時代とは開発の方向が違って、オーナーカーとして贅沢なクルマという印象を与えるものになっている。そのコンセプトは日本人の感覚にあわせた高級感であったから、クラウンは日本独特のクルマとして進化していく。「いつかはクラウン」というキャッチフレーズが使われた。

一九六八年九月にモデルチェンジされた四代目となるコロナは、国際商品となることを意識してサイズが大きくなり高級感のある印象になった。そのためにカローラとの格差が大きくなり、旧来のコロナも残すことになり、ニューモデルはコロナマークⅡになった。販売が好調であることを背景にして車種を増やしたのである。

トヨタはマニアに受けるような機構にするよりも見栄えを良くすることで他のメーカーのクルマとの差別化を図る方向になった。スタイルを良くし、ドライバーが目にするメーターパネルのデザインを重視し、乗り込んだときに座り心地の良いシートにすることなどに気配りした。スカイラインのような走行性能で勝負するクルマとは異なる路線を選択したといっていい。それは、カローラに始まるトヨタのクルマづくりの方向であった。無難なクルマづくりでリスクを少なくすることができるものだ。

新しい機構を積極的に採用して、革新的なクルマにするのはトヨタの方向ではなかった。最初の主査である中村は意欲的に新機構を採用するクルマづくりをめざしたこともあって、主流のクルマの担当ではなくなり、やがて開発を離れる。もちろん、初代クラウンの成功は中村の功績であり、中村には役員待遇である参与という新しい役職が用意された。いっぽうで、クラウンと同時に発売されたマスターの主査となり、パブリカの開発の初期段階まで担当した藪田東三は、英二の方針に忠実であることから技術部門の常務になっている。ちなみに、一九六六年に設計を離れた中村は、自動車の動力としてのガスタービンエンジンの開発に従事している。研究の結果、中村が出した結論は、ガスタービンを自動車用にするにはハイブリッド方式以外にないと、七〇年代の終わりにこのエンジンを発電に用いてモーターで駆動するハイブリッドカーの試作車をつくっている。

川又体制のなかの日産の活動

モータリゼーションの発展期で、販売台数が伸びており、日産の川又体制も安泰であった。ワンマン社長と呼ばれるようになり、川又克二社長が首を縦に振らなければ何ごとも前に進まない組織になった。トヨタ自工が豊田英二社長によって動いているように、日産は川又によって動いていた。そのトヨタにはトヨタ自販があり、神谷が販売体制の強化を図り効果を上げていたが、日産では川又が販売系列の経営方向を決めるなど権限が集中していた。同時に、日産労組の塩路一郎の支配も進行しており、組織的な影響力も大きくなっていた。

日産のなかで出世するには、川又社長と労組の塩路会長という権威が存在するなかで、うまく遊泳することが求められた。能力のある人は、どちらにも迎合する姿勢を見せなくとも済むが、それゆえに一匹狼的な態度に終始せざるを得なかった。途中入社する人が少なく、他の組織を知らない人が大半であり、日産独特の息の詰まりそうな雰囲気は、川又と塩路が君臨するなかで助長することがあっても変わるような状況にはならなかった。しかし、ここまで成長した企業は、従業員にとっては頼りがいのある組織になっていたし、会社というのはこんなものであると思う人たちが多かったのかも知れない。

川又が、社長としての権力を強め、川又の意向に添うように行動した人たちが引き上げられ、ますます川又の権力は盤石になった。

日産は川又の意向で車種を増やすことに消極的だった。ブルーバードは大衆車ではなかったから、もっと車両価格の安いクルマをつくるべきだという意見に対しても、川又はブルーバードが買えない人は、その中古車を購入すればいいと退けていた。新しい車種の開発と生産には、莫大な投資が必要となるからだ。

しかし、調査部で世界各国のデータを収集して、大衆車が爆発的に伸びる時期があり、日本がまさにそうした時期を迎えようとしているときであるという結果が示された。日産のさらなる成長のためには、トヨタのパブリカに匹敵する大衆車を持つべきだというのが、川又を除く首脳陣の一致した意見であった。

トヨタとの差を挽回するには、潜在的なユーザーの掘り起こしが期待される大衆車クラスのクルマの開発が望ましいと川又に進言した。しかし、川又は、考えを変えようとはしなかった。それでもしつこく提案して、ようやく商用車なら認めようということになった。そこで、その商用車をベースにして乗用車をつくって、後で承認を得ることにすればよいと開発がスタートした。

川又からは、コストのかからないクルマにするように厳命された。開発チーフは若手のホープであった園田善三で、そのスタッフも若い技術者が多く、彼らは最初から乗用車を優先して考えていた。

コストをかけないようにするために、各部品の軽量化が徹底された。走行性能の高さで定評のあったオペルカデットを参考にし、エンジンも新開発であった。８００ccでスタートしたが、パブリカに勝つために１０００ccに拡大された。結果として、軽快に走るクルマに仕上がり、サニーと名付けられた。発売が迫るころにはモータリゼーションの波がさらに高まっていたから、乗用車中心にすることに川又も異議を唱えなくなっていた。ただし、設備投資を少なくするために、月産二千台規模の計画にするように指示した。

カローラの半年前となる一九六六年四月に発売された。時代が要求するクルマになっていたから、たちまちのうちに月八千台のペースで売れた。パブリカを凌駕するつもりで開発されたものの、結果としてカローラが対抗馬となった。簡易なつくりであったからカローラに対して不利なところがあったものの、サニーは、ブルーバードに次ぐ日産の主力製品となった。

しかし、生産台数を絞ってのスタートであったから、増産するために各地の工場にいくつかのラインをつくっての対応となり、高岡工場で一貫生産するトヨタのカローラの効率の良い生産にはおよびもつかなかった。それでも充分な利益が確保できたのだから、いかにトヨタの利益が大きかったか分かるだろう。


トヨタのコロナに販売で破れた屈辱を挽回することが日産の最大の課題になっていた。モデルチェンジされる三代目ブルーバードが成功するかどうかは、川又の大きな関心事であった。コロナに対して優位性を発揮するために「うちでは四輪独立懸架にできないのかね」という川又の一言で、開発の方向が変更された。

開発チーフは引き続き原禎一であった。原は取締役となり、車両開発を統括する立場になっていた。

原は、一段とヨーロッパの合理的なクルマづくりの方向に傾いていた。エンジン横置きにしたFF車として成功したオースチン・ミニに感銘し、市場のニーズに合わせるのではなく、設計者が積極的に提案して、良いクルマにすることが大切だと思うようになっていた。

乗用車部門の開発を任されていたので、原は、承認をとるまえからブルーバードよりひとまわり大きい乗用車（中型車）の開発を進めていた。時間をかけた開発なので先進的な技術を採用、四輪独立懸架方式にすることで乗り心地と操縦安定性の両立を図ろうとする野心的なクルマであった。上から車両開発の方向性が出されることがなかったので、原の裁量は大きいものがあったのだ。

四輪独立懸架車の開発が進められていたおかげで、ブルーバードに急遽このシステムを移植して川又の要望に添うことが可能だった。最初の企画では、足まわりはフロントだけ独立懸架にするがリアは従来と同じリジッド（固定）式であった。四輪独立懸架の良さを発揮するには入念な準備と技術力が必要だったからだ。このころには、自動車雑誌などで盛んに四輪独立懸架方式が良いと書かれており、その採用は魅力的なものに映っていた。ちなみに、トヨタが四輪独立懸架方式の乗用車を市販するのは、工場設備をととのえるなど準備し終えてのことで、一九七〇年代に入ってからであった。

こうしてできたのが三代目ブルーバード510型である。スタイリングデザインも日産のスタッフが担当して入念に練られた。ブルーバードは、初代がフレーム付きであり、二代目がモノコック構造になり、三代目が四輪独立懸架方式の採用と、四年ごとのモデルチェンジで絵に描いたような確実な進化を遂げたことになる。

このための生産設備の変更は多額の投資が必要になるが、成長過程にある時期であったから、それが問題になることはなかった。

しかし、一九六七年八月に発売された直後にトラブルが出た。サスペンションのゴムブッシュがヘタって走行安定性が悪くなってしまうのだ。クッション効果のあるゴムブッシュの使用は、乗り心地を良くするために欠かせないものだが、路面の凹凸などで突き上げられる力に耐えるようにするには、ブッシュの形状や固さなど微妙なセッティングが必要であった。それだけ技術が要求される。開発陣の想定以上に悪路で応力がかかっていたのだ。

この解決に手間取ったことで開発陣は評価を下げた。しかし、トラブル克服後のブルーバード510型は、販売も好調だった。歴代ニッサン車のなかで、走行性能に優れたクルマとしてもっとも人気のあるモデルとなった。

このときに、日産初の四輪独立懸架車という栄誉をブルーバードに奪われた中型車は、ローレルと名付けられて、ブルーバード510型の八か月後に発売された。ローレルは合併されたプリンス系の工場で生産されることになり、その後は開発もプリンス系が受け持つことになった。スカイラインと同じクラスのクルマであり、共通部品を使用して性格の異なるクルマにすることが求められた。

次いで、原はスポーツカーのフェアレディのモデルチェンジで、フェアレディZを設計した。主としてアメリカへの輸出をターゲットにして開発された。それまでのスポーツカーよりマイルドなクルマになり、スポーティな洒落たクルマとして人気となった。これらは、経営トップの意向というより車両設計陣の意向で決められたものであった。

このフェアレディZの開発の途中で、原は設計を離れてサービス部に転出する。代わって車両開発を統括することになるのが高橋宏である。原と一緒に技術担当の取締役になり、小型車ダットサンが原、それよりサイズの大きいニッサン車が高橋の管轄になっていたが、これにより全車両の開発を高橋が統括することになる。一九六八年のことで、この後一九八〇年代初めまで、車両開発部門は高橋のもとで進められた。

日産の技術陣には理論派と実践派という流れがあった。理論派は試行錯誤により技術の向上を図るよりも、理論を学んで設計するという考えで進もうとするもので、実践派は試して失敗を糧に進めるものだ。トヨタは喜一郎によって後者が選択されていたから理論派が大きな顔をすることはできない組織であった。ホンダは宗一郎が技術は試行錯誤の産物であるといっていたから、なおさらである。

日産の場合は技術提携などで完成した技術を導入する機会が多かったせいか、試行錯誤の重要性がなおざりにされることがあった。実際には、車両開発は試行錯誤の連続であり、そのなかから理論として成立するものがあるにしても、新しいことに挑戦する場合は試行錯誤しながらのことになる。手を汚して悪戦苦闘するなかで、それまでより良いものにしていく手順を踏んでいくのが常道である。

高橋は、同じ大阪大学工学部出身の前田常一常務が理論派であり、その跡を継いでいた。したがって、高橋が車両開発部門を統括することになったのは、原の試行錯誤路線とは異なる方向になったといっていい。原の転出は、ブルーバード410型が三代目コロナに販売でリードされたことが遠因となり、次の510型で初期トラブルの発生に際して解決に時間がかかったことが原因であると思われる。

高橋は、川又と塩路といった日産の「ふたりの天皇」との距離が近かったこともあって、その地位は安泰であった。

理論派が技術の中核を占めることによって、日産では失敗に対して厳しい評価となり、一度の失敗で左遷されることがあった。新しいことにチャレンジして失敗すると出世コースからはずれるようになり、冒険をしなくなる風潮が強められた。

国立大学を優秀な成績で卒業した人たちが多い日産は、出世することを願うなら、受験勉強を勝ち抜いたときと同じように学習して、上司に逆らわないことの重要性を知る。川又と塩路が君臨する組織のなかで、このふたりと、それに連なる人たちの覚えがめでたくなることが大切であった。いっぽうで積極的な姿勢のある人たちは、自分の技術力を高め、それを表現しようとするものだ。しかし、そうした技術者が、本来なら携わるべき開発からはずされるなど、優秀な人材を生かしきれる組織にならなかった。

販売や営業との関係でも、トヨタとの違いがあった。神谷を頂点とするトヨタ自販では、車両開発に対する要望は、紛らわしい要望が開発技術者に提案されることがないように一元化されていた。日産の場合は販売のほうからさまざまな要望が出されたが、うまくすくい上げる組織になっていなかった。原が開発の中心にいたときには営業の要望は無視されがちであったが、高橋の時代になると、開発陣の都合で営業からの要望が汲み上げられるようになった。

初代セドリックを開発した藤田昌次郎は中央研究所所長に転出し、さらに原が去ったことで、日産の車両開発の方向は大きく変わった。藤田と原が引き続き開発をリードする組織体制になっていれば、その後のニッサン車は違ったものになったであろう。

日産の販売体制は、川又の意向を反映したものになっていたから、トヨタほどディーラーが大事にされなかった。神谷は「一にユーザー、二にディーラー、三にメーカー」といっていたが、日産の場合は「一にメーカー」であった。ディーラーの利益もトヨタほどではなく、販売網の拡充のために必要な投資も、トヨタほど思い切ったものになっていなかった。販売店の資金がショートすると傘下におさめ、資金を必要とする場合は日本興業銀行を紹介して融資の便宜を図った。出身銀行に恩を売ることも川又が意図したことであったようだ。

生産体制に関しても、トヨタと比較すると消極的だった。一九六〇年代後半から一九七〇年代にかけての新工場建設は、一九六五年五月の座間工場、一九六八年十月の栃木工場だけだった。ただし、工場の設備は優秀な生産技術者たちによって最新鋭のものになり、生産効率の良いものになっている。

この時代の日産のエンジン開発は、経験が少ないこともあって設計の未熟によるトラブルが発生することがあったが、進んだ技術を持つ生産技術の人たちがカバーしていた。グラハムページの技術を導入して以来、工作機械の国産化では日産の技術者が機械メーカーに要望を出すだけでなく、共同開発に近いかたちで進められるなどしてリードしており、日産は生産体制のほうがエンジン開発や車両開発よりも進んでいた。

日産によるプリンス自動車の吸収合併

一九六〇年代の後半は、自動車メーカーの再編で大きく揺れた時代でもあった。再編の軸となったのは二大メーカーであるトヨタと日産であったのはいうまでもない。

日産とプリンス自動車の合併は、オーナーである石橋会長がプリンス単独で会社を維持するのはムリと判断したことによるものであった。トヨタに打診して断られて、相手としては日産しかないことになる。この時代は取引銀行の意向が大きくものをいったから、日産は興銀、プリンスは住友と、メインバンクが違うことは大きな障害であった。しかし、通産省が合併を奨励しており、石橋も政治家との知己が多く、その線からも圧力がかかって交渉が始まった。

川又社長にしてみれば、プリンスを吸収すればトヨタとの差を埋めることができ、プリンスの高い技術力を我がものにすることができ、通産省や政財界に恩を売ることができる。最初から前向きに考えたといっていい。

交渉は、通産省の佐橋滋次官、プリンスの石橋正二郎会長、日産の川又克二社長、中山素平日本興業銀行頭取、堀田庄三住友銀行頭取の五人のトップで秘密裏に続けられた。中山と川又は同じ一橋大学の同窓で興銀には同期入社であるから、お互いに相手を良く知る関係であった。中山は興銀のなかで順調に出世街道を歩んだのに対し、他人に頭を下げるのが嫌いな川又は、銀行マンとしては成功しなかったが、日本を代表する自動車メーカー・日産社長になっており、対抗する意識の強い川又は、このときには中山と対等以上であるという意識を持つようになっていた。

一九六五年五月に交渉が成立し、契約の一年後に合併することが発表された。問題の合併比率では日産1に対しプリンス2で合意に達したものの、最終的には「あらためて検討した上、修正もあり得る」という条件が、川又の意向で契約のなかに盛り込まれた。プリンス自動車の従業員たちが合併のニュースを知ったのは記者発表されるほんの数時間前であった。誰にも相談せずに石橋が独断で内密に進めていたのである。

合併が決まると、川又の側近ともいうべき岩越忠恕が副社長としてプリンス自動車に派遣され、財務状況が詳しく調査された。予想以上に経営状態が良くないうえに、合併が決まってからのプリンス車の販売の落ち込みが大きかった。最終的な合併比率が2対5とプリンスに不利なものになった。川又の強引なやり方であったが、吸収される側は弱い立場であるから泣くより仕方なかったのだ。

一九六六年八月に合併、当面はプリンス系の車両開発や工場、販売組織などは従来どおりの活動が継続された。川又はゼネラルモーターズが自動車メーカーを買収して連合体にしたときと同様に、プリンス事業部として独立した体制にする意向を示したのである。石橋は、プリンスという名前を残すこと以外にとくに要望しなかった。

石橋をはじめとしてブリヂストン系の役員は退き、プリンスの役員たちは、専務から常務になるなど一階級ずつ下がって日産のなかでバランスがとられた。これにより日産自動車は資本金三九八億円、従業員数三万人強、生産規模は月六万台となり、販売台数でもトヨタに迫ることになった。

車両開発の現場では、進行中のスカイラインとブルーバードのモデルチェンジに際して、合併が決まってから部品の共用化などで、コスト削減を図るように指示された。共通する1500～2000ccエンジンは、日産のほうが生産設備がととのっていることを理由にプリンス系のエンジンは生産されなくなる。プリンスエンジンのほうが優れていたことは考慮されなかった。セドリックと同じクラスのプリンス・グロリアの開発は中止され、セドリックをグロリアという車名にしてプリンスの販売店で売ることになった。

プリンスの生産部門は、日産よりも遅れていたために日産の技術者たちがプリンスの工場に指導に来て生産効率が上げられた。人事部は日産系の人たちが強かったから、その後はプリンス系従業員の多くは悲哀を感じざるを得ないところがあったようだ。

川又社長の提携に対する考えも銀行マンらしいところがあった。

日産は一九五〇年代に民生デイゼル（現日産ディーゼル）、一九五一年に新日国工業（現日産車体）、さらに一九六四年十月に愛知機械工業を傘下に収めている。いずれも日本興業銀行が斡旋したもので、一九七〇年に「東急くろがね」を買収して「日産工機」にしている。東急資本が入った神奈川県の寒川町にあるくろがねの工場で、一九六〇年代から日産の下請けの仕事をしていたものを買収した。

これらは、不動産投資の意味合いを重視したところのある買収であったともいわれている。日産の土地所有は、自動車メーカーのなかで群を抜いて大きかった。川又は、企業の資産価値が大きいことが銀行融資の目安になることもあって不動産を重視する傾向が強かった。

日産は、一九六〇年代の後半に富士重工業と提携している。その後、いすゞ自動車とも提携したが長続きしなかった。トヨタと提携したメーカーは、トヨタとの関係を強めたが、日産との提携では、あまり成果を上げていないのは、提携の効果をどう生み出すのかを、日産の首脳陣が前向きに考慮する姿勢がなかったからであろう。

ホンダの四輪メーカーとしての苦闘

トラックのホンダT360とホンダスポーツは少量生産であり、ホンダの挨拶代わりともいえる四輪への進出であり、量産タイプのクルマとして最初にホンダからデビューしたのは、一九六七年のホンダN360という軽乗用車であった。続いて、その上の小型車部門にホンダ1300で進出するが、どちらもフロントエンジン・フロントドライブでエンジンは空冷方式だった。これがホンダの特徴になるが、そのことがまた物議を醸し出すことになる。

ホンダ初の量産四輪車であるN360は驚くべき売れ行きを示して、さすがはホンダといわれる。しかし、小型車のホンダ1300は失敗作であり、この原因は、本田宗一郎の暴走によるものであった。二輪車による失敗よりも小型四輪乗用車の場合は、そのダメージが一桁も二桁も大きいものであった。宗一郎主導の製品づくりに黄色信号がともり、それが赤信号になりかねない事態になったのである。

世界を相手にした二輪と四輪のレースで活躍したホンダは、一九六〇年代の後半になって相次いでレースから撤退する。世界一になった二輪のグランプリレースを一九六七年シーズンで止めたのは、勝ち続けるために費やすエネルギーが大きくなりすぎたからであろう。四輪のF1世界選手権レースも同様に六八年までで休止している。市販車のエンジン開発が目白押しで、レース用開発に技術者を割く余裕がなくなってきたのだ。F1レースは五シーズンで三三レースに出場、二度の優勝であった。ブラバムチームにエンジンを供給して戦うF2レース(F1の下のクラス)では、他チームのエンジンを圧倒して抜群の強さを発揮した。ホンダは高性能エンジンの分野では、ヨーロッパの技術に負けないことを立証していた。

こうした高性能エンジンの開発は技術力を身につけることが目的であり、レースに勝つことが企業の最終目標であるはずがない。藤澤が、一九六〇年代の後半になって、エンジン開発計画に優先順位をつけた。製品の広がりを見せるなかで、レース用の開発は後まわしにされ、多くが休止されたのだ。

一九六〇年代前半からの二輪と四輪のレースにおけるホンダの活躍は、若く優秀な技術者たちをホンダに惹きつけた。職業としてエンジン性能向上に取り組むことは、ものづくりの好きな技術者にとっては願ってもないことであり、それができるホンダは非常に魅力的な企業に見えた。一九六〇年代にホンダに入社した学卒の技術者たちは、ずば抜けた能力を持っている人たちがいた。元気はつらつで、やる気にあふれた若者たちだった。レースが好きなあまりホンダがレースから撤退すると、ホンダを辞める人がいたくらいだった。

ホンダのエンジン技術の発展を支えていた中島飛行機からホンダ入りした技術者に代表される、戦前に教育を受けた世代から、若い技術者たちにバトンタッチする時代になっていた。ホンダは優秀な技術者ほど、のびのび活動できる組織であった。宗一郎の情熱的なエネルギーと技術追求の姿勢に共感する優秀な技術者がホンダの次代を担っていくことになる。

ホンダが軽自動車から進出することに決めたのは、そのうえの小型車より二輪車のノウハウや販売組織を利用できるからであった。将来に向けての研究開発から、具体的に製品化をめざした開発に進んだのは一九六六年の初めであった。

軽自動車規格が全長3メートル以下と決められているなかで、ゆったりしたキャビン空間を確保するのはむずかしい。これまでのクルマより室内を広くするには、機械部分をどこまでコンパクトにまとめられるかが勝負だった。このためにFF方式にして2気筒エンジンは横置きになっていた。ヨーロッパで革新的なクルマとして話題になったオースチン・ミニと同じ配置である。といっても、オートバイ用高性能エンジンをベースに360ccにすれば、そのまま横置きになる。ホンダでは実用性を考慮して、オートバイよりもおとなしい性能のエンジンにした。それでも30馬力だった。他メーカーの軽自動車が20馬力前後であり、飛び抜けた性能だった。機構部分はコンパクトにして人間のための空間をできるだけ広くするというホンダの自動車設計の基本となる思想が、このときから実践された。

一九六七年三月に発売、話題となったのは三一万円という車両価格だった。他のメーカーはほぼ三七万円前後であったから、必ずしも完成度が高くなかったところがあったにしても、性能が良くて室内が広いホンダN360が評判になるのは当然だった。宗一郎は、世界に輸出するから、この価格でも利益が出ると胸を張った。輸出用に600ccエンジン搭載車がつくられた。

発売に合わせて車両のサービスを受け持つホンダSF（サービス・ファクトリー）の充実を図り、この年の十月には百三十一か所のネットワークが整備された。販売は引き続き業販店であるが、各地のユーザーとの結びつきを図るために全国の主要都市七〇か所にホンダ直営の営業所がつくられた。営業経験のない人たちで運営されたが、営業所の設置は業販店を育てて四輪車の販売にふさわしい店をつくる意図があった。

狭山工場で初めての量産四輪車の生産準備が進められた。ボディ製造は大型の金型を独自に製作するなど、工作機械の多くはホンダ内部でつくられて据え付けられた。このときに活躍したのが各種の能力を持つエキスパートたちだった。挑戦しなくてはならない課題がたくさんあり、既存の四輪メーカーにコストなどで不利にならないように配慮し、そのための機械やシステムが導入されている。四輪に本格的に進出することは生産技術でも大きなチャレンジであり、新しい技術開発であった。

ホンダN360は圧倒的な人気となり、スバル360から軽乗用車のトップの座を奪った。若者に支持され、他のメーカーを寄せ付けない売れ行きとなった。

ところが、一九六九年になるとN360を襲う欠陥車問題が起こって、人気を落とすことになる。最初はアメリカでニッサン車とトヨタ車が欠陥を隠していると報じられて、飛び火するかたちで日本で報道され、欠陥車問題が大きな話題になった。

アメリカでは、それ以前にゼネラルモーターズが開発したコンパクトカーのシボレー・コルベアが欠陥車として弾劾されていた。市民運動家であるラルフ・ネーダーが「どんなスピードでもクルマは危険である」とアピールし、コルベアが起こした高速道路での事故はクルマの欠陥であるとして、裁判で戦う運動を始めていた。打倒フォルクスワーゲンを目標にして開発されたコルベアは、走行中に安定性を失ってコースアウトする事故を起こしていた。足まわりの設計などに問題があり、高性能にしたためにそれが余計に顕在化したのであった。

ベトナム戦争に対する反対運動の盛り上がりなどアメリカの市民運動の高揚期であり、ゼネラルモーターズは、かっこうの攻撃目標にされた。これをきっかけにして、アメリカでの安全基準が見直された。これ以降、日本でも欠陥があった場合は監督官庁に届け出て無償で修理する、いわゆるリコールの届け出制度が義務づけられた。

こうした背景のなかで、性能の良いホンダN360が、日本版ネーダーならぬ「ユーザーユニオン」を名乗る団体の弁護士などに車両の欠陥があるとして告発された。高速走行中に転倒した事故は、クルマに原因があると問題にされたのだ。最初はホンダとの和解が成立するかに見えたが、交渉がこじれて事故ごとに裁判になった。これが新聞やテレビで報道されたから、ユーザーはN360を敬遠するようになった。

裁判の結果は、ユーザーユニオンが詐欺的な動きをしているとしてホンダ側に責任がないという結論が出たものの、ダメージはそのまま残された。これ以降、ホンダは車両の安全に他のメーカー以上に力を入れるようになる。そして、空冷のN360に代わる水冷エンジン搭載のホンダ・ライフなど新しい軽自動車シリーズに切り替えている。

ホンダは、小型車部門の進出でも大きくつまずいた。空冷エンジンのホンダ1300が失敗作であったからだ。本田宗一郎が暴走したものであったが、宗一郎自身は技術が足りなかっただけと思っている。

マツダがロータリーエンジンにこだわったように、宗一郎は空冷エンジンにこだわった。フォルクスワーゲンは空冷で成功し、そのエンジンをベースにしたポルシェも空冷エンジンでありながら高性能になっている。オートバイエンジンも主流は空冷であった。エンジンの熱を奪った水がラジエターに運ばれて冷やす水冷式よりも、空気でエンジンを直接冷やすほうが好ましいというのが宗一郎の信念であった。

工学的な知識を持つ技術者たちは、高性能エンジンは水冷でなくては成立しないと主張した。ラジエターが不要になり機構的にシンプルである空冷エンジンを、ホンダ車の特徴としたいと主張する宗一郎とのあいだで対立が起こった。宗一郎の信頼する某大学教授は、空冷エンジンでいくべきだと宗一郎を励ましていた。

空冷エンジンに決まったのは、水冷であるホンダS800用エンジンを空冷にしてベンチテストした結果、全開でまわしてもトラブルが起こらなかったからだ。水冷派は、試してみれば分かると思っていたのだが、意外な結果であった。後で考えてみれば、冷たい空気を送り続けるという、きわめて条件のいい状態でテストしたからであった。宗一郎は空冷エンジン開発を指令し、レース用エンジンを手がけた久米是志が開発にあたった。空冷エンジンの採用にあきれて、ホンダを去る技術者もいたが、そんなことで怯むような宗一郎ではない。

とはいうものの、馬力を出して空気だけで冷やすエンジンにするための技術的な努力は並たいていのことではない。粘り強い久米は、悪戦苦闘しながら、ものにしようと空気をエンジン内部まで送るように、放熱性の良いアルミを多用し、なんとか空冷エンジンをつくりあげた。宗一郎の執念のような情熱が空冷エンジンの開発を続けさせた。

目標の性能のエンジンになったものの、シンプルなはずのエンジンは空気を導入する装置が追加され、全体として大きなスペースのものになった。そのため、別に進められていた車体の設計も変更しなくてはならなかった。コストや車両全体のバランスを考慮するより、クルマとして成立させることが課題となり、障害を取り除くことが目標になった。久米は、解決しなくてはならない問題がたくさんあったから対策に集中した。そのなかで、何度も疑問を感じたものの、そのまま製品化され、ホンダ１３００は市販された。

その途中で、空冷エンジンを搭載して急遽つくられたＦ１によるホンダチームが結成され、久米はレース監督を宗一郎の命令でつとめた。この空冷のホンダＦ１が、雨となったフランスグランプリレースでアクシデントを起こしドライバーが死亡した。この死亡事故で、久米は危うくフランス警察の厄介になるところだった。宣伝になるどころか、悲惨な結果であった。

一九六九年五月にホンダの最初の小型乗用車であるホンダ１３００が発売されたが、ムリをとおしてつくられたものだったので販売も低迷した。開発や生産にかけた投資を回収することができないクルマになった。

Ｎ３６０の問題を抱えての販売不振であったから、この時点でホンダは四輪部門から撤退せざるを得ないのではないかという観測が流れた。藤澤も、それを一時は覚悟したようだ。

藤澤に呼ばれて、その失敗の原因を問われた久米は、正直に思っているとおりに答えた。空冷にしたことが最大の問題であったとはいえ、空冷か水冷かという議論以前の問題であった。研究だけならともかく、製品としてふさわしいものであるかどうか検討するという、当たり前ともいうべきセオリーを踏まえずに市販したことが間違いであった。

久米は、このときの苦闘で、このことを肝に銘じた。

ホンダの排気規制への取り組み

次に宗一郎の情熱の対象になったのが、アメリカの排気規制をクリアすることだった。

一九六〇年代になると、自動車が唯一ともいえる移動手段になっているカリフォルニアのロスアンゼルス市では自動車の排ガスによる汚染が問題になっており、一酸化炭素の排出量を少なくする規制が、全米に先駆けて実施されていた。やがて自動車が生活に密着しているアメリカ全体の問題になり、マスキー上院議員により厳しい排気規制を課す「大気清浄化法」案が議会に上程され、それが施行されることが一九七〇年に決められた。一酸化炭素、炭化水素、窒素酸化物という有害な排ガスを従来の排出量の十分の一にする「マスキー法」といわれる厳しい排気規制であった。

アメリカの自動車メーカーが技術的に解決不可能な規制であるとして緩和を求めたが、ニクソン大統領も規制に賛成し実施されることになった。実際には、規制時期の先延ばしや一部緩和などを要望する自動車メーカーと交渉中にオイルショックが起こり、自動車メーカー側の要望が部分的に認められたが、排気規制は、一九七〇年代の自動車メーカーすべてを巻き込む大きな問題になった。

有害物質のうち一酸化炭素と炭化水素は、理論混合比にしてエンジンのなかで完全燃焼に近づければ減少するが、そうなると燃焼温度が上昇して、発生する窒素酸化物が増えてしまう。燃焼温度を下げると窒素酸化物は減少するが、完全燃焼から遠ざかることになり、残りの有害物質が増えるから、どちらも同時に減らすことは技術的に難題であった。

アメリカの環境保護庁は、試験装置を備えて、規制にクリアしたエンジンをつくったと名乗りを上げるところが出てくるのを待っていた。

宗一郎の音頭で、排気規制をクリアするためのエンジン開発プロジェクトチームが研究所内につくられた。世界中の自動車メーカーによる技術競争でもあったから、まだ自動車メーカーとしては新参者でしかないホンダは、ここで成果を上げて既存の自動車メーカーより技術的に優れていることをアピールしたいと考えたのだ。レースに挑戦したときと同じように優秀な技術者たちが集められた。

　そのチームの若い技術者が「これはホンダのためというより世界中の人々のためになる技術であり、そのための開発だと思う」といって、宗一郎を感激させた。レースで勝とうとするのは自分たちのためであるが、この開発は世のため人のためでもあるといわれて、宗一郎は蒙を啓かれたと述べている。この開発チームは、ホンダの新世代の技術者たちが中心となり、新しい芽が育ちつつあった。

　解決の方向は、ディーゼルエンジンに見られるような副燃焼室をつくることで図られた。主燃焼室で燃焼が始まる前に副室で混合気を燃焼させて、その火炎で一気に燃焼させるシステムのエンジンである。点火のタイミングや混合気の流入や空気との混合比率などタイミングをうまく合わせることで、トレードオフの関係にある有害物質を同時に減らすようにした。実験してデータを取り何度も試して、新しい工夫を加えるなど地道な努力の積み重ねであった。高性能エンジンの開発とは方向が異なるとはいえ、エンジンの燃焼がどのようになるか技術的に高度な追求であった。

　これがＣＶＣＣエンジンといわれて、世界で最初にアメリカの規制をクリアしたエンジンとなった。他の多くのメーカーが規制の達成はむずかしいといっていたときだけに、ホンダがクリアしたことは大々的に報じられた。アメリカの環境庁も、ホンダのチャレンジを歓迎し、協力的に対処したのだった。

　一九七一年二月に行なわれたこのエンジンを報道陣に披露する発表会で、宗一郎は、いつもながらの上機嫌な態度で説明の先頭に立って対応した。ホンダのイメージは大きく向上した。

　トヨタからも、この技術を導入したいという申し出があり、提携することが決まった。トヨタは排気対策に取り組むに当たって、いろいろな可能性を追求していたので、その解決法のひとつとして提携したもので、他の方法を引き続き追求するために時間を節約しようとしての選択であった。提携の発表では、宗一郎は、トヨタの首脳陣に対してホンダが優位に立っているような態度を微塵も見せないように気を遣っていた。ホンダによるＣＶＣＣエンジン開発の成功は、ホンダの持つポテンシャルの高さを示すものであり、そのころのホンダの沈滞ムードを打ち破るものであった。

資本の自由化と川又による阻止活動

乗用車の貿易自由化の後に残されていたのが、エンジンなどの部品および資本の自由化であった。資本が自由化されれば、アメリカのメーカーが日本のメーカーに資本参加する道が開かれ、日本への進出が可能になる。

当時のアメリカのビッグスリーといわれるメーカーは強力な存在で、トヨタや日産といえども足下にもおよばないと見られていた。とくに、ゼネラルモーターズはアメリカのシェアの半分ほどに達しており、大きいクルマが中心であることから、その利益は莫大であった。技術開発にしても長期的な展望に立って、あらゆる分野の研究を膨大な費用と人員をかけて実施していた。厳しい排気規制が実施されても、ゼネラルモーターズだけは単独でクリアできるといわれていたほどだった。そのビッグスリーが日本の自動車市場に足がかりを求めて、資本自由化を日本に迫ってきたのである。

交渉は、当然自動車業界を巻き込んだものになった。日本側の交渉の中心になったのが、一九六七年四月に自動車メーカーの団体である日本自動車工業会の会長に就任した日産の川又克二社長であった。首都圏にある日産は、監督官庁や行政機関とのつながりもトヨタよりも強いところがあった。

このときまでの日本の自動車メーカーの団体は、オートバイや軽自動車、さらには三輪トラックメーカーなどで構成される小型自動車工業会と、小型車以上の自動車をつくる自動車工業会とに分かれていたが、小型自動車工業会のメンバーであるマツダやダイハツがトヨタや日産と競合する車種をつくるようになり、二つに分かれている意味がなくなってきた。統合してひとつになり、その初代会長に川又が選ばれたのである。

資本の自由化によって、せっかく育ってきた日本のメーカーがアメリカのメーカーに蹂躙されるようになるのは避けたいという思いでは、通産省も自動車業界も一致していた。通産省は、資本自由化の前にトヨタと日産を中心に国内メーカーの提携をさらに押し進めて、競争力を高めようとする方針で一貫していた。

アメリカからの資本自由化要求が強まり、政府は一九六七年六月に「資本自由化の基本方針」を閣議決定した。その内容は、一九七一年末を目標に、自由化しても競争力のある分野から順次実施することになった。様子を見ながら自由化の範囲を拡大することにしたが、自動車に関しては時期を明示しなかった。

アメリカ側は、こうした曖昧な態度に苛立ちを見せて「日米自動車交渉」の開催を要求、一九六七年十二月にアメリカから自動車交渉団が来日し、強い不満を背景にして日本側との交渉が開かれた。

日本側の交渉団長になった川又は、当然のことながら自由化を先延ばししたい考えであったが、とりあえずは前向きに検討するということで、このときの交渉をおさめた。

この後、アメリカ側は自動車と鉄鋼をターゲットにして、輸入制限や輸入課徴金の動きをちらつかせながら自由化を迫ってきた。差し当たりは、エンジンや中古車の自由化を一九七一年までに実施することにし、資本自由化だけ残されたのが一九六八年までの段階であった。このときに日本の自動車輸入に対する関税が高いことも考慮するように要請された。

次のアメリカとの交渉に備えて、一九六八年七月に箱根で自動車メーカー首脳による、資本自由化を先送りすることを確認するための会議が開催された。多少の異論があったようだが、自動車メーカーとしては一致団結して、アメリカメーカーの日本進出を食い止めるように努力することになった。

一九六九年になると、日本に進出したいゼネラルモーターズやクライスラーからの圧力が強まり、日本側も曖昧な態度でいることができなくなった。日本の財界代表は、アメリカに譲歩する考えであったが、川又がそれでは困ると資本自由化をできるだけ遅らせるように主張した。日本側でも、三菱重工業など財界で重きをなす勢力は、自由化の時期を明確にすべきだと主張、川又が自動車業界を代表して歯止めをかけている状況になった。こうした意見の対立は、三菱重工業が外資との提携を考慮していたからであった。

一九六九年五月に、三菱重工業がクライスラーと提携するというニュースが報じられた。三菱は、自動車部門を独立させる準備を進めており、そのためにクライスラーと提携することが良いと判断し、密かに交渉を進めていたのだった。財界人により構成される「産業問題研究会」で検討し、クライスラーの出資が三五パーセント以内に抑えられることを条件に認めることにしたのだ。自動車メーカーの代表である川又の意向を無視した行動だった。

アメリカのメーカーに乗っ取られる恐れのない提携であるから、とやかく言わせないというのが三菱の態度であった。新興勢力と見られていた自動車メーカー代表である川又の主張を重要視していなかったのだ。

こうした経緯があって、自動車に関する資本の自由化が実施されたのは一九七一年四月である。三菱だけでなく、いすゞもゼネラルモーターズとの提携を決める。このときに自動車の関税も十パーセントに引き下げられた。

三菱の新しい路線の展開

三菱自動車工業が誕生するのは一九七〇年四月である。三菱重工業の自動車部門は赤字経営が続いており、それを解消するために製作所ごとの活動になっていたのを統合して、効率よく推進するための子会社化であった。

初代社長には三菱重工業の牧野社長の信頼が厚い佐藤勇二が就任した。重工の財務担当重役であった佐藤が、自動車部門の手綱をしっかりと握るためであった。小型車部門の名古屋製作所、エンジン部門の京都製作所、軽自動車中心の水島製作所、バス・トラックの川崎製作所および東京製作所などが重工から新会社に譲渡された。

これにより、自動車メーカーとしては軽自動車から小型乗用車、さらには大型トラック・バスまでつくる総合メーカーとなったが、乗用車部門ではトヨタや日産だけでなく、マツダやスバルなどの後塵を拝していた。

一九六五年に久保富夫が三菱重工業常務で自動車事業部長に就任して自動車部門の飛躍を期す活動が始まる。一九〇八年生まれで一九三一年に三菱に入社した航空技術者である久保は、三菱製の航空機のなかで量産を果たした百式司令部偵察機の主務設計者であった。三菱では、本庄季郎の一式陸上攻撃機、堀越二郎の零式戦闘機などに次ぐ生産台数を誇り、エリート中のエリート技術者であった。敗戦後は、水島製作所で三輪トラックの設計をはじめ、その後は名古屋製作所に勤務し自動車関係の技術を習得していた。先輩である本庄や堀越は現役を退いており、三菱の自動車部門を確立する任務が与えられた。

その最初の成果ともいえる仕事が、三菱ギャランの開発であった。一九六九年十二月に発売されたギャランは、それまでの同社の殻を破るクルマであった。コロナやブルーバードと競合するクラスであるが、高性能セダンという新しいタイプの新鮮なクルマになっていた。新開発されたエンジンの出来は、トヨタや日産に優るほどのものであった。新世代エンジンともいうべき機構を備えたもので、思い切った設備投資をしなくては成立しないものであり、三菱の覚悟のほどを窺わせた。

成功するカギのひとつがクルマのスタイルであるという認識を持っていた久保はデザインに力を入れ、ギャランはセダン・ハードトップ・クーペの三タイプを同時進行させ、セダンとハードトップをまず市販し、翌年にクーペのギャランGTOを発売する。GTOには1600ccのDOHCエンジンを搭載する高性能バージョンを用意した。激戦区の乗用車でトヨタや日産に対抗して存在感を強める作戦で成功したのだった。

ギャランはコルト1000／1500のモデルチェンジともいえるが、イメージを一新するために時間をかけて熟成させている。設備の更新をともなうニューモデルの発売では失敗が許されないものであったからだ。

トヨタや日産は、一九六〇年代のうちに乗用車のラインアップを完成させ、七〇年代には、その成果を刈り取る方向に進んだが、三菱は、乗用車のラインアップの完成が遅れたぶんだけ、トヨタやニッサン車に対して優位性のあるモデルにしようと努力を重ねた。その開発の先頭に立ったのが久保であった。

ギャランの成功を手みやげに重工からの独立を果たしたといっていい。それだけのクルマをつくることができたのは、航空機開発に携わっていた優秀な技術者たちが車両開発などで経験を積んできたからである。

自動車部門が独立してスタートするにあたって、クライスラーと提携することで、技術的なノウハウを学ぶだけでなく、アメリカでクライスラーの持つ販売網を利用して、三菱車を売ることができるという読みがあった。トヨタや日産に遅れた輸出でも、販売網の構築などを独自に計画しないで済むことで、逆に有利に展開できる見込みであった。しかし、アメリカでの三菱車の独占販売権を持ったクライスラーは、ゼネラルモーターズやフォードに引き離されて経営的に苦しくなってきていた。肝心の三菱製の「ダッジコルト」の販売も思うほどの売れ行きにならず、そうかといって三菱ブランドで販売することもできず、三菱の思惑ははずれていくことになる。

ロータリーエンジンで存在感を示すマツダの活動

一九六〇年代の後半のマツダ四輪部門は、好調を維持することができた。全体のパイが広がっている時期であり、ロータリーエンジンの開発・実用化に成功したメーカーとして存在感を強め、もっとも活気にあふれた企業として注目された。

計画どおりにファミリアより上級のルーチェを一九六六年八月に投入した。激戦のコロナやブルーバードと競合するクラスであった。そして、満を持して一九六七年五月にコスモスポーツを発売、ロータリーエンジンの実用化の第一歩が記された。実用化までの技術的な苦闘は大変なものであったが、ロータリーエンジンのイメージを強調するためのスポーツカーの登場は、マツダのイメージを高める効果があった。

次いで一九六八年七月にファミリア・ロータリークーペが発売されて量産車への搭載が本格化した。高性能車がもてはやされる時代であったから、スムーズに噴け上がる印象のロータリーエンジンを搭載するマツダ車は、注目を集めることに成功した。新しい技術であったことも有利に働いた。

ロータリーエンジンに対する批判の声を払拭するために、マツダはヨーロッパの耐久レースに出場する。そこで活躍することで、ロータリーエンジンの持つ高性能が本物であることを確かなイメージにする狙いだった。レースにはエース級のエンジニアが投入された。

市販車ベースのレースであったから、マツダのロータリーエンジン車のライバルは、アルファロメオやBMWといったヨーロッパの錚々たるワークスチームであった。遠いヨーロッパのサーキットでのレースは、まさにアウェイでの戦いであり、カルチャーショックのなかでの戦いであり、技術力のぶつかり合いであった。

一九六八年のドイツのニュルブルクリンクでのレースに出場したコスモスポーツは、84時間の耐久レースで総合四位に入賞、続く六九年・七〇年には市販ツーリング部門にファミリア・ロータリークーペでベルギーのスパフランコルシャン24時間レースに参戦、いずれも総合五位となった。上々の成績であり、マツダのチャレンジは成功したといえる。

マツダは三輪車時代から走行実験を重視していた。多くのメーカーは、設計がえらく実験はその下の組織と見られていたが、ホンダと同様にマツダは実験に優秀な人材を配し、商品性を良くすることに配慮する組織になっていた。ユーザーの立場に立つという思想が根付いていたのだ。その伝統のうえに立ってのレース挑戦であり、技術者たちは未知への挑戦で鍛えられたのだった。

一九六九年四月に、マツダはロータリーエンジン搭載車のアメリカへの輸出を本格化させる。六〇年代後半は、日本車の対米輸出が伸びているときであり、ロータリーエンジンというレシプロエンジンとは異なる機構のエンジンを搭載するスポーティなマツダ車は、アメリカでも評判になった。コンパクトで高性能であることから、日本車の持つ良い面が強調され、マツダはロータリーエンジン中心の路線になっていった。

その流れは、一九七〇年には入ってからは、さらに大きくなった。この年の五月発売のカペラは、レシプロエンジンも搭載される車種もあったものの、主力はロータリーエンジンであり「風のカペラ」というキャッチフレーズで高性能振りをアピールした。さらに、翌七一年九月にはロータリーエンジン専用車として一段とスポーティさを強調したサバンナRX−3が投入された。トヨタや日産の高性能エンジンとは異なり、独自性のあるロータリーエンジンがマツダの主力エンジンの地位を占める印象となった。

そんななかで、一九七〇年にマツダを牽引してきた恒次社長が急逝したことが大きな影響を与えた。長男の松田耕平が社長に就任、三代続いてのオーナー社長であり、一九二二年生まれの四八歳であった。

恒次社長を補佐する副社長としてロータリーエンジンを担当していた耕平にマツダの舵取りが任されたが、ロータリーエンジン中心路線は、それまでの流れ・勢いからすれば当然と見られた。しかも、ホンダのCVCCエンジンに次いでロータリーエンジンはアメリカの厳しい排ガス規制をクリアすることに成功していた。このころには、トヨタと日産も、排気対策の一環としてロータリーエンジンの実用化を考慮していた。

ロータリーエンジンは、燃焼温度が高くないために窒素酸化物の発生量が少ないので、一酸化炭素と炭化水素を排出後にもう一度燃やして少なくするシステム(サーマルリアクター式)にして規制をクリアした。ロータリーエンジンの特色を生かしたものであるが、燃費の良くないエンジンであった。

機構的な制約があり、高性能であるとはいえ実用性に欠けるところのあるロータリーエンジンが主力になることは、経営的に見ればリスクのともなうものであった。他のメーカーは、いくつかの選択肢のひとつとして考えており、マツダとは進む方向が違っていた。四輪進出の際に恒次社長は「ピラミッドビジョン」を打ち出し、その底辺の充実を図る方針だったが、時代の流れのなかで上級のクルマの充実が図られるようになっていたのだ。マツダは、とくに既存のレシプロエンジンをないがしろにしたわけではなかったが、トヨタと日産という立ちはだかる大きな壁を打ち破り、マツダの特色を出すためにロータリーエンジン車が主力になる方向に進んだのであった。

さまざまなメーカーの提携のかたち

資本自由化を前にして、不安を抱えるメーカーが有力なメーカーと提携関係になることで企業の安定を図ろうとした。トヨタが提携したのは、ダイハツと日野だった。

ダイハツの場合は、軽自動車では堅実な内容のクルマを市販し、小型車のコンパーノも技術的に他のメーカーに負けないものになっており、とくに提携を急がなくてはならない状態ではなかったものの、将来的に独立を保つのはむずかしいという判断であった。ダイハツの小石常男社長の熟慮の末のことで、メインバンクの三和銀行が提携を勧めたことも背中を押した。内部昇格による経営トップが長く続いたダイハツは、自分たちで道を切り開こうとする強い意志を持つ経営トップではなかったことも要因のひとつであろう。

提携交渉では、トヨタが軽自動車中心のメーカーになるように提案したが、ダイハツにとっては好ましい方向ではなかった。妥協するかたちで、同じクラスの車種では共通した部品を使用するなどして提携の効果を上げることで合意に達した。一九六七年十一月に提携に調印、この後は小型大衆車ではトヨタ製エンジンを搭載するなど、ダイハツの技術開発は限定されたものになり、軽自動車中心の方向に導かれた。やがてトヨタ自動車から社長をはじめとする経営陣が送り込まれて、トヨタの色に染まっていくことになる。

日野自動車の場合は、都下羽村に建設した小型車工場が計画どおりの生産台数を確保できずに苦しんだあげくの提携であった。乗用車のコンテッサや小型トラックのブリスカなどの販売が思うほどでなく、結果として投資が過剰になったことでメインバンクが指導したものだった。トヨタも日野も三井銀行がメインであったことから一九六五年に、その仲介で交渉が持たれた。

コンテッサ1300はコロナなどと競合する車種であることからトヨタは提携に二の足を踏んでいたが、日野側がコンテッサの生産を中止し、羽村工場でトヨタ車をつくりたいと提案したことで、提携交渉が一気に進展した。乗用車部門への進出に熱意を示していた大久保正二会長が引退し死亡したので、日野も乗用車から撤退しやすい状況になっていたのだ。トヨタにとっても、生産増強が求められていた時期であったから商用車中心に日野の工場を計算に入れることは魅力的であった。一九六六年十月に調印、六七年四月から羽村工場で乗用車ベースの商用車であるハイラックスやパブリカのライトバンがつくられ始めた。これにより、日野は大型トラックとバス中心のメーカーとして活動していくことになる。

こうした交渉は、副社長時代から英二が担当し、決断したものだった。

いすゞと富士重工業が提携したのは、どちらも単独では生き残れないと判断したからだ。積極的な姿勢を見せない経営トップが、生き残りの手段として提携を選択したものだった。いすゞは、主力となるトラックの販売が落ち込み、進出した乗用車の赤字続きも重なって、経営不振に陥ったのである。

一九六五年六月に、いすゞ社長は楠木真道に代わり大橋英吉が就任した。専務からの昇格であり、大橋は戦前の石川島時代からの生え抜きの事務部門出身であった。打ち出したのは「販売第一主義に徹する」ことだった。しかし、たいした成果を上げられず、いすゞの小型車を生産する藤沢工場がフル生産できるような販売台数に達しなかった。小型乗用車の月販一万台を目標にしたが、それをクリアすることはできなかったのだ。

一九六六年十二月にいすゞと富士重工業の提携が成立した。軽自動車と小型乗用車を持つスバルと大型トラックおよびバスを得意とするいすゞとは、競合する車種が少ないことから相互補完できるメリットがあると考えられた。ところが、いすゞの事情で翌々年五月に提携は解消された。

背景には、三菱銀行と三和銀行の合併話が絡んでいた。銀行の合併と連動して三菱の自動車部門といすゞの提携を進めることが望ましいと、いすゞに富士重工業との提携解消を銀行が迫ったのである。富士重工業との提携で効果を上げようとしているときだったので、いすゞの大橋社長は銀行の意向を拒否したかったが、銀行側の圧力が強かった。大橋は不本意であったが、提携の解消を富士重工業に通告したのだった。

それなのに、両銀行の提携は最終段階で意見の相違があって成立せず、三菱との提携もご破算になったのである。銀行の意向で取引先の企業の将来が大きく左右しかねないというのは、経営トップの問題であるにしても、当時の銀行がいかに傲慢であったかの証でもある。大橋は嘆きながら日産との提携を図ることにした。

日産側があまり熱心ではなかったものの、提携交渉が進められた。いすゞは、大型バス・トラックをつくっている日産傘下の日産ディーゼルと合併して、効果を上げることを期待した。しかし、当の日産ディーゼルは消極的であった。意味のある提携になりそうもなかった。

一九七〇年六月に、いすゞは大橋から荒牧寅雄に社長が交代する。戦前からの生え抜きでディーゼルエンジン技術者であった荒牧は、実りの少ない日産との提携に見切りをつけ、ゼネラルモーターズとの提携を決意した。この提携に活路を見出すことにしたのは、赤字が続く乗用車部門を切り捨てずに済む方法でもあったからだ。ゼネラルモーターズは各国の自動車メーカーとの提携経験が豊富であり、その後も乗用車開発はいすゞのペースで進められた。

最初の乗用車であったベレルの後継モデルはつくられず、ベレットシリーズに一本化され、そのモデルチェンジともいうべきニューモデルとして一九六七年十一月に登場したのがフローリアンである。イタリアのカロッツェリアであるギア社にデザインを依頼、サイズのわりに室内を広くするなど、トヨタやニッサン車との違いを出そうと意図したが、スタイルも日本で受けるものになっておらず、販売増には結びつかなかった。

ギア社でフローリアンをデザインしたのは若きジュージアーロで、その後デザイン界の寵児になるが、このときは独り立ちしていなかった。そんなジュージアーロがいすゞフローリアンをベースに独自にスペシャリティカーをデザインした。ショーモデルとしてであったが、その流麗なスタイルに接したいすゞでは、これを製品化することにした。それがいすゞ117クーペである。洗練されたスタイルの高級車に仕立て上げてマニアの注目を浴びた。しかし、販売台数を多く見込めず採算を取るのがむずかしいクルマであった。

通産省の提携するようにという行政指導を受け入れていた富士重工業は、いすゞと提携が壊れると、日産と提携した。トヨタと日産が提携の中心となっていたから、富士重工業の選択は狭められていたのであろう。その後、社長を日産と日本興業銀行から交互に派遣される体制になり、経営トップが企業を積極的にリードする組織になっていない。比較的のんびりとしたムードが支配的だったのは、中島飛行機時代の技術優先という企業風土が残っていたからであった。派遣される歴代の社長も、そうした社風を改めようとはしなかった。

同社の初の小型車として一九六六年に市販されたスバル1000は、個性的な乗用車であった。そのすばらしさを理解するユーザーには熱狂的に迎えられたが、そうした人たちは少数派であったから、必ずしも成功したクルマとはいえなかった。水平対向4気筒エンジンを搭載するフロントエンジン・フロントドライブ(FF)方式を採用、当時の日本の技術としては最高水準のものであったが、それだけに特殊なクルマであるという印象があった。コストがかかるものであること、FF車という先進的な機構であったが、整備性が良くないことなど商品として見れば問題があるが、技術追求という意味ではすばらしい挑戦に成功していた。優秀な技術者が、商品としての出来を優先せずに技術的に理想を追求したクルマとして開発したものといっていい。経営トップや首脳陣が製品づくりをコントロールできていないからであり、トヨタでは間違いなく採用されないクルマづくりの方向であった。

スバル360およびスバル1000を開発した百瀬晋六が、一九七〇年に開発本部長からサービス部に移って、開発の方向が大きく変わった。経営トップの判断というより政治的な人事により百瀬が退けられて、スバルの持つ個性的なクルマづくりが否定されるかたちになった。しかし、水平対向エンジンとFF車という、当時はコンベンショナルでない機構のクルマになったことで、富士重工業は、その方向性を大きく限定されることになった。限られたユーザーを相手にしたメーカーにならざるを得ず、それがスバルの特徴となったのである。

第六章　オイルショックと排気規制の時代・一九七〇年代中心に

多難な時代のなかでの飛躍

一九七〇年代になっても日本の自動車メーカーが成長を続けたのは、輸出が好調に推移したからであった。とくにアメリカのニッチ市場で、もっともシェアを伸ばした。

アメリカのビッグスリーはコンパクトカーの開発に力を注ぐが、ゆったりと乗れるクルマをつくるのに慣れたアメリカの技術者たちには、コンパクトなクルマを高品質に仕上げることは至難の業であった。日本車を駆逐するほどの優位性を持つクルマをつくることができなかった。

アメリカが産油国から石油の輸入国になる時代になり、それに追い討ちをかけるように排気規制が実施され、オイルショックに見舞われる。やがて、コンパクトカー部門だけでなく、上級クラスでもヨーロッパの高性能車やスポーティ車などがシェアを伸ばす傾向を見せる。アメリカ車に飽き足らないユーザーたちによって、大衆車は日本などから、高級車はドイツのメルセデスベンツやＢＭＷやアウディといった輸入車のラインアップが出来上がり、アメリカ車のシェアは落ちていく。覇権を握った世界通貨であるドルの価値が低下していく時期と、ゼネラルモーターズをはじめとするビッグスリーの地位低下が連動したかのごとくであった。

トヨタは、一九七〇年に乗用車の年間生産台数で百万台を突破、二番手の日産は九十万台弱で、両メーカーが占める国内シェアは全体の三分の二となる。マツダと三菱、そしてホンダがそれに次いで二十万台強でならび、三位争いをくり広げる状況になっている。ホンダは、このときにはまだ軽自動車が中心であったが、一九七二年にデビューするシビックの成功で、その地位を確かなものにしていく。

一九七〇年代になって、ローマクラブによる「成長の限界」が話題になり、これまでのように科学技術による成果を享受し続けることなどできないという警告が出された。技術進化の「負の部分」に目をつぶって済ませられる時代ではなくなりつつあった。

これにより、序章冒頭で述べたアメリカを中心とした自動車産業の変遷で見る第四期を終えて、繁栄を謳歌するだけでは済まない第五期を迎える。日本メーカーも同様であり、日本が自動車産業における世界時間に完全に追いついたことを意味する。これ以降は、世界の自動車メーカーが抱える問題に、日本の自動車メーカーも同時進行的に対処していくことになり、日本のメーカーは、絶え間ない競争のなかに置かれ、息つく暇なく新しい課題に挑まなくてはならなかったのだ。常に緊張を強いられる環境に置かれたことが、日本のメーカーをますます強くした。

日本でも自動車の普及により、都市部では交通渋滞が恒常化し、排ガスによる空気の汚染が問題にされるようになった。また、地方でのバスや地域鉄道などの公共輸送機関は赤字となり、廃止されたところはクルマがなくては生活できないようになってきた。

排気規制の実施が、日本でも大きな課題として浮上する。どのように規制するか、技術的に実施可能かどうかという問題ではなく、アメリカと同じ規制にするというのが一九七一年に新しくできた環境庁の意向だった。

自動車メーカーは、技術的に解決のメドの立たない厳しい規制をクリアしなくては企業の存続が危うくなる雲行きとなった。そんな折に、ホンダがアメリカの規制をクリアするエンジンの開発に成功し、やればできることが実証された。実際には、特定のエンジンでできたことがすべてのエンジンに当てはまるわけではないし、ホンダの手法が解決のすべてではない。多くの車種に対応したエンジンを持つメーカーは、それぞれのエンジンで規制をクリアする道を見つけなくてはならない。それは生易しいことではなかった。

アメリカでは、自動車メーカーとの話し合いが行われている最中にオイルショックが起こり、排気規制は緩和されて先延ばしされることになったが、日本では、環境庁は世論の支持を受けて、予定どおりに実施する姿勢を見せた。自動車工業会の会長になったトヨタ自動車工業社長の豊田英二が環境庁との交渉の前面に立った。実施を伸ばすか規制値を緩和してほしいという要望を出した。

交渉にあたって英二は、トヨタで解決できるかどうかだけでなく、全自動車メーカーの問題であるからと、簡単に引き下がるわけにはいかなかった。こうした英二の態度は、排気をクリーンにすることに自動車メーカーが消極的であるという印象をテレビや新聞の記者たちに与えた。

日本の自動車メーカーは、複雑化する技術課題に対応してスピード化を図る必要に迫られ、コンピューターが設計や実験の現場に導入され、車両開発でシミュレーション技術が駆使されるようになる。生産設備に関しても、自動ロボットの導入や無駄の少ない生産方式の確立がめざされた。

日本のメーカーは、規模の拡大や将来的な技術開発課題の増大を考慮して、それまで以上に人材を大量に採用して、教育するシステムをつくり戦力の増強を図る。競争が激しいなかで技術開発に携わる人たちは、秘密厳守のためにも企業に対する忠誠心が要求される。運命共同体のメンバーとなり、基本的には終身雇用が約束される。中途退社する人も出てくるものの、新入社員は所属する企業の色に染まり、そのなかで生きていくことになる。

トヨタの一九七〇年代の活動

トヨタは、豊田英二が経営トップとして活動することで自動車メーカーとして盤石になった。英二の意志が組織の全体に浸透し、その体制が確立していく。自動車とは何か、何が必要であるか、英二の描くイメージに沿う方向が、トヨタの進むべき道として提示されていく。

経営者としての英二の活動は、取締役になった一九四五年から会長を退く一九九二年までの半世紀近くにわたっている。その第一期は一九六七年の社長就任までの二二年間、第二期は社長時代の一九八二年までの十五年間、そして第三期は会長時代の十年に分けることができる。社長・会長時代はトヨタ全体の方向をひとりで決めたといえるが、社長時代はトヨタ自工ではワンマンとして行動できたが、トヨタ自販という神谷が支配する組織があり、必ずしもトヨタ全体を支配しているとはいえなかった。本当の意味でワンマンとなるのは一九八二年からの会長時代である。

社長になってから一九七一年までは石田退三が代表権のある会長として、株主総会などでは議長を務めていた。石田の次の会長には盟友であった副社長の斉藤尚一を据えている。長年の業績に酬いるためであった。

斉藤は、若手のエリートとして英二とともに歩み、英二が目配りできないところを良くカバーし助けた。包容力がある斉藤は、指導者らしく若手をリードして慕われており、トヨタの組織になくてはならない人物になっていた。ちなみに、斉藤のふたりの息子もトヨタに入って技術部門で、同じように幹部になって活躍しているが、こうした二代にわたる人たちの活躍は、トヨタにあっては珍しいことではない。

また、斉藤のあとの会長には、財務担当としてトヨタの財布の紐をがっちりと握っていた花井正八が就任しており、英二が何を大切にしたかを窺わせる人事である。

車両開発では、長谷川龍雄による「主査のための十か条」が出された。開発を率いる主査に必要な条件とその心得を具体化し、車両開発の方向性を制御する体制が構築された。主査が勝手にクルマのあり方を決めるのではなく、製品開発室の役員によって承認されなくては開発がスタートしない体制が強化された。企画を立てる段階でのディスカッションのなかで主査たちは、トヨタ流のクルマのあるべき方向を明確につかんでいく。

主査の多くは、寝る時間も惜しんで車両開発に取り組んだ。たとえば、夕方までに各部署の担当者が描いた設計図を集めて家に持ち帰る。それを夜のあいだにチェックして翌朝に出勤すると同時に担当者に手渡して改良点などを指摘する。少しでも時間を節約するとともに、リーダーのあるべき姿を示したのであった。自分たちがトヨタを支えているという自負に支えられた行動であった。

生産関係でいえば、一九六〇年代に確立したトヨタの「カンバン」方式を大野耐一の指導ですべての工場で実施した。コンピューターを使った集中管理体制を導入し、故障時の素早い原因究明によるラインストップ時間の短縮が図られた。一九七五年三月に操業を開始した下山工場は、排気規制をクリアするためのエンジン部品、さらには触媒などをつくる工場として建設された。肝心な部品は、自前でつくるべきだという英二の強い意志によるものだった。

トヨタ流の手法を理解し、実践した技術者が引き上げられて、次の世代の技術者たちを教育していく体制が強固になった。カローラやコロナ、クラウンといった主力車種の主査に抜擢されることは、将来の役員候補になったことを意味し、手腕を発揮すれば有望視される。トヨタは元気のいいリーダーたちが率先して方向を示し、多くの人たちがその指示で動くようになっている。トップの意志が隅々までいきわたり、機能的な軍隊のように見える印象さえあった。

川又克二日産社長から引き継いで日本自動車工業会会長になった豊田英二は、環境庁との排気規制を巡る協議に多くの時間を費やし、一九七〇年代の半ばころまではトヨタ自工の経営者としての仕事は半分もできなかったと述べている。

排気規制は、一九七五年から一酸化炭素と炭化水素の本格的な規制が始まり、七六年に厳しさを増し、七八年には窒素酸化物を含めての規制と、三段階にわたって実施されることになった。アメリカよりも厳しい規制で、トヨタや日産のように多くの車種を抱えたメーカーは、その対策に苦慮した。ホンダのようにエンジンが一種類であるのとは困難さのレベルが違っていたのだ。

一九七〇年代に入ると、エンジン関係の技術者がすべて動員されて、メーカーの技術開発では排気対策一色になるほどだった。排気のなかに含まれる有害物質の計測装置や実験装置など、大掛かりな排気対策にかかる設備の導入が図られた。エンジンを運転してデータをとるのに必要な走行条件を再現できるシャシーダイナモを大量に据え付け、騒音対策や空調をほどこした建家が新しくつくられた。

トヨタでは「複眼の思想」と称して、多様な解決法を探る手法を選択した。技術的な方向を絞り込まずに、あらゆる可能性を追求する。静岡県にある東富士工場内にトヨタ自工の研究所がつくられ、排気対策のために開発企画室が設置され、パブリカのエンジン開発を手がけた松本清が室長になった。

電気自動車やロータリーエンジンの実用化、既存のエンジン本体の燃焼改善、触媒を使用して排気を化学反応で無害化する方法などが考えられた。日産も同様のアプローチだった。

動員された技術者だけでは足りないほどの作業をこなさなくてはならず、時間との戦いになった。少しでも早くメドを立てようと、トヨタではホンダのCVCCエンジンの技術を導入し、マツダのロータリーエンジンの技術導入交渉が持たれた。オイルショックが起こって燃費の悪さが問題になり、ロータリーエンジンの開発は中止された。

そのなかで、触媒を装着することが解決の方向であることが次第に明らかになっていく。クラウンなどの小型上級車種は触媒を使用したものになり、そのほかはエンジン本体に改良をほどこしたもので対策した。

トヨタで問題を起こしたのは、一九七五年の排気規制(昭和五十年であることから五十年規制といわれた)の実施のときだった。翌年モデルとなる十二月に規制をクリアした車両に切り替える決まりであったが、規制を実施した車両は価格が高くなり、エンジン性能が劣るうえに燃費も悪化したものになっていた。そこで、トヨタは十一月までに規制されない車両を大量につくり駆け込み販売を実施した。

そうでなくても、排気規制の実施を延期するように要請するなど、自動車メーカーの代表として交渉の矢面に立っていたのが豊田英二社長だったから、トヨタは規制に消極的な態度であると思われた。マスコミの袋だたきに遭い、環境庁からも叱責を受けることになった。技術部の総帥となっていた豊田章一郎副社長が、記者会見で深々と頭を下げるシーンが紙面を飾った。これを教訓にして、これ以降トヨタはそれまで以上に環境問題に熱心に取り組むようになる。

いっぽうで、排気対策をしている最中に起こったオイルショックへの対応で、トヨタは抜かりがなかった。この試練をバネにして危機を乗り切るノウハウを獲得するしたたかさを見せた。これがトヨタの強さである。

一九七一年のドルショックによるアメリカへの輸出の停滞から脱したところで、オイルショックで販売が落ち込んだ。物価の高騰に対応して車両価格の改訂に踏み切ったから、よけいに響いた。見通しがつかない事態になり、それ以前に立てていた計画はすべて見直された。

徹底した経費削減が図られた。無駄の排除は日常的に実施されていたが、そのレベルを厳しく上げることが担当部署に求められた。カローラなど主力車種でのコスト削減は、目標数値が設定されて取り組まれた。一九七四年九月に原価企画委員会が設立されてプロジェクトチームとして活動し、翌七五年二月には技術管理部のなかに原価企画課が設けられ、コスト削減が日常業務として取り組まれた。

工場の生産現場では、フル稼働の七割の生産量にしても利益が生み出せる体制構築が指示された。それまでの増強一点張りからの転換が図られ、生産削減をしても持ちこたえられる体質にすることが目標になった。もちろん、取引先からの部品購入に関しても、厳しいコスト削減が実施された。

トヨタ自販は一九七四年の後半は回復すると見込んで販売キャンペーンを実施し、結果的にオイルショック後に市販されたカローラやクラウンは、先代を上まわる売れ行きとなった。予想より早く回復したのだ。

その後、二年ほどのあいだはニューモデルがなかったのは、排気対策中心になったからだ。この後はモデルチェンジは五年以上になるクルマが出るようになった。

一九七八年にデビューしたターセル・コルサは、新しい時代に向けて、あるべきクルマの姿を追求するようにという英二の指令による開発であった。新エンジンが開発され、トヨタ初のフロントエンジン・フロントドライブ(FF)車であった。省資源が叫ばれている状況に対応したクルマとして、トヨタ車のラインアップにこだわらない開発であった。従来のエンジン開発は、排気量を大きくする余地のあるエンジンにするために、オーバークォリティな設計になっていたが、ジャストフィットしたエンジンにする前提で開発され、贅肉がなく軽量コンパクトになっていた。新世代エンジンをいち早く登場させたのである。

FF方式の採用も、サイズのわりに室内を広くしながら車両重量を軽減することで省燃費を図るためであった。ただし、オースチンミニやホンダシビックのようにエンジンを横置きにしてスペース効率を高める方式ではなく、エンジンを縦置きにしてエンジンの下にミッションを配置する方式をとっていた。

オイルショックが起こると、アメリカでは日本車の経済性の良さに注目が集まり、一段と輸出が伸びた。予想されたよりも早めに、日本の自動車メーカーの経営は回復していく。

一九七六年には、トヨタ自工の財務諸表から「借入金」という項目が姿を消した。銀行などからの融資を受けなくても、自前で投資資金までまかなえる無借金経営という、きわめて優良な企業になったのである。トヨタ自工は資金の運用で、中堅銀行並みの成果を上げるようになり、これ以降、資金的な蓄積は増えるいっぽうであった。銀行の融資を受けるのに四苦八苦していた時代の教訓を生かし、必死に利益を出してきた努力が実った。従業員も十数年以上まじめに勤務すれば、退職金を担保にして会社から融資を受けて、自分の家を持つことが可能になった。

保守性を強める日産の首脳陣

排気対策とオイルショックは、自動車メーカーのモータースポーツ活動の息の根を止めた。一九六〇年代に盛んになった自動車レースでは、プリンスと合併したこともあって、日産はトヨタとのライバル対決で有利に展開し、サファリラリーで優勝するなどしてイメージアップに貢献していた。そうした活動をしなくなると、日産がトヨタに対するイメージで優位性を確保するのが容易ではなくなった。

既存のクルマのモデルチェンジがルーティンどおりに実施され、オイルショックによる省資源対策とコスト削減、排気規制対策など、上からの特別な方針が出されなくとも、さまざまな問題が山積していた時代だった。

川又は、一九七二年五月に経済団体連合会の副会長に就任している。財界活動をするのは川又の目標のひとつであった。翌一九七三年十一月に日産社長のポストを岩越忠恕に譲り、代表権のある会長に就任、一九八五年六月まで会長にとどまった。

川又の経団連副会長就任には、貿易の自由化で対立した財界人が反対の意向を示したようだが、自動車業界が日本の基幹産業に成長しているので、その代表として、八人に増やされた副会長に就任するのは自然な流れとも受け取られた。川又のそれまでの活動も、財界入りを意識したところがあるものだった。

川又の跡を継いで社長になった岩越は、川又の忠実な側近として活動すると同時に、日産労組の塩路一郎に対しても気を遣っていたから、組合が率先して就任を支持した。川又も、当然ながら自分の意向を経営に反映させることができる立場を維持していた。

この人事は、日産がナンバーツー企業であることを受け入れて、川又をはじめとする首脳陣が、社内での保身を優先したものということができる。積極的に組織を引っ張っていく体制ではないからだ。

日産のプリンスといわれた石原俊が社長になるのは一九七七年五月で、川又は会長職を続投、岩越は副会長に就任している。石原は組合に対して距離を置く態度であったが、豪腕で知られる石原にトヨタとの差を縮める采配を期待する声に、さすがの塩路も抵抗するわけにはいかなかったのであろう。しかし、石原は号令をかけて、新しい路線を打ち出したものの、川又・岩越時代から引き継いだ重役陣の人事に手を付けなかった。川又が人事権を手放さず、塩路の率いる組合も同様であったといったほうが正解かもしれない。

車両開発のトップは、依然として高橋宏であり、日産の社風や車両開発の方向が変化することはなかった。ただし、行動的な石原は、次々と新しい方針を打ち出したから、それを実行する部隊は、それにしたがってさまざまな活動をすることになった。しかし、それが日産の将来に向けて実りがあったかとなると疑問だった。

石原が就任した当時の一九七七年は国内の車両販売シェア二五パーセントであったが、三〇パーセント奪還をスローガンとした。しかし、その後は上昇するどころか、下降を止めることができない状況が続いた。ちなみに七七年のトヨタのシェアは三一パーセントであり、一九八〇年代になるとさらに上昇するようになる。

一九七〇年代に登場したニッサン車の機構は、原禎一の時代の技術成果をもとに手直しする程度のものが多かった。評判の良かったブルーバード510型の後継モデルであるブルーバードUは「道具から家具へ」というコンセプトが立てられた。機構的な新しさは求めずに見栄えを優先する方向が打ち出されたのは、それまでの車両開発が合理的なヨーロッパ車の方向をめざしたことに対する反動でもあった。販売店からの「トヨタ車のように豪華で見栄えの良いクルマにしてほしい」という要望に添おうとした結果だった。

ブルーバードは販売台数で常に日産のトップであることが求められるクルマであるからか、同じ日産のなかで販売が好調に推移するプリンス系スカイラインがライバル視された。その挙げ句に、販売の好調なスカイラインの上級車種と同じ直列6気筒のGT仕様に仕立て上げたロングノーズのブルーバード2000GTを登場させた。直列4気筒エンジン車であるブルーバードをムリして大きくしたもので、こんな乱暴なクルマのつくり方が成功するはずはない。明らかな迷走であった。

日産との合併前に企画が立てられて一九六八年に発売された三代目スカイラインは、走行性能を優先させた高性能車として人気があったが、これをモデルチェンジした四代目スカイラインは、優雅さが前面に出るように方向転換が図られたのは、販売増を狙ってのことだった。一九七二年のオイルショック前の景気の良い時代に発売されたために、高級感のあるスカイラインは、それまでの愛好者とは異なるユーザーに受けて販売を伸ばした。「愛のスカイライン」という宣伝も効いた。これをライバルとして意識し、ブルーバードは独自性を失ったのである。

一九七〇年代のニッサン車のスタイルはセダンからファストバックのクルマに変貌した。サニーも、ブルーバードも同じようなイメージのクルマになった。どうやら川又の気に入る方向のスタイルにしたからのようだ。ユーザーが好むものより、デザイン審査会で川又が良いというものにするのが狙いになったという。デザイン部の実力は、明らかにトヨタに劣るようになったのは、デザインの良さを巡って切磋琢磨するより、上司に気を遣う人がえらくなったからのようだ。首脳陣も、デザイン部をトヨタに優る実力を持つ組織にしようとする動きを示すこともなかった。

トヨタは主査制度の充実をめざしてクルマの方向性を明確に打ち出す体制になっていたが、日産は設計部門主導で各種のシステムが開発されて、それを商品企画室の主管(トヨタの主査に当たる)に提案するようになっていた。それらをまとめることで車両開発を進めることができたから、日産の主管は、必ずしも技術に詳しくなくともつとまる体制であった。システム設計する部門のほうが優遇される傾向があったようだ。

排気対策のために、エンジン技術者の多くが動員されたのはトヨタと同様である。日産の場合、エンジン開発技術者は機械工学関係の学部を出た人たちで固められていたが、プリンスでは物理や化学、電気や冶金などの知識を持った人たちがいたので都合が良かった。基礎研究の中心は神奈川県の追浜にある中央研究所であり、実際のエンジン開発は同じく鶴見にある機関設計部であった。派閥的な対立などもあったようで、必ずしも両者の連携がスムーズでないところがあった。

排気対策ではトヨタと同様に、さまざまなアプローチを試みたが、日産は他のメーカーと提携はせずに、独自技術で開発する姿勢を貫いた。ロータリーエンジンやホンダのCVCCと同じ狙いのNVCCエンジンでも、マツダやホンダの特許に抵触しないように配慮しながらの開発であった。技術者たちのプライドがあったからかもしれないが、トヨタのように全体的な活動を見渡して采配をふるう首脳がいなかったせいでもある。五十年規制のメドが立ってロータリーエンジンとNVCCエンジンの生産設備を完成させる寸前まで進んだところで、オイルショックが起こった。これらの対策では市場に受け入れられないとして急遽中止されて、この投資は無駄になった。

日産では、早くからフォードとモービル石油が提唱して設立された排気対策を国際的なレベルで解決を図ろうとしてつくられた組織であるIIECに加盟していた。ゼネラルモーターズは単独で排気規制に立ち向かうことができる技術力があるが、その他のメーカーは協力し合わなくては難局を乗り切ることができないと判断し、情報を共有していくことに当たるために設立されたインターナショナルな組織で、どのメーカーも分担金を支払うことで加盟できた。トヨタは分担金が高いので参加をためらっていたが、日産、東洋工業、三菱は最初から加盟していた(トヨタも三年後に加盟している)。

ここでは、触媒を用いた対策がもっとも可能性があるという方向性が打ち出され、日産でも大衆車クラスは酸化触媒を使用し、排気をエンジンの燃焼室に還流させるEGRの採用(これにより窒素酸化物の発生量を抑制することが可能になる)で規制をクリアすることができた。

さらに、上級車種では、三元触媒を使用して乗り切っている。三元触媒は一酸化炭素と炭化水素の酸化、窒素酸化物の還元を同時にできる触媒で、このシステムが排気対策の本命になるものだった。ただし、空気と燃料の比率を正確に制御することが条件であったから技術開発は簡単ではなかった。トヨタと同様に、日産でも苦闘しながらなんとか規制をクリアしたのである。その過程で、日産はサニー用のA型エンジン、そのほかは直列4気筒と直列6気筒のL型系統エンジンだけの生産に絞った。効率が良いといえばいえるものの、高性能エンジンが姿を消してしまった。

ホンダのニューモデル・シビックの登場

ホンダが自動車メーカーとして本格的な歩みを始めたのは一九七二年に発売したシビックからである。この成功によって後発メーカーでありながら確固たる地歩を築く。

シビックが成功した要因のひとつは、日産とトヨタのクルマづくりとは異なるイメージのクルマになっていたからだ。オートバイで築いたブランド性、F1レースでの活躍、ホンダスポーツというマニアに受けるクルマの市販など、ホンダが培ってきたイメージの良さに支えられていた。ホンダから出たことでシビックは注目されるクルマになったところがある。

しかしながら、シビックにたどり着くまでのホンダの車両開発は、スムーズな歩みをしたとはいえない。転換点となったのは、空冷エンジンに対してのこだわりを捨てたことである。藤澤武夫副社長が、社長としての本田宗一郎に「技術者としてではなく社長としての決断」を迫り、空冷エンジンの開発続行を止めさせたのである。

N360の後継モデルのホンダ・ライフは水冷エンジンを搭載した軽自動車であり、アメリカの排気規制をクリアしたCVCCエンジンも水冷エンジンによる開発だった。

このころになると、藤澤は、宗一郎が社長をしていてはホンダがこれ以上発展するのは無理だと判断するようになっていた。

クルマに対するこだわりは、その人がクルマに興味を持ち好きになった最初の頃のイメージに拘束されたものになりがちだ。一九二〇年代から三〇年代にかけて接した修業時代や修理屋時代のアメリカ車に対するこだわりが宗一郎にあった。この時代のゆったりとした乗り心地や安定した走行フィーリングがクルマの理想を具現化していると思っていたから、若手技術者たちが提案する新世代のクルマの良さは、宗一郎には理解できなかったようだ。宗一郎の限界というより、時代に拘束された人間そのものの限界でもあるといえるだろう。

宗一郎の流儀で、やりたいようにやるとコストが嵩んでしまうことが多くなってきた。それがホンダの流儀では、早晩、企業として行き詰まると藤澤が感じるようになっていたのだ。

二代目社長になる河島喜好が、自動車技術会による自動車技術の歴史に関する調査報告書にあるインタビューのなかで、藤澤副社長に呼ばれたときのこととして、宗一郎に対しての感想を藤澤が語った内容を披露している。

俺は技術のことはわからん、本田宗一郎を信じて、これはいいって言われれば、技術的に優れているんだと思い、世界にないんだ、日本初だと、言われりゃそうかと思って一生懸命売ろうとした。だけどなかなかうまくいかない。こういろいろと経験を積んでくると、どうも本田さんのやっていることを全てそのままやっていけばいい、と言うことではないみたいな気がする。

社内でも、宗一郎が「あと三年社長を続けていたらホンダはつぶれていたかも知れない」という声があった。

ホンダの一九七〇年代は、N360の欠陥車問題とホンダ1300の販売不振のなかで迎えたが、ホンダは一九六〇年代終わりに発売したナナハン(CB750)をはじめとするオートバイの販売が好調であった。四輪生産を受け持つ鈴鹿製作所のラインはフル稼働からは遠いものであり、新しく開発するクルマが成功しなければ、四輪メーカーになる夢は断たれる可能性があった。

このシビックとなるクルマの開発は、宗一郎抜きで始められたが、スタート時点では、開発の方向は必ずしも明瞭でなかった。

ホンダ1300の誤りをくり返さないためにどうするか。「軽の卒業者の吸収」が与えられた開発テーマを要約したものであった。企画を固める段階でのチーフは久米是志であった。

まずはホンダの行き方である「わいわいがやがや」にのっとってみんなで知恵を出そうと「共創チーム」がつくられた。各分野の専門家からなる開発陣により、開発目的の検討から始めた。話し合いは上下関係や各部署の関係などにこだわらず、いいたいことを言うなかから方向を見つけていくことにした。コンパクトなサイズにしてコストを安くするなどの具体的な制約を課していくことで、自分たちが乗ることのできるクルマにするという共通の認識がつくられた。

欲しいクルマとは何か、それを議論することで方向性が見出された。実際に走る場合にエンジンを高性能にしても、そのための技術的な苦労に比較すると、それを効果的に発揮できる走行領域は多くない。エンジンを実用的にしたほうが、逆に望ましいクルマになるという意見が出た。それを採用することは、高性能を売りにしているホンダのクルマのあり方からの転換であった。追いつめられたなかでの開発になったから、久米は、従来のように宗一郎の主導でつくられるクルマから脱却することが望ましいと考え、やがてそれが開発陣の共通した意識になっていく。

開発の方向性が出たところで、開発は木沢博司に引き継がれる。本田技術研究所では、各開発項目のリーダーはPL(プロジェクト・リーダー)と呼ばれ、車両やエンジンなど大掛かりな開発のリーダーはLPL(ラージ・プロジェクト・リーダー)と呼ばれていた。その下に各部の開発をリードするPLが何人かついた体制になる。

シビックのLPLになった木沢は、それ以前の二年ほどイギリスに滞在してヨーロッパのクルマ事情について調査しており、各メーカーから出されるモデルに接する機会があった。

一九六〇年代のヨーロッパでは、フロントエンジン・フロントドライブ(FF)車が登場して、それが受け入れられた時代であった。エンジンを横置きにして登場したオースチン・ミニに刺激を受けたイタリアのフィアット社では、FF車の定番となる方式のフィアット128を発売していた。横置きにしたエンジンにトランスミッションからデフまでを一列に配置した合理的なレイアウトになっていた。パワーユニットがひとつにまとめられるので同じ車両サイズであれば、機械部分のスペースを小さく抑えられ、そのぶん室内空間を広くすることができる。アメリカ車は室内を広くするには車両サイズを大きくすれば済むという考えだったが、合理性を重視するヨーロッパでは経済性追求が技術者たちの重要な課題として取り組まれ、合理的なFF車が誕生した。ユーザーの支持を得て、大衆車部門では主流になる傾向を示した。

そうしたヨーロッパ車の傾向を肌で感じて帰国した木沢がLPLとして取り組むことになったのは、新鮮で個性的なクルマをつくることが要請されたからである。日本で成功するには、トヨタや日産にないクルマにすることが重要であることに変わりはない。

開発のスタートでは二組の異なるチームがつくられた。木沢を中心とするチームは三十歳代の後半の人たち、もうひとつのチームは三十歳代の初めの若い人たちであった。

ホンダの業販店にも置けるように車両が占有する面積が五メートル平米に収まることが条件になっていた。したがって、限られたサイズのなかで室内空間を広くすると同時に、大衆車であるからには燃費の良いクルマにするために軽量化も重要な条件になっていた。異なる二つのチームで企画されたクルマは、機構的にあまり違いがないものであることが分かり、ひとつに収斂するのに時間がかからなかった。

エンジンは最初からＦＦ車に搭載することを前提にして新しく開発され、実用性を重視しながら走行性能も良くする、それが新しいホンダ車の特徴でもあった。サスペンションは前後ともストラット方式という四輪独立懸架方式を採用した。

コーナーで安定してまわれるようにトレッドを大きくした仕様になり、全幅が大きい割に全長が短いクルマになっている。これはトヨタや日産の大衆車にはない特徴である。それを実現するためにトランクスペースがなくなり、軽自動車のホンダ・ライフを大きくしたスタイルの、いわゆるツーボックスタイプ（正確にはハッチバックスタイル）になった。スリーボックススタイル車が主流の日本では個性的なスタイルとなった。

これを見た宗一郎は「軽自動車と同じじゃないか。これでいいというのは俺には分からねぇ」というしかなかった。ヨーロッパ車の持つ合理性を前面に出したシビックをデビューさせるための大きな難関は、社長である宗一郎からのゴーサインをもらうことだった。細部にわたって口を挟まれないように宗一郎に内密に開発が進められてきたものの、最終的にはよく説明して納得してもらわなくてはならなかった。

結果的には、宗一郎が折れたかたちになった。スタイルや足まわり機構など、宗一郎の考えるクルマのあり方とは違うイメージのクルマであったが、時代が変わり、それが受け入れられる世の中になったのであれば、それはそれとして認めなくてはならなかったのであろう。木沢が宗一郎に分ってもらおうと懸命に開発の趣旨を説明した。最初のうちは理解を示さなかった宗一郎も、信頼している河島喜好がシビック開発陣の主張を支持したことで反対しなくなった。宗一郎のことを良く知り、どのタイミングでどのように説得すれば納得するか、河島が心得ていたからであろう。

シビックの登場は、ホンダがトヨタや日産とは違う個性的なクルマを出すメーカーであることを実用車のレベルで示した。同時に、そのことでホンダがポスト宗一郎の時代に入ったことを示すことになり、自動車メーカーとして見た場合、独自性よりも市場に受け入れられることを優先する方向に舵を切る一歩を印したことになる。ただし、こうした合理的なクルマづくりは、まだ日本では新しかった。

それが、シビック成功の大きな要因であったが、このときにはホンダは他のメーカーと違うというイメージが浸透しており、ホンダらしいクルマであると受け止められた。スバル１０００や日産チェリーなどＦＦ車として先行したクルマがあったが、シビックが出たときの受け止められ方は明らかに違っていた。スバル１０００はシビックの持っている合理性や経済性に欠け、チェリーはＦＦ車のメリットを最大限に生かしたクルマになっていなかったとはいうものの、ＦＦ車であることをユーザーにアピールすることにホンダほど熱心でなかったともいえるだろう。

シビックは、コストダウンを図るために軽量化を徹底していた。そのために、ボディ剛性に欠ける部分があり、安っぽく思えるところがあった。そこをなくすと、それまでの日本車に近づいてしまう。ヨーロッパの大衆車は、安っぽくつくっても支持されていたのを木沢が知っていたからであろう。それが日本でも同様に支持されるとは限らないはずだが、そこはホンダである。日本だけではなく世界に通用するものにすることが第一であった。トヨタや日産が厳しい日本の排気規制をクリアするために膨大な経費をかけて取り組んでいる最中に、ホンダはシビックのための生産設備の増強を図り、海外での販売に力を入れることができた。

一九七三年秋に起ったオイルショックも、シビックに味方した。軽量化を図り、実用的な性能を重視したエンジンは燃費が良くなっていた。それだけではない。石油価格が高騰したことを受けて、原材料をはじめ購入する部品などの仕入れ価格が高くなり、トヨタや日産では車両価格を引き上げたが、ホンダのシビックは旧来の価格を維持して販売した。これによって、シビックの販売は大幅に伸びた。

宗一郎と藤澤の引退によるホンダの社長交代

ホンダの創立二五周年記念の節目である一九七三年十月、本田宗一郎社長と藤澤武夫副社長が一緒に退陣した。宗一郎が六五歳、藤澤が六一歳であり、他のメーカーならまだまだ現役でいておかしくない年齢であった。

この退任劇は藤澤によって周到に準備されたものであった。

最初の布石は一九七〇年四月に河島喜好、川島喜八郎、西田通弘、白井孝夫が揃って専務になったことだ。この四人による集団指導制でホンダをリードしていく方針が打ち出され、宗一郎と藤澤が経営の第一線から一歩退くかたちをとったのである。四人による方針が出されれば、それがホンダの意思決定になった。このころのホンダは、企業としては、もはや規模の小さい組織ではなくなり、集団指導制という新しい経営のあり方も、違和感なく受け入れられる土壌ができていた。

翌一九七一年四月に宗一郎は本田技術研究所の社長を辞任する。本体の本田技研の社長であるにしても「おらんち」といっていた研究所の社長を降りることは、宗一郎にとっては利き腕の半分以上をもぎ取られるような感じであったろう。しかし、若い人たちが育ってきているから、後進に道を譲るときが来たという説得に素直にしたがったのだった。これ以降、宗一郎は研究所には時どきしか顔を出さなくなる。ちょうどシビックの開発が本格的なスタートを切ったときだった。

一九七二年四月に、ホンダの企業体質を見直し全社的な規模で改革運動を実施するためのNHP(ニュー・ホンダ・プラン)という運動がスタートする。それまでのホンダの良くないところを洗い出し、将来に向けて新しい体制をつくり上げることが目的だった。藤澤が、四人による集団指導性による経営を実践させたものということができる。

河島たちのリードで、各部署ごとに話し合いが活発化し、いくつかのプロジェクトが動くようになった。いつの間にかトップダウンで動くようになっていたものを、各部署の横の連携を密にして、組織力を強め、若手リーダーの育成が図られた。

このときの活動で、河島は企業の能力をフルに発揮するには、企業としての総合的なポテンシャルでバランスが取れていることの重要性を認識し、その後の経営に生かしている。突出する部門や技術があっても、ポテンシャルの低い部分があると、全体としては、その低い部分に足を引っ張られることになりがちだからだ。

ホンダがホンダらしさを失わないようにするにはどうしたら良いか、それが藤澤から受け継ぐホンダの経営者としての最重要課題であった。宗一郎も藤澤もいない状況を想定して、新しい活動の推進力を持つためのシステムづくりが進行した。

ふたりが辞任に至るプロセスが『語り継ぎたいこと・チャレンジの50年』という創立五十年記念に発行された社史に記されている。それを引用してみよう。


一九七三年三月、藤澤は「おれは今期限りで辞めるよ。本田社長に、そう伝えてくれ」と西田に命じた。

本田はちょうど中国へ海外出張中だった。

藤澤のこうした意向は、正式に本田と相談したものではなかった。西田は、羽田空港で本田の帰国を待ち、その場で藤澤の意向を伝えた。本田にとっては予期しないことだったが、しばらく考えてから本田も「おれは藤澤武夫あっての社長だ。副社長がやめるなら、おれも一緒。やめるよ」と西田に告げたのだった。

西田からの報告を受けた藤澤は、長い付き合いのなかで初めての大きな誤りをした、と感じた。本田に、ゆっくりと考えてもらう時間が必要だろうと考えてのことだったが、やはり最初に、なぜ、本田に直接、自分の職を辞したいという意向があることを相談しなかったのかと……。


しかし、宗一郎が、自分の口から「辞める」と最初にいったことは重要である。宗一郎は、藤澤の手のなかで踊らされていることは先刻承知であったろうし、それで「良し」としていたと思われる。お互いを認め合っていたから、二十年以上にわたってコンビが組めたのであり、ともにホンダを大きくした立て役者であった。藤澤が辞めるというのは自分にも辞めるようにというメッセージであることは充分に伝わったはずだ。ふたり揃っていなければ意味がないということも宗一郎は知っていたから、このときに自分の口から自然に出たのであろう。

河島喜好は「おい、おれたち、辞めることになったんだからな。次の社長頼む」と宗一郎からいわれたという。

「退陣のごあいさつ」という文書が創立二五周年を迎えたときに、宗一郎から社員に向けて伝えられた。そのなかで、藤澤とのコンビについて語っている部分を引用してみよう。

副社長は売ることを中心に、金や組織など内部のこと、私は技術のこと、作るほうのことと対外的な面、と分担を分け合ってきた。二人とも半端な人間で、併せてはじめて一人前の経営者だったのだから、しりぞくときもいっしょにというのが、自然な、二人の一致した考えになった。

半端な者同士でも、お互いに認め合い、補い合って仲良くやってゆけば、仕事はやっていけるものだ。世の中に完全な人間などいるものではない。自分の足りないもの、できないところを、まわりの人に援けてもらうと同時に、自分の得意なところは惜しみなく使ってもらうのが、共同組織のよい点で大切なところだと思う。

思えば、随分苦労も失敗もあった。勝手なことを言ってみんなを困らせたことも多かったと思う。しかし、大事なのは、新しい大きな仕事の成功のカゲには研究と努力の過程に99パーセントの失敗が積み重ねられていることだ。これがわかってくれたからこそ、みんな、がんばりあってここまで来てくれたのだと思う。ホンダとともに生きてきた25年は、私にとって最も充実し、生きがいを肌で感じた毎日だった。みんなよくやってくれた。ありがとう。ほんとうにありがとう。

これからも大きな夢を持ち、若い力を存分に発揮し、協力し合い今より以上に明るく、そして働きがいのある会社、さらに世界的に評価され、社会に酬いることができる会社に育てあげてほしい。明日のすばらしいホンダをつくるのは君たちだ。私たち二人も、会社をやめてしまうわけではない。いろいろな面で教えてもらいたい。お役に立ちたいと思う。今後ともよろしく。

河島喜好が社長、川島喜八郎が副社長になり、残りのふたりが専務という新体制で運営されることになった。

河島喜好が社長に就任したのは四五歳のときであった。そのことが、他の企業では見られない若返りであり、ホンダらしい経営交代であると評価された。みごとに交代劇が演じられ、本田宗一郎の名誉を保つとともに、影響力を引き続き持つことができるかたちになった。研究所の若手のあいだでは、宗一郎に心酔する優秀な技術者たちがいたから、なおさらであった。宗一郎に「よくやった。すばらしい」といわれることが最高の名誉であると思う人たちが活動の中心に躍り出た。

藤澤は会社に顔を出すことはなかったが、宗一郎は時に研究所に顔を出し、活動中の社員に気軽に話しかけ、自分の主張をくり広げることがあった。

藤澤も「オイルショックの際にシビックの価格を据え置いた」ことを賞賛するなど、感想とも意見ともいえる発言をすることがあった。ふたりとも、終生の「最高顧問」であり、河島社長には後ろ盾があり、いろいろと相談することもあったようだ。

河島が社長に就任した直後に中東戦争が勃発し、オイルショックが起こった。日本の企業はパニック状態に近い反応を示すところがあり、見通しがつきづらいなかで物価が高騰し、多くの企業が製品価格の改訂を打ち出した。ホンダは河島新社長の主導で一九七四年一月に「企業の社会的な責任の一端として、この苦境を合理化の追求、輸出の拡大、その他の企業努力を傾注することで、可能な限り値上げを自粛したい」と表明した。ホンダの企業姿勢は若々しい経営者に支えられた爽やかさが感じられた。

河島は、三二歳の若さで取締役になり、オートバイの開発からレース活動で陣頭指揮をとり、経験を積むために狭山製作所所長として生産現場の責任者になり、宗一郎に次いで技術研究所の社長になった。宗一郎の秘蔵っ子であり、宗一郎の後継社長になるのは衆目の一致するところであった。河島の経歴が、その後の社長候補となる人たちの通る道になっている。河島は、早くからリーダーとしての経験を積み、説得力のある話し方、強い口調に見られる意志の強さ、一面的に陥らないものの見方、何度も経験したホンダの逆境で鍛えられたたくましさ、そして生来の向こうっ気の強さがあった。

二輪では世界一であり、四輪では新興メーカーとして追いかける立場にあるという、護りと攻めを同時に進めなくてはならない、むずかしい企業運営を任されたのは大変な重荷であったろう。就任して三か月経ったころには、神経を消耗していることが顔に出ることもあったようだ。しかし、それを乗り越えて、ユーモアを見せ、余裕のある表情で河島らしさを発揮して、難局に臨んだのである。


ホンダの場合は、活動の指針となることを言葉で表現して、それを従業員に伝えて、分かりやすく目標を設定する。宗一郎や藤澤が有言実行した伝統があるからだ。

前記のNHP運動も、それぞれのプロジェクトにネーミングがつけられて具体化された。狭山工場の生産ラインを軽自動車中心からシビックの増産に備えてラインの新設に取り組む活動が開始され、二輪車生産のために熊本に新しい工場の建設計画が具体化した。こうした活動のリーダーに有能な若手たちが起用され、経験を積んだうえで次第に大きなプロジェクトが任されていくようになる。

研究所の開発では、設立当初からの現場主義や収斂主義、一人一件主義、自己申告主義、併行異質自由競争主義など、方法やあり方が言葉として明確に提示され、経営陣との評価会が開催され、商品化が進められる。

河島の決断のなかで重要なものとして、一九七六年のアメリカへの進出計画の実施がある。

発売当初のシビックのアメリカへの輸出は簡単ではなかった。最初はあちこちのディーラーに頼み込んで隅っこにおいてもらったが、次第に燃費が良くてよく走るクルマとして認知されてきた。そして、一九七四年のアメリカでの環境保護庁の燃費テストでシビックは全米で第一位となり、人気を呼んだ。排気規制をクリアしたCVCCエンジン搭載車もあることが有利に働いた。新しく増強された狭山製作所のラインだけでなく、鈴鹿製作所のラインはフル生産しても間に合わなくなった。そこで、増産のために鈴鹿製作所に第二ラインを増設する案が浮上した。このためには大きな投資が必要であった。

河島は、シビックの生産ラインを増設することに消極的だった。小型車部門に進出して成功しつつあるとはいえ、国内生産を増やせば、国内の販売台数を増やす方向に進むことになる。それを維持し続けることは、ホンダの体力では困難ではないかという懸念があった。

限られた資金力のなかでは、アメリカに進出する計画に資金を投入するほうが賢明であると判断したのである。以前に二輪単独でアメリカに進出する計画が検討されたことがある。このときは工場の建設などの資金がかかり、採算をとるのはむずかしいとして保留された。そのときのプランを生かして、二輪を先行して将来的に四輪の生産を考慮した計画を改めて立てることにしたのだ。

河島は、輸出を増やすのは限界があり、いつかは現地に進出しなくてはならない時期が来ると読んでいた。そのときまで待つよりも、トヨタや日産が考えていない今こそ、実行すべきだと思ったのである。

世界市場を相手に成長していく戦略を打ち出したのだ。一九七六年の初めから具体的な検討に入り、オハイオ州にある広大な土地を購入し、将来的に四輪工場建設を視野に入れた活動が開始された。オートバイで世界一になった実績を持つメーカーであるからできた決断でもある。

それと併行して、新しい小型車の開発が進められた。

ホンダが最初からFF車を選択したのは、後にMM思想と定義されることになる、マンマキシム・マシンミニマムという考え方を貫くのに最良の駆動方式であったからだ。機械部分を最小限のスペースに押さえ込んで、室内空間を最大限に確保できるクルマにするものだ。

シビックに次ぐ小型車の開発に関して、さまざまな試みが実行されたが、同じ機構のシビックよりひとまわり大きいサイズのクルマに決まった。開発のためにアメリカでフォードのCVCCエンジン移植を担当していた木沢博司が呼び戻されて、再びLPLとなる。

合理性を重視する木沢は、シビックでできなかったことを上級車種であるアコードで実現をめざした。それとともに、シビックで使用した部品をできるだけ流用してコスト削減を図り、生産設備への投資も抑制するように配慮している。ホンダという企業の身の丈にあったニューモデルをつくるという合理的な精神に貫かれた開発であった

性能の目標は、時速130キロで走行したときに騒音が気にならない程度に抑えることだった。国際商品として成立することを意識し、エンジン排気量は1600ccと決められた。シビック用の1500ccエンジンをベースにしたので超ロングストロークとなった。コスト削減を優先しながら性能を確保するという挑戦であった。いっぽうで、ラジアルタイヤの採用、ハンドルの重さを軽減するパワーステアリングの採用など、コストをかける価値のあるところはためらいを見せないというメリハリのある取り組みであった。

一九七六年五月に発売されたハッチバックスタイルのホンダ・アコードは、トヨタや日産ではできないクルマであると評価され、洒落ていて使い勝手の良いクルマになった。アメリカでは窮屈な感じのあったシビックよりも、適正なサイズのクルマとして小型乗用車のスタンダードとなるクルマであった。その後に追加されたアコードのセダンは、アメリカの乗用車販売で常に上位にランクされるクルマとなった。

このときからホンダでは、販売（S・セールス）、生産（E・エンジニアリング）、開発（D・デベロップメント）がそ

れぞれの立場で発言して開発に関与するというSEDシステムの採用を始めている。システムとして意識的に導入したのは河島社長の強い意向であった。その背景には「宗一郎という天才に代わり、百人の凡人が同じような仕事をするにはどうすれば良いかをみんなで考えてほしい」というホンダの新時代への対応に関する模索があった。三つの部門の人たちで編成される合同プロジェクトチームが結成され、それぞれの立場からの意向を車両開発に反映させるようにしたのである。

河島社長は、当時のことを回想して「おれは、それまでホンダがやっていたことを整理してシステム化したにすぎない」と語っている。ホンダらしさを保つためにどうするか、それを具体的な方法や方向付ける言葉にしてイメージや問題意識を共有する努力が続けられた。

ホンダは、シビックに次ぐアコードの成功で、自動車メーカーとしての地位を安定させた。生産体制の増強、そして懸案だった販売体制の確立も着々と進めていった。

シェアを伸ばした三菱の活動

一九七〇年代になると、トヨタと日産が保守的な傾向を強めたから、日本でもニッチ市場が大きくなった。それを巧みについて基盤を築いたホンダがシェアを伸ばし、三菱も同様に攻めの経営方針で臨んで、一定の成果を上げた。

ホンダのシビックとアコードはヨーロッパ車の主流になるFF方式のクルマであり、遅かれ早かれ日本のメーカーは同じFF方式を採用したクルマを出すことになるから、ホンダの独自性は脅かされる運命にあった。その一番手が三菱で、FF大衆車としてデビューしたミラージュがシビックに対抗するクルマとして評価を高めた。

三菱自動車では、一九七三年五月に久保富夫が社長に就任、エースの登場であった。新生の三菱自動車の飛躍を図ることが期待された。

久保は、自動車事業全般のなかで車両開発が重要であるという認識を持ち、引き続いて積極的に方向性を示していった。車両開発の細部に至るまで指示を出し、トヨタや日産を追いかけて乗用車のフルラインの構築をめざす方向に進んだ。圧倒的な強さで立ちはだかるトヨタと日産に真っ向から勝負するなかで、独自性を出そうとする方針だった。ただし、工場の設備や販売体制まで考慮すれば、トヨタや日産に追いつくのは簡単でなかったから、急いでことを運ぼうとしなかった。

一九七三年一月にデビューした三菱ランサーは、カローラやサニーと競合する大衆車で、豊富なバリエーションにして量販を狙ったものであった。一九六〇年代につくられたコルト800から始まり1100Fまでのファストバック車のモデルチェンジともいえるが、ライバルたちのクルマづくりをじっくりと研究して出したものだった。ギャランの持つ高性能セダンのイメージを受け継ぐランサーGSRは、その後のオイルショックや排気規制のなかでトヨタや日産の高性能車が手薄になったので存在感を強めた。日産がオイルショックでトーンダウンしたかたちで参戦していたサファリラリーなどにも積極的に挑戦し、一九七〇年代の中盤は日産のお株を奪う活躍を見せて、モータースポーツファンに注目された。スポーティさを強調したクーペスタイルのギャランGTOやFTOなども加え独自性をアピールした。

一九七六年にモデルチェンジされた二代目のギャランは、ライバルであるコロナやブルーバードとの差別化を図るために、シボレーがT型フォードを凌駕したときのゼネラルモーターズの戦略を参考にした。性能やサイズなどでグレードアップを図りながら、車両価格をあまり高めない手法だった。

ライバルに勝つ方法としてスタイルのあり方を重視した。コロナやブルーバードは、中間車種として厳密なクラス分けのなかで、排気量だけでなく車両サイズが抑えられていた。ラインアップのなかの位置づけを逸脱すると他のクラスのクルマとの差別化があいまいになりかねず、売れ行きに影響を与えるからだ。そこで、全幅が1600ミリとなっているライバル車に対して、ギャランはそれより50ミリ大きくし、それをデザインに生かしたのである。室内空間の広さはライバルたちと同じであるが、寸法を伸ばしたぶんだけボディの両サイドに丸みを持たせたデザインにすることで、ボリューム感が出て、大きく立派に見えるようにした。どのメーカーも、モデルチェンジごとに高級感を出すことに熱心になっていた時代であり、三菱は、それを強く意識したクルマづくりで成功した。セダンがギャラン・シグマ、ハードトップがギャラン・ラムダという名称になった。久保の意向でデザイン部門が強化され、彼らのやる気を起こさせることで成果を出したのである。

ヒットした商用車をベースにしたワンボックス・スタイルのワゴンである三菱デリカも、一九七九年のモデルチェンジの際に大きく変身している。トヨタはワンボックスカーがライトエースからタウンエース、さらにハイエースとあるのに対して三菱はコンパクトなデリカしかなかった。そこで、全幅を一気に100ミリ以上広げて1700ミリにし、乗用車の範疇に入るワゴンをシリーズの中心にして、ボディも四角くして室内空間の増大を図った。これが一九八〇年代になってからのレクリエーショナル・ビークル（RV）のブームとなって効果を発揮し、輸出も含めて三菱車の販売増に寄与した。サイズ拡大の具体的な数値まで、久保社長が指示を出したのだ。

三菱が飛躍するきっかけとなったのは一九七八年三月に発売されたミラージュの成功である。FRのランサーのエンジンをはじめとするコンポーネントを流用しながら、エンジン横置きのFF車としたニューモデルである。ヨーロッパ車に見られる洗練されたハッチバックスタイルで斬新さがあった。このクルマの主たるライバルであるシビックを上まわる売れ行きを示した。一九七九年九月にモデルチェンジした二代目シビックは機構的に改良されたものの、キープコンセプトでスタイルなどで新鮮さに乏しく、FF車エースの座をミラージュから奪還できなかった。

三菱は広く世界のクルマの傾向がどうなっているか、しっかりと目配りしていた。排気対策に勢力を費やしていたトヨタが、同じころに発売した最初のFF車であるターセル・コルサはエンジンからボディ・シャシーまで新規に開発したものの、商品性として見た場合、ミラージュのほうがはるかに優れたクルマになっていた。

これを機に、三菱は販売網の構築が軌道に乗り、全国的に整備されていく。ギャラン店系列とは別にミラージュ専売のプラザ店系列を新設し、ギャランの姉妹車のエテルナ・シグマおよびラムダも売られた。このときに顧客に販売店に足を運んでもらうカウンターセールス方式を打ち出すなど、販売でもトヨタや日産との違いを出そうとした。

排気規制に関しても、三菱の場合は三菱グループ全体の応援を得ての対策となった。ガソリンエンジンの基礎的な研究を緻密に実行した成果を生かして取り組んだので、比較的効率の良い活動で規制をクリアした。

ただし、クライスラーとの提携は三菱にとって好ましいものではなくなってきた。オイルショックのあとで燃費の良い日本車が販売を伸ばしており、クライスラーに独占権を与えたゆえに、三菱ブランドをアメリカで定着する良い機会を失うことになった。三菱が契約の変更のための交渉を実施し、独自にアメリカに輸出できるようになるのは、一九八一年九月になってからであった。

経営危機に直面するマツダ

オイルショックでつまづいたのがマツダの東洋工業である。

一九六〇年代の終わりから一九七〇年代の初めにかけて、自動車レースの世界ではスカイラインGTRが、その高性能振りを発揮して無敵の勢いであったが、レースで培ったスカイライン神話を脅かす存在として台頭してきたのがロータリーエンジン車だった。2リッターの直列6気筒という重いエンジンを搭載する高性能なGTRは、ポテンシャルでは軽量コンパクトなロータリーエンジン車より不利であり、マツダがレースのノウハウを獲得すれば勝負は明らかであった。互角の勝負をし、ようやくロータリーエンジン車が優るようになったときにオイルショックが起こり、日産はレースから撤退した。

一九七〇年代に入ってから、それまで以上にロータリーエンジン車が主力になる様相を見せたマツダは、軽自動車部門にもロータリーエンジン車を出す計画を立てた。基本的には2サイクルと同様であるから排気量を軽の規格にすれば認められると考えていたようだが、他のメーカーが反対したせいか、車両認可を得ることができなかった。それを不服として松田耕平社長は、軽自動車からの撤退を決めてしまった。それだけロータリーエンジンに入れ込んでいたのである。オイルショックが起こった当初も、路線に変更はなかった。

しかし、一九七四年四月にアメリカの環境保護庁が「ロータリーエンジン車の燃費が最も悪い」というデータを公表すると、とたんにロータリーエンジン車は敬遠されるようになった。潮が引いていく感じであった。中古車の価格も下落した。トヨタや日産、さらにはゼネラルモーターズもロータリーエンジンを生産する計画をすべてキャンセルした。一挙に、マツダは孤立無援となったのだ。

マツダの経営状態は急激に悪化した。工場もフル生産から一転して遊んでいるラインができた。従業員は急遽販売店に派遣されるなどスリム化が実行され、赤字をカバーするために東京や大阪の支社ビルが売却された。メインバンクである住友銀行から立て直しのために役員が派遣された。日産にマツダを引き取るように彼らが働きかけたが、日産に断られて独自に再建に取り組むことになった。

マツダが経営危機に陥ったのは、直接的にはオイルショックによるダメージを大きく受けたことが原因であるが、その前に松田恒次社長を失ったことも影響していた。

経営トップは、環境が変化するときには果敢にトップダウンで方向を指し示すことが大切であるが、当然のことながら新しい分野への進出によるリスクをいかに少なくするかが大切になる。状況の進み具合を見ながら軌道修正を図るなり、新しい路線を打ち出すなりしていく必要がある。

跡を継いだ耕平社長は、新型車発表会でマツダ車のスタイルに対する悪評に接したりすると、あからさまに不快感を表すことがあるなど、喜怒哀楽が表に出やすいタイプであった。社内でも気に入らないときなど、それを隠してさりげなくやり過ごすことができない場面がしばしば見られたという。軽自動車からの撤退にしても、損得勘定よりも、ロータリーエンジン搭載が認められないことに腹を立てての決断であったようだ。しかしながら、恒次社長時代からトップダウンによる経営が強く打ち出される伝統があり、オーナー一族による社長継承であったから、新社長をいさめたり、意見をいうような風潮がなくなっていた。「長いものには巻かれろ」というムードが従業員のなかで支配的になっていたようだ。

マツダは倒産の危機に見舞われるほどのダメージを受けて、経営の伝統を一気に失うことになる。オーナー企業ではなくなり、その実権は、再建をリードする立場となったメインバンクである住友銀行に握られる。マツダの顔として引き続き松田耕平が社長の地位にあったが、その活動も野球の広島カープのオーナーとしての仕事が中心になっていた。

そんななかで、マツダの将来を考えて、マツダで思い切り自分たちの技術を生かしてクルマをつくりたいと思って入社したクルマ好きな人たちが、マツダに入ってきた技術者たちが経験と実績を積み重ねてきて、ユーザーに支持されるクルマづくりをしようと活動を活発化した。一九六〇年代早々にマツダに入ってきた技術者たちが経験と実績を積み重ねてきて、社内での発言権を持てるようになっていた。彼らの主張が取り上げられたのは、マツダ内に危機意識が充満していたからであろう。

市場に受け入れられるクルマをつくることが企業の再生にとって、もっとも重要なことである。トヨタや日産と同じように高級車から大衆車までつくろうとしたことに対する反省があり、レシプロエンジンを搭載するクルマが主力となり、ニッチ路線をとることになった。

技術者たちの打ち出した「走りを重視するクルマづくり」の方向を商品企画部門や販売部門が支持して、ひとつの勢力になっていった。車両開発する技術者たちが市場調査をしたうえで車両の企画を立て、徹底的に走り込むことでマツダらしいクルマに仕上げていく作戦であった。この時代は、トヨタも日産も保守的なクルマづくりになっていることから「走り感を中心にしたクルマ」をマツダの特徴として打ち出した。

レシプロエンジン搭載の走りの性能を磨いたセダンを登場させ、それらはヨーロッパで受け入れられるクルマになっていった。その路線であるスポーツカーのマツダＲＸ‐７にロータリーエンジンを搭載する企画も、住友銀行からきた首脳陣に認められて開発できることになった。

排気規制を乗り切るために採用されたサーマルリアクター装置も、順次、触媒装着に変えていった。排気を再燃焼させることで有害物質を減少させるサーマルリアクター装置は、未燃焼ガスに空気を送り込んで排気管のなかでもう一度燃焼させるものだから、燃料の無駄遣いであるとともに、燃焼による排気管の温度上昇という危険をともなっていた。規制を乗り切るには、触媒による化学反応で有害な排気物質を減少させるようにしなくては通用しなくなっており、これをロータリーエンジン搭載車に採用することで燃費の改善にも寄与し、RX-7も市場に受け入れられた。

一九七七年に社長が松田耕平から山崎芳樹に交代する。マツダの再建がなったからであるが、この交代により、マツダはオーナー企業から集団指導制をとる企業になった。大きな組織的な転換であった。

依然として住友銀行から来た首脳陣が実権を持つ状態が続いたものの、社長の権限も回復してきた。生産技術者であった山崎は、周囲の意見を良く聞き、独断専行するタイプでないことから選ばれたもののようだ。銀行マンが牛耳るようになると積極的な姿勢をとることがないのは当然で、その影響が依然として大きいから、マツダは経営者が率先して方向性を示す組織になっていない状態が続いた。

それでも、一九八〇年にはモデルチェンジされたファミリアがFF方式になり、シビックからミラージュに引き継がれたFF車のエースの座を獲得することができた。これで、マツダは復活を果たすことができたのだった。トヨタや日産と違って、マツダの規模なら、ひとつの車種でも大ヒットすると効果は大きいのだ。

軽自動車メーカー・スズキの躍進

アルトという革新的な軽自動車を世に問うたスズキは、一気に注目されるメーカーとなった。

一九七〇年代は、オイルショックと排気規制で右往左往したために、日本で自動車が生活のなかに定着した時代という認識が薄くなったが、一九六〇年代に普及し、その延長線上で自動車を持つことが当たり前になった時代である。

都会では、いろいろな交通機関があるからクルマがなくとも生活することができるが、地域によっては路線バスが廃止されるなどしてクルマが生活にとって必需品となった。

一九七九年に登場したスズキ・アルトは、そんな時代の要請に応えた画期的なクルマであった。軽自動車が今日まで存在するもとをつくった。乗用車ではなく商用車のカテゴリーにすることで価格を安く設定し、乗用車と同じに使用できるようにしたのである。

商用車にかかる税金が安くなることから、アルトは軽乗用車の半分近くの価格に抑えて経済性を重視するクルマにして人気を呼んだ。他のメーカーもスズキに対抗するために同様のクルマをつくらざるを得なかった。

スズキはオーナー企業であり、優秀な人材が社長の娘婿になり、経営者として采配を振るう伝統があった。アルトは、同様に鈴木家に入って社長に就任したばかりの鈴木修が企画したクルマであった。他のメーカーと同じようにつくっていたのでは勝負にならないと知恵を絞った結果であった。ヒットすると確信していたが、周囲は強気な計画に懸念を示していたので、スタート時の生産は二千台規模であった。鈴木修社長は月に五千台は売れると考えていたが、現実で証明してからでも遅くないとじっくりと構えていた。その反響の大きさは鈴木社長の予想を超えるほどで、生産増強しても追いつかなかった。

アルトの登場で、軽自動車は新しい段階に突入した。本当に自動車が必要とする人たちのためのクルマとして、これ以降、軽自動車は小型車とは異なるユーザーのクルマとして独自の路線を歩むようになる。アルトのヒットで、スズキは軽自動車のトップメーカーの地位を確保するとともに、スズキの動向が軽自動車の世界で大きな影響を与えるようになった。

もともとは自動車に関係ない分野の仕事をしていた鈴木修は、経営者としての能力は未知数と思われていたが、スズキの発展をひとりで支えた活躍であった。自動車メーカーのなかで飛び抜けて規模が小さかったゆえに、一九五八年に二八歳で入社した直後から重要な仕事を任されて、経営のノウハウを身につける機会を多く持った。その機会を生かす能力を持ち、やがて全体を俯瞰的に見て、的確なリードをするようになった。新しい工場建設を任されて、設備のあり方と生産効率の重要性を学び、他のメーカーにないクルマを開発し市販することが生き残りのカギであることなどを肝に銘じ、率先して行動したのである。

人材の確保や技術力、さらに資金力などでハンディキャップを抱えているスズキが、自動車メーカーとして徐々に頭角を現して勝ち組になるのは、鈴木社長のリードの賜物であった。他のメーカーが大きく伸びていることなど気にせずにマイペースを保つ活動を続けた。

一九六〇年代に、スズキも小型車に進出したが成功しなかった。それ以来、主力メーカーの後追いをする態度をとらずに、軽自動車だけに徹した活動をした。ホンダや三菱、マツダ、ダイハツなどライバルが多いなかで、対抗上過激な行き方をとるなどして存在感を示めそうとした。他のメーカーとは異なって、なりふり構わずにユーザーの要求に応えようとしたところがある。そんななかで、軽自動車に特化していたことが有利になる状況を見出し、そのチャンスを生かして、軽部門のトップメーカーに躍り出たのである。

技術的に優れているダイハツが、トヨタという後ろ盾がありながら、かろうじてスズキのペースについていくことができただけで、他の軽自動車メーカーは、スズキの前に顔色を失った。スズキのペースで軽自動車界は現在まで進んできている。そのあいだにバブルの崩壊や景気の低迷があって、経済的に優れた軽自動車のシェアは確実に伸びてきたから、ますますスズキは存在感を示したのであった。

これにひきかえ、軽自動車ではトップメーカーとなったことがある富士重工業は、個性的なメーカーとしての活動を展開することができなくなっていた。

スバル360とスバル1000という優れたクルマを出したのに、一九七〇年代は、それを生かした活動にならなかった。モデルチェンジされた軽自動車は、激しくなった競争のなかで埋没していき、FF方式の先駆的なスバル1000がモデルチェンジされて登場したスバル・レオーネは、FF車の良さを生かしたクルマになっていなかった。

その後、スバルの独自性を発揮するのが四輪駆動車であるが、最初から積極的に動いたわけではなかった。

水平対向エンジンを縦置きにしたFF車であることから、四輪駆動車に改造するのが比較的容易であるという有利さがあった。冬の雪国での走行は、ジープのような特殊な四輪駆動車でなくてはスムーズに走行できない状況だったが、乗用車タイプの四輪駆動車にすれば運転も楽になる。東北電力で使用するスバルのクルマを四輪駆動に改良してほしいという要望がきっかけでつくられた。初めはライトバンであったが、やがて乗用車の四輪駆動車が市販された。これは世界で初めてのことであった。それなのに、これをスバルの特徴にするという発想はなく、動きとしては鈍いといわざるを得なかった。

同じく保守的な体質のままであるいすゞ自動車は、ゼネラルモーターズとの資本提携により、乗用車部門の活動は維持された。アメリカでのコンパクトカーの開発が軌道に乗らないことから、ゼネラルモーターズは傘下のドイツのオペルを中心にして開発した小型車が世界戦略車として位置づけられた。いすゞもこれに参加して、日本でジェミニとして発売された。いすゞの技術者たちも乗用車開発の経験を積んできていたので、日本車としてのアレンジを問題なく進めてイメージも次第に向上するようになった。ただし、販売網や生産体制では、トヨタや日産に太刀打ちするにはほど遠かった。この後も、高性能エンジン搭載車をシリーズにくわえるなど特徴を出す努力が続けられたが、乗用車部門の赤字解消にはならなかった。そして、二十一世紀初めに乗用車部門から撤退した。

燃費規制および安全基準と自動車メーカー

排気規制を日本のメーカーがクリアできたのは、自動車メーカーの技術者たちの必死の取り組みがあったからであるとはいえ、解決の方向はドイツやアメリカの部品メーカーや研究所などで見出した技術がもとになっていた。彼らに導かれて進み、実用化することができたのだった。排気規制をクリアする本命として登場した三元触媒も、その装着に欠かせない燃料噴射装置もそうだった。三元触媒と噴射装置はコストのかかるものだったので、高級車から採用された。その後、次第にコスト削減に成功して、多くの車両で採用されるようになり、それまでのキャブレターによる燃料供給システムは少数派に転落し、やがて消えていった。

排気に含まれる有害物質を化学反応により削減することを可能にする触媒は、排気規制に取り組む自動車メーカーに、触媒メーカーからの売り込みが活発になり、共同開発するなどして次第に効率の良いものになっていった。触媒がまともに機能するためには燃料に含まれていた鉛成分をなくして無鉛ガソリンにしなくてはならず、エンジンを完全燃焼に近づけるなど困難な条件を克服しなくてはならなかった。

何よりも安定して燃料を供給できる燃料噴射装置が必要であった。しかも、空気と燃料の混合割合を一定に保つためには燃焼の状況を常時モニターして、その割合を補正するシステムを導入して正確を期すことが必須であった。そのために欠かせない電子制御にした燃料噴射装置と排気管に備えられた酸素センサーによるフィードバックシステムを開発したのはドイツのボッシュ社であった。

それを個々のエンジンでまともに機能させることに成功したのがトヨタや日産であった。熱的に厳しい排気管のなかで酸素センサーの耐久性を確保しながら正確に機能するようにし、電子制御のためのエンジンシステムの構築など試行錯誤しながら実用化するには、涙ぐましい努力が必要であった。

排気規制のために採用された電子制御式燃料噴射装置が、その後のガソリンエンジンの技術を進化させ、エンジン技術が新しい段階に入るのは一九八〇年代に入ってからである。電子制御することで、それまでは相反するものであった性能が両立することが可能になった。たとえば、燃費を悪くしないで出力向上が図れるようになる。燃料の噴射タイミングや点火のタイミングをさまざまな使用条件ごとに適切に制御できる道が開かれたからである。これは画期的なことであった。

自動車事故による死傷者が一九七〇年に一万人に達して大きな社会問題になった。これを受けて、一九五一年に制定された車両の保安基準が二十年振りに見直された。一九七二年に施行された新しい保安基準は、高速走行に関する安全対策や燃料タンクや燃料漏れによる火災防止対策などが加えられた。一九六七年にアメリカの安全基準が厳しくなっており、輸出のために日本のメーカーは日米の基準を同時に満たさなくてはならなかったが、国内では、その実施が遅れていたのだ。

自動車メーカーは、先進的な安全システムの研究開発に力を入れるようになる。一九七〇年にアメリカの運輸省が提唱して、二年後までに時速80キロでの正面衝突時の乗員の安全確保をめざすよう各国政府に協力を呼びかけた。これに呼応するかたちでトヨタ、日産、ホンダ、三菱などで安全自動車の開発がスタートした。こうした研究開発で、エアバッグの装着やシートベルトの着用が実用化する。さらに、事故時に乗員を保護するために、衝突時のハンドルのエネルギー吸収システムやクラッシャブルボディ、さらには電子制御を導入したアンチロックブレーキなどの各種の安全に関するシステムが開発されていく。一九八〇年代になると、衝突など事故に対応した安全対策だけでなく、予防安全の先進的なシステムが研究開発されて生産車に生かされていく。

先進的な安全システムの研究開発の成果がそれぞれのメーカーから公表され、情報の共有化が進められて開発の目標や実用化のメドがつけられていく。こうした研究開発では、メルセデスベンツやアメリカのメーカーに遅れをとっていた日本の自動車メーカーが、急速に技術力をつけて成果を上げるようになる。一九九〇年代に入ると、衝突時の乗員の保護が、それまで以上に重視されるようになり、設計段階からの車両安全の確保が課題になる。日本のメーカーは、この分野でも世界的に進んだ技術を持つようになる。

また、アメリカでは、オイルショックをきっかけにして燃費規制が実施された。これはアメリカの自動車メーカーにとっては大きな転換を迫るものであった。

アメリカ政府は、石油危機を産油国側が政治的に利用する動きを見せたことで神経質になり、一九七五年には、具体的な燃費規制を実施する動きが活発となり「企業別平均燃費規制」が一九七八年からスタートした。一九八五年までに毎年燃費基準を厳しくして一九七四年の二分の一の燃費にまで引き下げるものである。各メーカーが販売する乗用車の平均燃費を算出して、規制値を達成できないメーカーには過大な追徴金を課すものであった。もうひとつは「ガスガズラー」といわれた「エネルギー課税法」で、燃費の悪い大型車には個別にペナルティとして課税するものである。

こうした規制に対処するには、アメリカのメーカーはクルマの開発を見直す必要に迫られた。ゼネラルモーターズでは、いち早く車両のＦＦ化を打ち出し、ダウンサイジングを図りながらアメリカのユーザーが好む広い室内を確保する方針だった。

車両の軽量化も燃費を良くすることになるので、高張力鋼板やアルミニウムの使用、樹脂など軽量材料の研究が進められる。高速時の空気抵抗を減らすためにボディの形状の改善、転がり抵抗の軽減のためのタイヤ開発なども課題になった。高張力鋼板や防錆鋼板などの特殊鋼板は、日本の鉄鋼メーカーが世界で最も進んでいたので、日本の自動車メーカーは有利であった。

日本のメーカーは、一九七三年と七八年の二度にわたるオイルショックにより、さらに燃費を良くすることが求められた。トヨタや日産を中心に一九七〇年代は車両サイズが大きくなり、各種の装備の充実により車両重量は一九六〇年代のクルマに比較するとかなり重くなってきていた。一転して軽量コンパクト化を図るために、トヨタや日産でも車両のＦＦ化を進めることが求められた。車両の開発方向も大きく転換せざるを得なくなって一九八〇年代を迎えることになる。

第七章　海外進出と技術革新の時代・一九八〇年代中心に

新しい時代への対応

一九八〇年代を迎えた日本の自動車メーカーは、排気規制をクリアし、オイルショックを乗り切ったことで、国際的にも一段と存在感を増していった。

ヨーロッパは、クルマの走る環境が日本とは異なり、運動性能の良いクルマになっていたが、新しい競争の時代を迎えようとして、商品としての魅力を出すために、大衆車ではなおざりにされていた「高品質・装備の充実」にも目を向け、日本車の良いところを採り入れる傾向が見られた。

渋滞のなかを走る機会の多い日本車は、燃費が良いとはいえ、高速走行ではヨーロッパのクルマにかなわないところがあった。それでも、自信を持つようになった日本のメーカーは、ニューモデルにはやたらと「世界初」の技術やシステムを採用していく。

国内販売は買い替え需要が中心になって伸び率は大きくなくなっていく。それでも各メーカーの生産台数が増えたのは、輸出の伸びに支えられたからで、国内販売と輸出、そして八〇年代後半になると現地生産とのバランスをどのようにとるかが、自動車メーカーにとってきわめて重要になる。

日本の自動車メーカーが、一九八〇年代を迎えての取り組むべき重要な課題は、次のようなものであった。

国際的な課題として浮上してきたのが、アメリカに工場を建設して現地生産を図る必要が生じたことだ。日本車の輸出増大が、アメリカで物議をかもすようになり、日本車の輸入を規制する動きが起こったのだ。そのため、現地生産が必須の条件になった。どのように進出するか、それぞれに検討され実行に移された。

次に、車両やエンジン技術の進化が求められた。成熟した市場になり、ユーザーの志向の変化に対応してクルマのあり方をどのように表現していくか、その競争がくり広げられる。

まずは、排気規制をクリアするためにおろそかにされた動力性能の向上が課題であった。一九六〇年代はモデルチェンジされるたびに性能向上が図られたが、一九七〇年代になってその流れが停滞したので、性能向上に対する期待が高まっていた。これに応えて、ターボ装着車が増え、機構的に進んだＤＯＨＣエンジン搭載車が増えていく。エンジンに関する戦略は非常に重要であった。

さらに、駆動方式の変更などクルマの機構を巡る革新が求められた。クルマの軽量コンパクト化が、それまで以上に重要になり、ＦＦ（フロントエンジン・フロントドライブ）方式を採用するクルマが増えていく。車両サイズを大きくしないで室内空間を広くすることが大切になった。それにともない、上級車から大衆車というクラス分けによるセダンのラインアップがくずれていく。セダンを中心とした時代から、多様なタイプのクルマが求められる傾向を強める。市場のニーズが変わろうとしており、それにどのように対応するかが重要となった。

排気対策がきっかけとなって導入された電子制御技術が、さらなる技術進化を促がすことになる。従来はトレードオフの関係にあったさまざまな性能の妥協レベルをどこまで上げられるかが勝負になる。最初はエンジンに使われた電子制御技術は、シャシーのシステムにも導入され、従来はドライバーのスキルに頼っていた安全性に関しても、クルマ側でカバーする方向に進み、クルマの知能化が新しい課題として浮上する。

多くの課題に取り組むために、各メーカーは設備投資を増やし、技術開発に携わる人員を増強し、設備の充実を図る。トヨタは豊田市にある技術部門の拡充をめざし、日産は神奈川県の厚木にテクニカルセンターをつくり、合併以降分かれていた旧プリンス系の技術陣を統合して研究開発に取り組むことになる。ホンダでも、四輪部門が手狭になった埼玉の和光研究所から広大な敷地に新設された栃木研究所に移動する。

コンピューターの利用がますます進み、設計や各種のシミュレーション技術が導入され、開発の効率化が図られる。課題も複雑化・重層化するから、全体の仕事量は増えるばかりである。情報の取得とその共用化の仕方を含めて、機能的に活動する組織にすることが求められた。迅速に、柔軟に、的確に、意志的に行動し、組織全体の持つポテンシャルを高めていく競争が展開される。優先順位をつけて、進むべき方向を示すことができる首脳陣がいる企業が伸び、企業間の格差が大きくなっていく。それまで以上に、タフさが求められる時代になったのである。

一九八〇年代の日本の主要自動車メーカーは、体力差はともかくとして技術的な能力では大きな格差はなく、その表現の仕方や組織的な取り組み方、リーダーたちの采配がものをいうことになる。

トヨタ自動車が乗用車のエンジンのほとんどをDOHC4バルブにしたのは、エンジン技術でトヨタだけ飛び抜けていたからではなく、技術部門のトップがそれを選択する決断をし、経営トップがその推進を認めたからであった。他のメーカーがすぐに追随できたのは、DOHCエンジンを揃えることができる技術力を持っていたからである。部品メーカーをはじめとする関連企業の技術力や質の高さがあり、その恩恵はどのメーカーも受けることができた。何が求められているかを理解し、それを他のメーカーに先駆けて、かたちにして示すことが勝負の分かれ目になった面がある。

自工と自販の合併による新生トヨタ自動車の誕生

トヨタの強みは、豊田英二が君臨することで、対外的にも対内的にも一枚岩になっていたことだ。英二の進もうとする方向に批判的な人は主流にいることが許されないから、ベクトルが自然に一定の方向に向かう組織になっている。

経営のあり方は一貫性を持っており、常に変わりゆく状況に柔軟に対応し、軸がぶれることはない。

トヨタを想いどおりに動かしてきたように見える英二にも、そうはいかないことがあった。それはトヨタ自販という存在だった。トヨタ自工とトヨタ自販という別の組織になっているのは変則的であるという考えを、英二はずっと持ち続けていた。自動車メーカーのあるべき姿は、車両開発、工場による生産、そして輸出を含めた販売組織が、ひとつになっていることが望ましいという信念があったからだ。

一九五〇年に別々の組織になってから、トヨタ自販は「販売のトヨタ」といわれるほど強力な組織になっていた。初代社長の神谷正太郎によって組織が牽引されて、四半世紀以上にわたって、トヨタの発展に多大な功績を残していた。

トヨタ自販が実際的な活動をスタートさせたときには、トヨタ自工の社長は豊田喜一郎から石田退三になっており、それ以降、神谷はワンマン体制を築いて、トヨタ自販は「神谷商店」とかげ口をいわれるほど、思いどおりに組織を統率していた。

しかし、英二にしてみれば自販が別組織であることは、トヨタの将来の不安材料であった。それがもっとも顕在化したのは一九五六年のことであったろう。その前年に発表された国民車構想による大衆車をつくる動きがあちこちで起こり、この機会に自動車に参入しようとする動きを見せたのが小松製作所だった。ポルシェの技術力を利用して大衆車をつくり、トヨタ自販を通じて販売するという計画を打ち出したのであった。このときには、トヨタ自工が制限会社となっていた関係で、トヨタ自販は、株式をはじめとして自工の拘束を受けないで済む組織になっていた。したがって、トヨタ自販が、小松でつくるクルマを販売することに、自工が異議をはさむことができない立場にあった。神谷も、新聞記者の取材に対して小松の動きに興味を示すコメントを残している。

トヨタ自工では危機感を持ってパブリカの前身となるクルマの開発を急いだ。実用化にはほど遠い出来であったが、牽制する意味もあって一九五六年にはプロトタイプ車をマスコミに公開し、国民車構想に近いクルマの開発をしていることを公表した。小松製作所は自動車に参入するにはリスクが大きすぎると判断して、その計画は沙汰やみになった。そのために、パブリカはＦＦ車からＦＲ方式に変更して開発を再開して一九六〇年に発売している。

このときトヨタ自工の社長だった石田退三は、このことにあまり危機意識を持たなかったようで、英二とは思惑に違いがあった。その後も、人事交流などを行うように英二が求めても、神谷によって無視されることがあった。神谷にしてみれば、喜一郎に販売のことは任せるといわれてトヨタ入りしており、そのときには英二はトヨタに入るか入らないかの若造であったから、英二がトヨタ自工の社長になっても、自分と対等であるという思いはなく、自販は自分の思いどおりに動かしていくという意識であったのだろう。

しかし、英二にしてみれば、トヨタ自工こそが本流の企業であり、自分の主張を無視するところがあるのは良くないと考えたようだ。販売が別組織になっていることは、トヨタ全体の活動にとってマイナス材料になるという意識を英二は、ずっと持ち続けていたが、神谷にそれを主張しても関係がこじれることになるからと、正面切って問題にしなかったようだ。

神谷が高齢になって体調を崩し一九七七年に会長になり、一九七九年に会長職も退き、その一年後に死亡した。アメリカへの進出も考慮しなくてはならない状況のなかで、販売組織が別会社になっているのは好ましいことではなかった。

英二が、トヨタ自工の副社長だった豊田章一郎をトヨタ自販の社長に据えたのは一九八一年六月のことである。神谷に次いで自販の社長になった加藤誠之や山本定蔵は、神谷とともに自販で活躍し内部昇格であったが、章一郎は自工の副社長から自販にきて社長に就任した。トヨタ自工と自販の合併を前提にした人事であることは明らかだった。別組織になって長いので、就業時間や人事、組織体系など自工と自販では、さまざまな違いがあるから、一気に合併するわけにはいかない。そこで、合併の準備に入ることにしたのだ。

豊田家の正統な後継者である章一郎が自販の社長になったことによって、自販のなかの合併に反対する人たちも、正面切って反対を唱えることはできにくくなる。それだけ、トヨタ自動車のなかで豊田家が経営者としてふさわしい一族であるというイメージが定着していたのだ。章一郎の自販社長就任は、豊田一族が特別であることをさらに印象づける効果があるとともに、自工と自販は一体であるという思想に異議を挟み込む余地をなくした。豊田一族を中心とする企業である伝統が、さらに強化されたといえる。

一九八二年七月に自工と自販が合併して新生トヨタ自動車が誕生した。英二が会長、章一郎が社長になった。英二よりひとまわり若い章一郎は、このとき五七歳、十年間社長を務める。

会長・社長が豊田一族で占められるのは利三郎・喜一郎のコンビ以来のことになるが、これにより自販が吸収されたイメージに陥ることを薄めるとともに、英二の考えるトヨタのあるべき姿に戻ったのである。

会長になってもトヨタは英二がしっかりと組織の手綱を握っていた。歴代の会長に比較して、その権限ははるかに大きく、社長に就任した豊田章一郎に権限の委譲があったにしても、トヨタ自動車の将来を左右する案件の多くは英二の裁量で決められた。一九八〇年代が経営トップとしての英二の全盛期といっていい。

新生トヨタ自動車は、東京の文京区後楽園の近くに本社ビルを構え、首都圏で本社機能を実施するようになる。日本一の企業にふさわしい体裁を整えたのである。

この合併に際しての挨拶で、英二は「これによってトヨタの戦後が終わった」と述べている。戦後の混乱のなかで自販がやむを得ずに別組織になっただけで、本来の正しい姿になったというわけだ。これを見習ったわけではないだろうが、自工と自販が別組織になっていた三菱なども両社が合併するなど、多くのメーカーが、販売組織を経営中枢のコントロール下におく傾向を強めていく。

自工と自販で同じような部署があったところでは、派閥争いがなかったわけではないようだが、全体として見れば比較的うまく融合して、トヨタは一九八〇年代のさまざまな課題に集中して取り組むことができた。

創業者一族が支配する企業でも第二世代が中心になると、一族どうしによる対立などで結束が乱れることがあるが、トヨタでは英二会長、章一郎社長という体制でスムーズに運んでいる。実力者として君臨する英二が、任せる範囲をしっかりと明示したことによるだろうが、ふたりの立場や性格もプラスしていたようだ。懐が深く誤解を生むような発言や行動がない英二は、周囲が自分の思うように動く体制にすることを第一義にしている。日産のように、サラリーマンでも社長になる可能性があるために派閥活動が盛んであるのとは違って、英二の意向に沿うかたちで進むので、トヨタではそうした動きは見られなかった。

また、一九八四年に英二は経団連の副会長に就任しているが、川又のようになりたくてなったのではなく、日本の自動車産業が大きくなっているなかで断りきれずに就任したもので、英二にとって財界活動などに費やす時間は最小限にすることに何の迷いもなかった。

章一郎は、若いころから英二の薫陶を受けているため英二を立てるとともに、その考えを理解して行動する。抽象的に指示を出すことが多い章一郎と、肝心なことは具体的に指し示す英二とのコンビで、トヨタ自動車はうまく運営されていった。

ここまでのトヨタの歴史を振り返って感じるのは、企業風土として底流を支配しているのは「まじめさと貪欲さの両立」であるということだ。まじめさがあることで、トヨタの貪欲さが否定的なニュアンスを帯びていないものになる。ときには貪欲さが表面化して「トヨタの持つ嫌らしさ」として顰蹙をかうようなこともあると聞くが、企業が危機的な状況をくぐり抜けてきたために「まじめさと貪欲さ」が伝統として根づいたものであろう。

利益を獲得するのに貪欲であり、コスト削減に貪欲であり、市場に受け入れられることに貪欲であり、環境の変化に貪欲に対応し、技術進化に貪欲に取り組み、情報収集に貪欲であり、何よりも企業として発展することに貪欲である。

企業である以上、こうした側面は多かれ少なかれ持つのがふつうだが、トヨタの場合はかなり意識的である点で、自動車メーカーのなかでは際立っているだろう。コスト削減は自らに対してだけでなく取引先にも厳しく要求するが、自分たちの利益獲得のためだけでなく、コスト削減を達成することが競争力を強めるための必須条件であるという認識がある。厳しい競争に勝つためには、ライバルたちよりも何ごとにも貪欲に取り組んでいくことが求められるのだ。しんどいからといって安易な道を選択することなく、常に真っ向勝負をしようとした。常にまじめであり貪欲であった。それを維持継続させることは容易でないはずだが、少なくとも英二が君臨していた時代はみごとにできていたのである。

豊田一族の人たちは、経営の中枢にいながら驕るところがなく、常に真摯な態度に終始していることがトヨタの大きな特色である。肩で風切るような態度とは遠く、章一郎に見られるように、人の良さが表情ににじみ出る様子があり、したたかなやり手という感じがない。豊田一族がトヨタのなかで特別であることが自然であると受け止められる大きな要素になっているようだ。まじめさを体現している印象があるのだ。

話は前後するが、章一郎がトヨタ自販の社長に就任したことによって、奥田碩が陽の当たる部署に引き上げられた。自己主張が強く上司を上司とも思わない言動で、実力が認められながらも出世コースから外れて、奥田はフィリピンの駐在所長になっていた。たまたま大蔵省の役人であった章一郎の娘婿がフィリピンにあるアジア開発銀行に出向しており、章一郎は初孫の顔を見るためもあって、フィリピンを良く訪れたといわれる。こうした機会に、奥田は章一郎の世話をすることになった。

現地で目覚ましい活躍を見せる奥田は、章一郎の目に留まり、自販本社に呼び戻された。奥田は合併したトヨタ自動車の取締役になり、それ以降、章一郎の懐刀として、トヨタ自動車の中枢で実力を発揮する機会に恵まれた。そして、一九九五年にはトヨタ自動車の社長に就任する。自工と自販の合併による副産物ということができるが、この人事がトヨタの方向を大きく左右することになるから、世の中は分からないものである。

さて、新生トヨタ自動車には、車両開発や生産体制の効率化、輸出とアメリカでの現地生産など緊急の課題が山積していた。常に将来に向けての課題に対処するために具体的な目標が設定されたから、その実現のために組織を挙げての活動が待ち受けていた。

技術部門では、主要なクルマの開発を経験し実績を残した主査が引き上げられ、同時にエンジン開発技術者が重視された。技術部門のトップとなった長谷川龍雄は専務までであったが、その後継として選ばれたエンジン部門出身の松本清は副社長になった。その後は車両開発の佐々木紫郎が継ぎ、エンジン技術者と交互に副社長になる道筋がつけられた。そのあとを継いで技術トップとなった金原淑郎が乗用車用エンジンをすべてDOHCにする提案をした。これらの技術担当副社長は、次にバトンタッチすると豊田中央研究所所長に転出している。技術者のトヨタにおける出世コースの道であった。

日産の場合は、取締役になると自民党時代の大臣と同じように出世の上がりのような感じで、率先して方向を示したり、陣頭指揮を執ることに熱心でなくとも務まった。それで済む体制が川又時代につくられたが、トヨタの場合は役員になることは、それまで以上に責任ある立場で懸命に働くことが期待された。同時に、抱えている問題を明確に首脳陣に伝えることが要請される。トヨタでは役員になると率先して陣頭指揮を執り、部下たちの能力をフルに発揮させる体制がつくられる。日産では、多くの役員は部下からの提案に対して諾否するのが仕事になるが、その責任を問われることもあまりないから、実績を上げようと努力しないで済んだようだ。

日産の石原社長および久米社長の時代

トヨタ自動車と違って、日産ではサラリーマンの出世コースの上がりとして社長になる。川又がワンマンとして君臨して以来、社長をはじめとする首脳陣は、批判されることがなく、その地位は安泰であった。

一九七七年五月に社長に就任した石原俊は、労働組合との関係が緊張したものになった。石原が必ずしも塩路一郎が期待する行動をとらなかったからだ。そのため、塩路によって、石原のやることにさまざまな妨害が加えられることがあった。日産労組の塩路が経営や人事まで口を出し、組織に多大な影響力を持っていることを快く思わなかった石原は、前社長の岩越とは違って組合の言いなりにならない社長であった。

石原は、開くばかりのトヨタ自動車との差を縮めることに意欲を示し、保守的な日産のイメージを変えていくことに積極的な姿勢だった。学生時代にラグビーで鍛えた逞しい身体と厳つい風貌、声の大きい石原は、その言動に迫力があり、外見からも身体を張って行動する印象の経営者だった。一九八五年までの八年間トップとして君臨し、影の薄かった岩越とは異なり、存在感があった。社長就任直後から全国の販売店を激励のために訪問し、それまでなかった長期経営計画を作成、シェア拡大のための精力的な行動が目立った。

車両開発に関しては、マーチの開発を指示したことを別にすれば、むしろ経営トップが口を挟まないで技術陣に任せるという姿勢であった。川又が車両のスタイルなどで意見を述べたことがプラスになっていないという判断があったからだが、任された技術関係のリーダーは、川又時代から積極的に方向を指し示す技術者が選ばれていなかったから、方向が定まらないままに一九八〇年代の車両開発が続けられた。リスクを避けることを第一にして消極的な姿勢に終始した高橋副社長が権限を握り、同じようなタイプの技術者があとを継いだ。積極性に欠けて、日産は革新的な技術の実用化で遅れを取ることが多かった。

トヨタが、主査制度(その後はチーフエンジニアと呼ばれるようになる)を充実させて車両開発の中心に据えたのに対して、日産では同じように車両開発の中心となる主管は、そのときによって選ばれ方が定まっておらず、主管となった人の意向で開発の方向や手法が左右される傾向があった。枠にはめられないで開発できることになるから、主管が能力を発揮して、優れたクルマになる例も見られたが、総合的に見ればシェアを伸ばすようにはならなかった。

石原の意向で取り入れられた長期計画も、実際には計画どおりに推移しないから修正することになり、そのために手直しされて、新しい計画が立てられる。さらに手直しをする作業が実施され、作業のための作業になり、計画実現のために何をしなければならないかという肝心なことがおろそかにされたという。

首脳陣も、権力志向の強い石原に逆らう雰囲気はなく、会議などでも石原が現れる前には雑談に花が咲いていても、石原が入ってくるとたんに緊張が走り、積極的に発言する人は少なかったという。ワンマンとして自分の主張を押し通した川又に続いて、石原が独断的に行動し、日産では社長はますます批判を許さない存在になった。石原は、役員でも意に添わないときは怒鳴り散らし、経営トップの決断が日産の将来にとって好ましいとは思われなくとも批判する意見は退けられた。

一九八四年、次ぎにバトンタッチする時期が近づいてから、石原社長は塩路一郎の排除を決意する。社長として行動するなかで日産の組織を思うように動かそうとすると組合を牛耳る塩路と対立することになり、そのために割くエネルギーがバカにできないという実感を持ち、それが日産のためにならないと判断した結果である。実際に、塩路の顔色をうかがう社員が多く、塩路に気に入られなければ出世の道が閉ざされる感じになっていた。塩路の監視体制は隅々まで浸透しており、息苦しく感じる人たちが多くなっていた。塩路の活動を容認していた川又会長も、唯我独尊的な姿勢を強める塩路に対して、次第に面白くないものを感じるようになってきていた。塩路は、アメリカの自動車労組(UAW)との連帯を強め、自分中心の世界を構築し、日産の社員たちは、自分が満足できるように処遇するのが当然だという態度を取るようになっていた。

そこに付け入る隙があるということで、石原社長は広報室の社員など自分に忠実に動く人たちに塩路のスキャンダルをつかむように指示した。その結果、クルーザーで派手に遊び、女性を侍らして楽しんでいる証拠を写真に収めた。これが週刊誌に載り、労働貴族の典型としてスキャンダルの当事者となり、塩路は失脚した。

これは日産にとって大きな出来事であった。塩路がいなくなった日産労組は、独裁体制が敷かれることにならなかった。この一年後に塩路は定年退職している。お互いの顔色を伺わなくて済む会社になったが、経営トップがその後も思い切った人事を断行することがなかったから、上司に忠実であることが求められる風潮が変わることはなかった。

一九八五年六月に石原は会長に就任、副社長だった久米豊が社長になった。八十歳になった川又は相談役についたものの、体調が優れず翌年にこの世を去っている。

社長候補としては、久米と同じく生産技術者で副社長であった川合勇が有力であったが、組合に近いと見られた川合は、日産ディーゼル社長に転出した。塩路が健在であれば違った人事となっていたかも知れないといわれている。

生産技術者として、新しい工場の設備体制の構築などで実績を持つ久米は、東京大学工学部を優秀な成績で卒業し、頭脳明晰で記憶力の良さは抜群であり、日産のなかでエリートコースを歩む典型であった。

会長となった石原は、経済同友会の代表幹事に就任、経営に関してはあまり口を挟まなかった。塩路のいなくなった労組に配慮しなくて済む状況になって社長に就任した久米は、思いどおりに舵取りができる立場を確保した。トヨタとの差が広がるばかりの状況のなかで、新しい社長に対する期待は大きかった。

久米社長は「お客様第一主義」を標榜した。東京の銀座に本社のあった日産は「銀座通産省」とかげ口が聞かれたのは、関連会社の人たちに接するのに横柄であり、外部の人たちに対する態度も「上から目線」であったからだった。労組の塩路会長も、日産の組織が官僚的になっていると批判するのが常であったが、だからといって具体的に手が打たれることはなかった。

久米社長は、取引先や販売店に対しての接客態度を改めさせるように指示した。さらに、工場のコスト削減を優先する態度から品質本意に改めるように指示した。また、社内で相手を役職で呼ぶようになっていた慣行を「〇〇さん」と名前で呼ぶようにしようと提案した。

本当に日産を変えるためには、部下を掌握して方向性を示し、行動力のある人たちが重要な地位に就いて、組織としての活性化を図ることが重要である。その上で、他のメーカーに対抗して日産としての特徴を発揮するには何をするかの優先順位を決めていく。トヨタと比較すると優秀な技術者を抱えていた日産は、彼らの能力をフルに発揮できる体制をつくれば状況は劇的に違ってくるはずだった。

トヨタが、常に課題を与えられて対策に取り組み、他のメーカーの動きに敏感に反応する姿勢を持ち続けたのに対して、日産では外部よりも社内の動きに目を向ける体質が維持された。久米社長になってからの変化も外面的なものであり、本質的なところでは変わることがなかったのだ。

社長は「天皇」として批判の対象にならずに、社長のほうから求めなければ、組織にとって必要な情報がもたらされることがなかった。日産にとって都合の悪い情報を報告すると、久米社長が不機嫌になることから、もたらされる情報は日産にとって良くないことは上げられず、バイアスがかかったものが多くなっていったという。

それでも「ＩＱが高いからといって経営者としてふさわしいとはかぎらない」という久米に対する批判の声がなかったわけではないようだが、依然として、旧帝国大学系の国立大学を優秀な成績で卒業した人たちが出世コースに乗る状況が続いていた。久米社長が、その頂点に立ち、受験戦争で鍛えられた頭脳明晰な人たちは、どうすれば日産のなかで出世できるかを受験勉強と同じように学習し、リスクを負わずに冒険もせずに無難に問題をこなすことが良いと思うようになっていた。

日産のためを思って上司と意見の対立を辞さない態度では出世がおぼつかない。よく「出る杭は打たれる」といわれるが、日産の場合は「出る杭は抜かれる」というのが社風になっていたという話を聞いたことがある。

久米から辻義文に社長の地位がバトンタッチされるのは一九九二年六月である。社長人事は会長である石原の権限であり、久米とのあいだで次は塙義一になることが了解されていたようだ。しかし、久米が石原に推薦したのが辻であった。久米と同じく生産技術者である辻は、栃木工場長を経て車両開発の統括部門の長になった。久米が次期社長に辻を推薦したのは自分の影響力を維持するためであったというが、石原が認めたことで実現した。課長時代から目立つ存在ではなかった辻が日産のトップに昇りつめたことは意外であったという先輩たちが多くいる。エリート中のエリートという印象がなく、本人も野心的に行動するタイプではなかったようだが、いつの間にか周囲が辻を担ぎ出す体制になり、久米がそれを積極的に推したのであった。

辻は、社長になって何をやるということではなく消極的な姿勢であった。日産をどのような方向にもっていくか方針を出すこともなく、社長としてルーティンになったディーラー訪問、経営会議やセレモニーへの出席など、決まったことをするのが活動の中心になっていたようだ。経営責任を感じるよりも、会社を代表する個人であるという意識のようであった。辻を社長にするのに功績のあった人たちが、辻社長誕生とともに重役の一角を占めるようになり、経営陣は統率力のない人たちがリーダーになったようだ。

社長の訪問があるということで、張り切って迎えたディーラーのやる気のある社員は、辻が新しい方針のもとに日産を良くする政策を打ち出し、販売促進のための方策や激励などを期待していたが、勤めとして仕方なく役目を果たしている態度に見えて失望したと語っている。

日産社長は、バトンタッチするたびにアグレッシブでない人が就任するかたちになった。それでも、社長としての権限があり、周囲は社長として遇した。世界の自動車メーカーのなかで、どのように存在感を示すか重要な時期に日産は迷走することになる。

問題を起こさないで在任期間を終えることが任務と心得ているような辻は、車両開発や新しいエンジンなどに関しても、各部署からの提案に積極的に応えるような決済はしなかったという。バブルがはじけてから社長に就任したこともあって、辻社長の出現は、外部には日産の低落を象徴する印象を与えた。

アメリカのように経営者は株主からの委託を受けて経営に当たるというのではなく、オーナー企業とはほど遠い日産は、大株主が目を光らせることがなく、正面切って経営の姿勢が問題にされる気配もなかった。その消極性に不満が募ることはあっても、これでは将来に希望が持てないからと改革を求める声が強くなることもなかった。バブル崩壊後に就任した辻は、販売が落ち込んで生産調整するために神奈川県にあった座間工場を閉鎖し、将来のための息の長い技術開発なども経費削減のために中止した。

こうした風潮に対して、日産の重役候補といわれながら退社し、大学教授に転出した技術者が自動車雑誌に次のように書いている。小見出しは「経営者小粒化の法則」である。

1より小さい数は、何回か掛けていくうちにどんどん小さくなり、やがてゼロに近づきます。これと似た現象が役員や管理職の人事に起きたらどうなるでしょう。自分の身を守ることばかり考えている人は、下克上が心配でなりません。そのため、自分より優れた部下や堂々と意見を述べる者を追い出し、自分を頂点としたピラミッドを作ります。そしてその人が異動するときには腹心の部下を後がまに据え、自分の骨を拾ってもらおうと考えます。

やがてその昇進した部下も、上にならえとばかりに同じことをする。これが、小粒化の法則です。これが代々繰り返されれば、どんな立派な企業でも危業になってしまいます。そんな経営者にかぎって「ひとりひとりが企業家の心を持って業務に精励すべし」と新年のあいさつで訓示したがるものです。「企業は人なり」とは言い古された言葉ですが、保身がこれを凌駕することがしばしばあります。こんな悪循環を断ち切ることこそもっとも大切なマネージメントだと私は信じています。

いかにも、日産という組織のなかで実感したものであろう。川又社長以来、日産では上司に諂うタイプの人たちが引き上げられる傾向が続いていたことを皮肉ったものである。しかしながら、こうした傾向は、内部昇格が続く大企業では、起こりがちな傾向でもあるようだ。他のメーカーの人たちから、同様の感想を聞いたことが一度ならずある。

ホンダの社長交代と組織的な動き

ホンダでは、やる気のある優秀な人たちが責任ある地位に就くシステムになっていた。一九六〇年代になってからホンダは積極的に大学卒を採用するようになり、かれらの能力をフルに発揮する体制がつくられた。宗一郎社長の薫陶を受けた若手が、ホンダの持つアグレッシブな伝統を引き継いで活躍した。

トヨタと日産は一九六〇年代には、すでに世界的な自動車メーカーになっていたが、四輪メーカーとしては最後発であるホンダは、一九八〇年代に入ってからも発展途上にあるという意識が旺盛であった。それにもかかわらずというか、だからといったほうがいいのか、トヨタや日産に先駆けて広く世界に展開した。経営トップが目を世界に向け、何をしなくてはならないか、それぞれの状況のなかで的確に判断し、時代の要求に積極的に応えようとする姿勢を示した。その活動の仕方は、攻撃的であると思うほどに積極的であった。それはホンダが持っている企業風土であり、組織が大きくなっても失われずに発揮された。

シビックとアコードがホンダの屋台骨を支えていたが、河島社長はホンダの原点は二輪であると言い続けた。実際に、二輪では世界一、四輪では巨大メーカーを追いかけるという状況のなかで舵取りするのは容易ではなかったはずだ。

ホンダの組織で特徴的なのは、問題ごとにプロジェクト方式で開発を進めていくシステムになっていることだ。このシステムが開発や問題解決にかかる時間をもっとも短縮することができるからだ。時間効率を優先するのがホンダの特徴であり、レースに勝つための組織づくりが、企業の一般活動にも浸透していた。

たとえば、一九八〇年に勃発したホンダとヤマハのあいだで二輪車を巡るシェア争いである俗にいうHY戦争のときのことを見てみよう。

一九七九年ころから日本でのオートバイ人口が急激に増えて、その需要が旺盛になった。とくに需要が拡大したのがファミリーバイクであった。そんななかで、ずっと二番手だったヤマハがファミリーバイクでホンダに迫る勢いとなり、ホンダからオートバイの販売でトップの地位を奪おうとする姿勢を見せた。

ホンダでは、四輪が主力になっているとはいえ、二輪でヤマハの後塵を拝するわけにはいかなかった。売られた喧嘩は買わなくてはならないと、ヤマハとのシェア争いが本格化した。ホンダのヤマハ撃墜作戦は、短期間で魅力的なバイクを次々に開発して市場に送り出すことだった。四輪担当の技術者やデザイナーも動員して臨戦態勢を敷いた。

このときに二輪開発は入交昭一郎、四輪開発は川本信彦がそれぞれ指揮しており、緊急事態であるとして川本が全面的に協力する意向を示した。このプロジェクトのリーダーであった入交昭一郎は、川本や吉野浩行、宗国旨英、雨宮高一といった花の一九六三年入社組で、三九歳で取締役に就任、若手エリートの代表ともいえる人物だった。頭が切れるうえにエネルギーに満ち、決断力の早さでは定評があった。エンジン設計に配属されて以来、入交は、宗一郎にひとかたならぬ心酔振りを示した。

各設計者が与えられた機種のバイクのための図面を描き上げると、直ちに入交が審査し、その場で採否を決定し、改良すべき点を指摘した。ふつうなら審査してゴーサインが出るまでには一定の時間がかかるものだが、少しでも早く市場に出そうと即決であった。決断の早さで知られていた入交は、まさに水を得た魚のように素早く決断したから、開発のための時間が大いに短縮されたのである。早すぎた決断で、なかには問題を残すことがあったにしても、組織がこのように動くのはホンダ以外の企業では考えられないことであろうし、入交のような人材がいたからできたことでもあった。

ホンダは、毎週のように新しいモデルを出した。採算は度外視し、ホンダの底力を見せつけるためであった。組織的体力に違いのあるヤマハが太刀打ちできるはずがない。大人げない戦いであったが、一九八三年早々にヤマハが敗北宣言を出して終結した。ヤマハにダメージを与えることが最たる目的であったから、それは達成されたといえる。しかし、このことがその後の日本のオートバイ市場を混乱させ、ひいてはその需要そのものの減衰に拍車を掛けることになった。

この後、入交は鈴鹿製作所の所長として生産部門のリーダーの経験を積み、アメリカのＨＡＭ（ホンダ・オブ・アメリカ・マニュファクチャリング）の社長に就任している。その後のホンダ歴代社長が経験するポストであるから、入交は社長候補の先頭を切って活躍していたのだった。

河島の社長在任中にホンダが大きく発展する基礎がつくられ、一九八〇年代は、それが実りつつある時期であった。

組織全体の有機的な連携と活性化を図ることに意を注いで成功した。わかりやすい言葉で、ホンダのやるべきことは何か説明し、問題意識を経営陣で共有するよう心がけた。この十年のあいだに、ホンダの販売高は驚くべき伸張振りで、それを支えたのが四輪部門であった。

河島はある雑誌のインタビューで、人の使い方がうまいのは宗一郎から学んだもので、宗一郎自身から「人の使い方がうまいから社長にしたんだ」といわれたことがあると語っている。

一九八一年には、二輪、四輪、汎用という部門をそれぞれ事業部として推進本部を設立した。それを翌年には重要度を考慮して、四輪部門を国内・北米・欧州大洋州・開発途上国本部の四つに分割し、二輪と汎用を入れて六つの本部制にし、それぞれ機能別担当体制にしている。マーケット志向を強めて将来を見越した展開を図るためであった。こうなると、トヨタや日産と同じような体制やシステムにする必要があるところ出てくるが、それはそれとして取り組まなくてはならない課題であった。

国内市場でホンダが大きく遅れをとっていたのが、販売網の整備である。これは、河島の社長就任以来の課題であり、次の久米社長にも引き継がれたものである。

オートバイ販売のための組織をもとにした販売店で四輪を売っていたが、トヨタや日産の販売店のようにサービス体制を持つ一定規模の販売店系列をつくるのは一朝一夕にできることではない。しかし、シビックやアコードが主力になると、業販点のような規模の小さい組織ではムリがあり、サービス体制を充実させた販売店組織にせざるを得ない。特殊なクルマの少量販売ではSFのようなサービス体制でも済んだが、そこからの転換が必要であった。さらに、販売台数を伸ばすには一系列だけでは限界があり、複数のチャンネルを持つ必要もある。

一九七八年にホンダ店に加えて、新しい販売チャンネルとなるベルノ店系列がつくられた。この販売網のためにプレリュードがデビューしたが、初代は成功したクルマとはいえなかったので苦しいスタートであった。既存のホンダ店も玉石混淆であった。そこで、サービス工場を併設してディーラーとして一定の敷地とサービス体制を確保できる販売店を選び出し、ホンダ店からクリオ店に代えて整備したのは一九八四年のことだった。
その他のホンダ店をサブディーラーにした。翌一九八五年にはプリモ店がスタートし、三チャンネルの販売網を持つメーカーとなった。ここまですることは大変なことであったが、それでもトヨタや日産におよばなかった。販売組織の弱点を補うためにも、ユーザーが欲しがる魅力的なクルマを開発することが、ホンダにとっては重要であった。

河島喜好に代わって、一九八三年十月に久米是志が社長に就任した。河島はまだ五十代半ばであったが、最高顧問に就任、経営の第一線から退いた。これ以降、河島は経営に口を挟むことなく名誉職に徹し、その流れは歴代社長経験者に引き継がれていく。他のメーカーの経営トップが次に引き継ぐときの未練がましい行動がときに見られるのと比較して、河島がいかに潔かったかが分かる。宗一郎・藤澤が示したものを継承したわけが、これはホンダの良き伝統となった。

このときに歴代社長は技術者から選ばれる道筋がつけられた、同時に、河島同様にまだ五〇歳代にも関わらず、アメリカでの販売活動に邁進した鈴木正己など副社長や常務などが退任した。それ以前にも川島や西田といった河島体制を支えた首脳陣が退陣しており、ホンダは若返りを積極的に図る企業という印象を強めた。新社長が、自分より経験や年齢で上の人がいるとやりづらいという配慮であろうが、常に変化する状況のなかでは、新陳代謝を積極的に図るという企業風土が出来上がっていた。一般に五〇歳代が若手と見られるのは、他の企業の老害化が進んでいるからという主張に説得性があり、ホンダのイメージを高めるのに効果があった。

河島が社長に就任した一九七三年のホンダは資本金約百九十五億円、従業員数一万八千人であったが、引退する十年後には資本金三百九十二億円、従業員数二万三千人、そして売上高は四倍を超えるまでになっていた。

河島から引き継いで社長に就任した久米是志は「モビリティの世界におけるリーディング・カンパニー」にするというビジョンを打ち出した。実際には、河島の敷いた路線を継承し、集団指導制が経営の基本であった。まだその形が完成形にはなっておらず、しっかりと足下を固める必要があると久米は感じていた。

「お客様を大切にして筋肉質の企業になろう」というメッセージを就任早々に久米は発信した。ホンダの進むべき方向が明瞭になっており、北米を中心とした海外展開、国内外での二輪のシェアの維持、競争力のある四輪乗用車の開発と販売力の強化など、主要な課題に取り組んだ。

一九六〇年代に入社した若手中心のニューリーダーたちが活躍するようになった。彼らはレース活動をするホンダに魅力を感じて就職先として選んだ人たちであったからチャレンジ精神が旺盛であった。そのために積極性は維持された。

世界的な視野で活動するなかで、一九八七年に打ち出された総合戦略では、二輪と四輪を中心にして八一年に設定された各本部の体質強化が図られた。それまでも打ち出されていた販売(S)、生産(E)、開発(D)を横断する推進チームを編成したのだ。それぞれにトップがいて活動しているものを商品分野ごとに三人の(SED)トップがひとつのチームとして販売増に結びつける活動をする。異なる活動になりがちなSED部門を有機的に結びつける総合戦略の立案から実施、さらには評価までを効率よく推進することがめざされた。

一九八〇年代に入ると、貿易摩擦によりアメリカへの輸出台数が頭打ちになったから、海外での生産台数を増やすことは、トヨタや日産よりも重要であった。円高が進んだ時代だったから、久米はアメリカ中心に自立化の方向性を明確にし、研究開発や生産技術で地域に根を生やすことをめざした。「顧客第一主義」の延長線上に、それぞれの地域に貢献することが大切だという意識があった。トヨタに先駆けてアメリカでホンダが実行したのは高級ブランドである「アキュラチャンネル」の構築、さらには現地での車両開発部門の新設などがある。

久米是志が社長に就任したのは五一歳のときであった。ホンダの地元である静岡大学工学部を卒業して入社した一九五四年ころには、それなりにホンダも規模が大きくなっていた。エンジン設計で実績を積んだ久米は、宗一郎の薫陶をもっとも受けたひとりであろう。それは薫陶という言葉で表現するのは適当でないほど、鍛えられ方は尋常ではなかった。ホンダに入社していなければ、久米はもっと地味で平穏な人生を送ったと思われるが、宗一郎と巡り会ったばかりに、技術者としてふつうではない経験を積むことになった。

どちらかというと、久米自身は積極的に行動するタイプではないが、粘り強さは人並み以上であり、能力をフルに引き出され、それに応えて成長したのだった。

久米より六年早く入社した河島は、製品にするために宗一郎の構想を図面にする役目を引き受け、宗一郎の手足となり、ときには相談役になり活動した。宗一郎にとっては欠かせない人物として、また宗一郎の考えをもっとも良く理解し、能力を発揮してリーダーとして頭角を現すとともに、宗一郎には遠慮なくものが言える立場を確保した数少ない人物になっていた。これに対し、エンジン設計に配属されて宗一郎と接する機会が多かった久米は、宗一郎とは親方と丁稚小僧に近い関係であった。もちろん、大学出の将来を嘱望された技術者であるから、宗一郎は頭ごなしに怒鳴るばかりではなかったし、未知の分野に一緒に踏み込んでいこうとする姿勢があったから、技術の追求という明確な目標にむかって努力する同志でもあった。

入社してしばらくすると、久米は二輪レース用エンジンの設計をするように指示された。ホンダがTTレースに出場宣言を実行に移すために高出力エンジンをつくるプロジェクトであった。

市販車用とは比較にならない高出力エンジンにするにはどうするか。宗一郎も技術的な模索をしなくてはならない分野だった。まじめで着実に取り組む姿勢の久米は宗一郎に見込まれた。理屈が先に立つエリート教育を受けた中島飛行機からホンダに入社した技術者たちよりも、訳が分からないところからスタートする久米のほうが、一緒にやるには宗一郎にとって都合が良かったのかもしれない。

馬力を出すにはふつうのやり方ではダメだと、思いついたことを次々に試すという、セオリーを無視した手法が取られた。浮かんだアイディアをもとに試作してみると出力が出なかったり、トラブルでまともにまわらなかったりであった。

何度も試して、失敗の経験を生かして設計をやり直していくうちに、コンベンショナルなシステムのエンジンに近いものになる。宗一郎の指示に逆らうことなく、久米は、その実現のために愚直といっていいほど努力を重ねた。

久米が考えて設計し、組み上げたエンジンを見て、それが未熟であることが分かると宗一郎はいきなり怒り出す。エンジンができるまでには、部品をつくり、組み上げるのに多くの人たちの手を経る。「こんなダメなものをつくって、みんなに迷惑をかけた。これから行って謝ってこい」と言うと、宗一郎は久米のあとについてきて、試作課や実験部の人たちに久米が頭を下げるのを見届ける。

あるときは、久米が設計したエンジンの部品が揃ったところで、久米がひとつひとつ部品を手わたして宗一郎が自分で組み上げていく。その過程で、久米の設計した部品のどこがどのように良くないか現物で示し、どう改良したらいいか一緒に考える。それが宗一郎の鍛え方でもあった。

宗一郎に怒鳴られても取り組む姿勢に変化はなく、久米が粘り強く着実に仕事をこなしていくので、むずかしい仕事は久米に押し付けることが多くなる。その過程で、久米は技術的な方向性を見つけていった。実現不可能と思われていたのに、工夫し試していくうちに、その先に実用化できる世界が開けていくことがあった。教科書に書いてあることを学んで設計するのではなく、いろいろと試し失敗し、その反省で新しいアイディアを出す。試してみると、限界と思われていた壁が取り払われ、新しい地平が開かれていく。そうした経験を持つことは、技術者にとって大きな喜びでもあったろう。

成果が出たのはヨーロッパの主力レースのひとつであるフォーミュラ2用のエンジン開発のときであった。試行錯誤を重ねて完成されたエンジンはヨーロッパの伝統あるチームのエンジンのすべてを寄せ付けないすばらしい性能になっていた。それができるまでの試行錯誤の過程は、さながらエンジン技術の進化の歴史をたどるプロセスでもあった。

このエンジンを搭載したブラバム・ホンダはレースで連戦連勝した。もしこのエンジンを市販用にデチューンして小型乗用車に採用していたら、ホンダは一九六〇年代の後半には、安定した性能のクルマを世に送り出していたかも知れない。それを選択せずに、宗一郎が空冷エンジンにこだわったことを藤澤は残念がった。

前章で述べたように失敗作となったホンダ１３００の空冷エンジンを設計した久米は、このエンジンを完成させたときには疲れ切っていた。そのうえ、フランスグランプリでの死亡事故を起こしたときの空冷ホンダチームのＦ１レース監督も務めたので、さすがの久米も宗一郎にはとても付いていけないと思うまでになった。

久米はフランスから帰国したのち、しばらく休職して四国のお遍路に出ている。

久米の味わった苦渋を理解する藤澤の存在が、久米を次の活動に促す働きをしたのであろう。

復帰した久米はホンダ研究所の取締役になった。四輪部門の開発を担当することになり、失敗したホンダ１３００に代わる小型車の開発の企画を進めることになる。これがホンダの四輪メーカーとしての基盤を築くシビックとなるが、その進め方は藤澤の提唱した「ワイガヤ」方式にしたがったものであった。開発を担当する技術者たちによる議論で、それぞれの想いをぶつけ合って方向を見つけていくやり方である。

久米は、社長を退いてから、創造することとは何なのか、自らの体験をもとに思索した内容を詳細に記述した『ひらめきの設計図』（小学館）という著作をものにしている。そのなかに次のような記述がある。

本田さんがリーダーとしてバトンを次代に譲って第一線から引かれたときに、バトンを受け取った我々は自分たちの哲学を考え出さなくてはならない場面に追い込まれてしまいました。当時のトップからの指示は「おまえたちは凡人の集まりでしかないが、皆それぞれ何か一つくらいは取り柄があるだろう、それを束ねて天才を凌ぐような仕事の仕方をしていってほしい」といったものであったと記憶しています。

集団で創造力を発揮せよ、と行動の基本方針は示されたということになります。しかしこれだけでは行動できません。当時の研究所のトップマネジメントの端くれにいた我々自身で、「どのように行動すべきか」という実行の哲学を創り出さなくてはなりませんでした。

シビックの企画をとりまとめた後、久米は一九七一年に研究所の常務となり、CVCCエンジン開発に加わった。一九七四年に専務、そして七七年に研究所の社長になり、その二年後に本流である本田技研の専務になっている。

多くの経営者たちは、とくに言葉として表現しなくとも、それまでに得た知識と経験をもとに身につけた行動の指針を持っているのだろうが、久米はきちんと整理し、論理的・科学的にまとめて言葉にしている。それをもとに噛み締めるように反芻して決断するのが久米流であった。ふつうは意識しなくても行動できるものはそのままにするものだが、久米は言葉にして意識することで間違いを犯すことがないようにする姿勢だった。久米は「創造することは、芸術や仏教思想などと共通の認識のものである」という考えを持っていた。技術者にしては、珍しく求道的であり思索的であった。

久米の『ひらめきの設計図』という著書のなかで興味深いのは、市販されたクルマがアメリカで思いも寄らないトラブルが発生したときの対処法を考慮するくだりである。

市販までに改良が加えられたクルマが、それまでになかった思っても見ない状況のなかで不具合が発生するという報告がもたらされる。経験を積むことで不具合の発生の確率は小さくなるが、販売台数が増えれば、発生件数そのものは増えていく。開発当時や改良した時点では、とうてい想定し得なかった使われ方をしたり、考えられない偶然が重なったりして起こるものだ。一般的な対処法は、その不具合の原因を見つけて、ひとつひとつ対策をほどこすことだが、そこに共通した問題を整理して解決の方向を見出そうとする。

「思いもよらなかった不具合」というのは、過去に知られていない事実から生起するもので、過去のことに精通していると信じて推論しても見つからないことが多い。そこで、生起した不具合を整理して、いくつかの項目にまとめて、不具合の発生した運転状況を再現できるような道路や状況をつくり出す。それは暑さや凍結、あるいは過酷な環境や使用条件、乱暴な操作などである。実在する使用環境から「思いも寄らぬ」不具合現象を生起する可能性を持つ使用環境を抽出し体系化し事前に不具合が起こる条件を整理する。解決を図るには、事実の把握、原因の解明、適切な対策、再発の監視、そして源流へのフィードバックという段階をおっていく手法、これが体系化である。「知っていることから推埋するのをやめて、まず存在する事実を知ることから出発する」という考えが基本の態度であると問題を整理している。

ところで、この著書の主題ともいうべき「創造のためのひらめき」はどう訪れるか。

一言で言えば試行錯誤を繰り返し、誤謬を伴う言語志向（想像によって作り出した因果律）とその結果（つまり失敗という実在）の認知が想像と実在の世界の循環の中で心に蓄積されていきます。そうして不本意な結果を何回となく認知させられた挙げ句に、何かを契機として突然心の中に求めている結果を実現できる原因の存在相（因果律とそれによる設計）が明確に意識されることがあります。つまり「創造のひらめき」が訪れるのです。

ふつうなら試行錯誤をくり返してらちがあかなくなり、考えるのをやめて他のことをしていると、突然ひらめくことがある、と単純に表現するだけに終わることだ。それをこのように表現することで、上すべりすることなく創造する態度をとるのが久米流ということになる。その哲学といえるものは、容易に仏教思想に近づこうとするものでもある。まわりくどいように見えても、そのことによって失敗は少なく、間違いがないものになるのだろう。

久米は企業全体の方向性を示すというよりも、調整型の経営トップとして、藤澤と河島が敷いた集団指導制を維持した。ただし、集団指導制といっても河島とは違いがあったのは、主として性格の違いに起因するものであろう。河島は任せるところは任せても、企業の方向を左右する決定的なところでは率先して決断した。久米は、みんなの意見を聞き、結論を出すのは慎重であった。それでも、技術部門では川本や入交、販売関係では宗国といった決断が早く行動力のある人たちが経営陣にいたことで、ホンダの意思決定が遅れることはなかった。河島の場合はガキ大将的であったから指示を出すときには具体的であることが多いのに対して、久米の場合はあるべき方向を抽象的に示すタイプだった。それだけに、各セクションを統括する首脳陣は、想いどおりに行動することができたのかもしれない。元気な人たちがリードする組織になっていたからだ。

一九九〇年に久米のあとに四代目社長になった川本信彦は、レースが好きでホンダに入社したひとりだった。久米は、ホンダが二輪しかつくっていない時代に入社したのに対し、一九六三年入社の川本は、ホンダがレースをやっているから入社を希望したもので、二輪主体であったものの、ホンダはユニークで魅力的な企業として良く知られるようになっていた。希望どおりレース用エンジンの開発に携わった川本は、ホンダがレースから撤退すると、本気で辞めようかと考えたほどであったが、いずれはレースに復帰すると信じてとどまることにした。一九七〇年代の終わり近くなって、排気対策などのメドが立ったホンダは、レースに再び取り組むようになる。それは川本の強い希望でもあり、このときには四輪車の開発だけでなく、レースを統括する責任者になって推進した。

川本や入交など「花の六三組」といわれる彼らが、その能力を遺憾なく発揮するようになった一九七〇年代後半から八〇年代は、新しいホンダの発展期であった。各部署の権限は大きくて重大な裁量をする機会が多く、責任ある立場をこなす経験を積んだ。

このなかで、宗一郎に心酔し、指導性を発揮して次期社長の有力候補と見られていたのが入交昭一郎だった。最初から指導者として生まれたような存在であった。

しかし、久米が後継社長に指名したのは川本であった。意外な人事と受け取られたが、川本は東北大学の大学院を出ていたから入交より三歳上であった。入交が二輪、川本が四輪であったが、どちらもエンジン設計というホンダの主流を歩んできていた。後任を決めるときにホンダはF1レースで、それまでにない好成績を上げており、その功績は川本に帰したことが影響したともいわれるが、川本自身がホンダを率いていくことに意欲的であったことも関係したかも知れない。

同期入社だけに微妙な問題があり、誇り高い入交は、副社長になったものの、体調不良を理由に一九九二年にホンダを退社して、ゲームメーカーであるセガの社長に転身している。両雄並び立たずであった。入交と宗国が副社長となって支える川本体制がスタートしたが、入交の退社により、その役目は同じ六三年入社組の入交と東京大学航空工学科で同窓だった吉野浩行が担うことになる。

もし入交が社長になっていたら、川本とは経営の仕方が違っていたから、その後のホンダはかなり異なる方向に進んだかもしれない。仮定の話をしても意味はないが、川本は自動車メーカーとして市場の動向にマッチしたクルマづくりを指導し、それに見合う組織にしたが、入交はホンダの独自性にこだわる姿勢で運営しようとしたと思われる。どのようになったか興味のあるものだが、いずれにしても入交の退社は、ホンダの従業員の多くに衝撃を与える出来事でもあった。最近になって、入交は一九八〇年代後半のアメリカのホンダ・オブ・アメリカ・マニュファクチャリングの社長時代に自分の思いどおりに組織運営をしたことが日本の本社との軋轢を生じ、それが退社の遠因になったと述べている(二〇一〇年十一月朝日新聞夕刊・人生の贈りもの)。

川本が社長に就任した一九九〇年は、日本だけでなく、世界的に自動車のあり方が曲がり角にきているときであった。ホンダも、それまでの路線を継続していくだけで済まない状況に追い込まれていた。川本は、そうした状況が良く見えたから、ホンダを率先して舵取りをしていく自信を持っていた。

創業期の経営トップを別にすれば、主要自動車メーカーの経営者のなかで川本は、トヨタの奥田と並ぶアグレッシブなところのある人物であった。奥田が事務部門であるのに対して川本は技術者であるという違いがあった。川本はクルマに対する情熱を持ちながらクールに状況判断できる経営者であった。

アグレッシブであることは、自分の行動や判断に自信があることを意味する。川本は社長就任とともに、長く続けられた集団指導性を見直すことにした。久米と違って、結論が先に出るタイプである川本は、いわゆるホンダらしい「ワイガヤ」を否定してスタートした。これについて、川本は社長になって六年後のインタビューで次のように発言している。

ちょっといいにくいのですけど、みんなで、というのをやめる。俺が言うからその通りやれという格好ですよ。ちょっと言い過ぎですけれども、このままでは時間が間に合わないと。こんなに変革していて、こんなにパラダイムが違ってきているのに、皆さん、どうしましょうか、なんて言っていられない。デシジョンをする時は、私がかくかくこうする、ということです。

見えている人と見えていない人がいるのに、みんなでワイワイ・ガヤガヤやっていたんじゃ、とてもじゃないけれども、こんにゃく問答になって、どうしょうもない。（月間経営塾・一冊まるごと本田宗一郎・「本田宗一郎を否定することがホンダイズムの継承につながる」より）

川本は一九八〇年代のホンダF1活動を統括する立場になって、引退している宗一郎との接触がもっとも多くなった。ホンダのレースでの活躍ぶりは宗一郎の老後の楽しみのひとつでもあった。引退してからの宗一郎の言いぶんをもっとも良く聞いて理解したのは自分であるという思いを川本は持っていた。宗一郎の情熱と人間尊重の思想に共鳴し、学ぶことの多かった川本は、クールに宗一郎の限界をも見極めていた。

時代が変われば、それに適応していかなくては企業の将来がない。かつては宗一郎のやり方で通用したものも、時代の変化のなかで大胆に変えていかなくてはならないというのが川本の基本的なスタンスであった。他のメーカーのまねはするなといわれても、市場の原理に沿って顧客中心に据えるようにすれば、まねしたくなくとも他のメーカーと同じようなシステムや体制にしなくてはならないところが出てくる。また、良い製品にするにはコストを掛けるのが当然という風潮も改めなくてはならないと考えていた。

川本が社長に就任した直後にバブルがはじけて、右肩上がりの時代が終わった。膨張期から閉塞感のある時代になり、組織が大きくなるなかで、それまで以上にスリムにすべきところはスリムにして効率の良さを追求しなくては生き残れないという危機感があった。ホンダはトップダウンでありながらボトムアップで活動する組織であったが、川本によって、明確にトップダウン方式に方向転換された。そのほうが企業としての意志決定が迅速になり、それが活性化につながるという判断であった。ホンダの新しい方向は川本によって推進されることになる。

各メーカーの車両やエンジン開発の方向性

一九八〇年代は、車両の機構が進化した時代である。大衆車を中心にしてＦＦ車が増え、軽量コンパクトが図られて新世代エンジンが続々と登場した。高級車に安全のためのシステムなど新技術が実用化され、洗練されたデザインがスタイルの主流になった。景気の良さに刺激されたところがあった。

ＦＲからＦＦになったのはコロナやブルーバードクラスまでだったが、この駆動機構の変更により、それまでの各ブランドのイメージが継承されなくなった。日産では、最初にＦＦ化されたバイオレットのモデルチェンジではエンジンマウント設計がうまくなくエンジンの振動を抑えきれないなどで、ＦＦ方式への切り替えでユーザーをうまくつかむことができなかった。

一九八〇年代を迎える直前に発売されたブルーバード（９１０型）は、それまでの車両開発の迷走による販売不振を反省して、かつてのベストセラーカーが持っていた良さを新しいかたちで生かしたクルマになっていたので、久しぶりのヒットになった。しかし、次のモデルチェンジでＦＦ化されると輝きを失った。同じクラスのトヨタのコロナも同様であった。カローラやサニーがサイズのわりに室内が広くなったので、その上に位置するクルマがFF車に変更されると、中途半端な印象のクルマにならざるを得なかった。逆にFR車のまま続くスカイラインやマークⅡなどが存在感を示すようになった。

主要メーカーのなかで、トヨタがFF車に切り替えることに慎重だったのは、いっぺんに多額な設備投資をするのを避けるためであった。バリエーションが豊富なカローラの場合、一九八三年のモデルチェンジの際に、いちどきに変更せずにスポーティ車などはFR車のままにした。サニーなどはすべてFF化されたから、このクラスでFR車であることはマニアにとっては歓迎すべきものとなり、日産よりもトヨタのほうが若者に受ける大衆スポーツカーを持つと評価された。トヨタの巧まざる戦略であった。コロナもFF車に切り替えられたが、カローラと共用する部品を増やすなど、コスト削減に開発主査たちが率先して取り組んだ。

FF化の進行により「軽量コンパクトな新世代エンジン」が次々と登場し、各クラスで性能向上が図られた。日産ではターボ化による出力向上を図ることで一九八〇年代の前半の市場をリードした。既存のエンジンにターボを装着すれば良いのでコスト的には有利であるが、この時代のターボは燃費の悪化は免れず、実用領域では威力を発揮できなかった。トヨタもターボエンジンを用意したものの、魅力あるエンジンにする作戦を展開した。日産は、セドリック・グロリア用に国産初となるV型6気筒エンジンを開発し、スカイライン用にはDOHCの非量産型の4バルブ高性能エンジンを開発したが、トヨタのような総合的な戦略を立てているとはいえず、時代の要求に応えるより、個々の開発にこだわる姿勢であった。

トヨタが、その路線をさらに進めて乗用車用エンジンのほとんどをDOHC4バルブに切り替えたのは、一九八六年のことである。出力性能に優れる機構のDOHCエンジンが、燃費でも有利になることから踏み切ったものである。多額な投資が必要であることから、エンジン担当からの提案も英二によって最初は退けられた。しかし、再度の提案で採用された。ちょうどトヨタが多額の利益を計上しているときだった。これによるトヨタ車のイメージアップ効果は大きかった。他のメーカーも対抗上ＤＯＨＣエンジンに切り替えることになって、一気に日本車のエンジンは世界でもっとも進んだ機構になった。

後手後手にまわることが多かった日産も、一九九三年には先進的なＶ型６気筒エンジンを新しく開発した。首脳陣の消極的な態度にもかかわらず、担当者たちが最善を尽くして優れた機構のエンジンにしたものだ。このＶＱエンジンにより、日産は高級車の分野で他のメーカーに負けないパフォーマンスを発揮することが可能になった。これも、一匹狼的な技術者たちが中心となった活動のひとつであった。

エンジン開発に力を入れるホンダは、一九八〇年代に入るころまでは排気対策で名を馳せたＣＶＣＣエンジンにこだわって、排気対策エンジンの本命になった触媒の装着で遅れをとった。宗一郎の思想である「余分な装置をつけないで解決する」という狙いに沿っていたＣＶＣＣエンジンは、ホンダだけがこだわるものになり、そのホンダもエンジン性能の向上を果たすために触媒方式に転換していく。

触媒を装着する場合は電子制御技術が欠かせなかったので、その開発のために一時的ではあったが遅れをとった。ただし、トヨタや日産と違って独自技術で確立したものであった。追いつくのに時間がそれほどかからず販売実績に影響することはなかった。

その後、エンジンの高性能化と燃費性能の向上を図ったホンダは、一九八九年には「ＶＴＥＣ」という、可変バルブタイミング機構の画期的なエンジンを実用化した。高性能でありながら実用性もおろそかにしない機構である。高性能にすると低速で使いづらいエンジンになるからスポーツカーでしか使用できなかった欠点を克服したエンジンであった。このシステムを使って、燃費性能を高めるエンジンを登場させている。バルブタイミングを変える機構の採用で動弁系は複雑になるが、二輪車で高性能エンジンを追求していた技術が生かされたものであった。

一九八〇年代になるとトヨタや日産もＦＦ車を相次いで登場させたから、ホンダはそれらと差別化を図る方向を模索せざるを得なかった。そのなかで出てきたのがトールボーイといわれたセダンの殻を打ち破ったシティであり、三代目となるワイドバリエーションにしたワンダーシビックであり、三代目アコードの独自の足まわりにしてくさび形のスタイリッシュなクルマであった。このアコードで採用したウェッジシェイプのスタイルをホンダ車の共通のイメージにして特徴を出し、ホンダらしさをアピールした。

一九八〇年代後半はホンダエンジンを搭載するF1マシンがグランプリレースで活躍、日本でもF1ブームとなり、ホンダのイメージアップに貢献した。ホンダはトヨタや日産と違うという印象を与え続けることに成功した。

しかし、一九八〇年代の終わりころから、日本ではセダン離れが進んで、乗用車中心のホンダは苦戦を強いられるようになる。シェアを伸ばしつつあったレクリエーショナル・ビークルは、商用車をベースとしたものであったから、ホンダはその分野への進出で遅れをとった。時代を先取りするはずのホンダが、時代に取り残されようとしていたのだ。

トヨタが日産との差を決定的にするのは八〇年代のことである。成熟する自動車市場に対応して、車両デザインでもトヨタはリードした。市場の成熟によりボリュームのあるかたちよりも、軽快さや洗練されたスタイルが受け入れられるようになる。日産は、これを読み違えてイメージダウンし、スカイラインやローレルに対してトヨタは同じクラスのマークⅡ・クレスタ・チェイサーという三姉妹車が販売を伸ばす。このクラスは唯一日産がリードしていたのだが、これですべてのクラスでトヨタにリードを奪われることになる。スタイルでもエンジンでも魅力に欠けたからである。

一九八〇年代に市販されたモデルのなかで注目されるクルマがいくつかある。

まず一九八二年に発売されたトヨタのビスタ・カムリだ。トヨタ初のエンジン横置きにしたFF車として、最初からアメリカ市場をターゲットにして開発したものである。エンジンも新開発され、FF方式の特性を最大限に生かして、アメリカ市場で要求される室内の広さを実現していた。計画どおりアメリカでヒットし、ホンダのアコードと二分する人気となった。時代の要求に応えトヨタらしい良くできたクルマである。

日産から一九八八年一月に発売されたシーマは、バブルの申し子ともいえるクルマであった。セドリック・グロリアよりワイドボディのセダンとして人気となった。五百万円という高価格だから売れるという時代背景があり、このころには小型FR車のシルビア、スタイルが好評だったBe-1などの発売で日産が元気になったといわれる時期であった。それを牽引した一匹狼的な技術者でありながら技術部門を統括する園田善三が副社長になったが、途中で久米社長と意見が合わなかったのか更迭されている。日産が積極的な姿勢を見せた期間は長くなかった。

同じ高級車でも、トヨタのセルシオ(アメリカ名レクサスLS400)は、アメリカで高級車の販売チャンネルの立ち上げに合わせて開発されたものだ。レクサスの開発は、アメリカでトヨタが大衆車メーカーであるという印象からの脱皮を図るためだった。トヨタ車からひとクラス上のクルマに乗り換えるユーザーをトヨタに引き止めるために、高級車といわれるメルセデスベンツやBMWに対抗するクラスへの進出を図ったのである。日本的な高級車にすることに成功して、トヨタのレクサスブランドはアメリカで定着した。

日産も、対抗上インフィニティブランドを立ち上げた。しかし、セルシオの対抗馬であるインフィニティQ45は、日産の技術の粋を集めたものだったが、企画に甘い部分があり成功したとはいえなかった。トヨタに対抗する意識が強く、トヨタとのシェア差は大きくなるのに、市販する車種は日産のほうが多かった。

日産は、開発現場からの提案で「シャシー性能を一九九〇年までに世界一にする」という「九〇一運動」を立ち上げた。スカイラインR32、プリメーラ、フェアレディなどが対象となり、それぞれに走行性能に優れたクルマとして成果を上げた。これは現場から起こった運動であり、技術者たちの心意気を示すものであった。しかし、このすぐ後のバブル崩壊により、この運動が持続することはなかった。経営陣がうまく汲み上げて組織化する体制にならなかったからだ。トヨタも、ヨーロッパ車に対して走行性能で遅れているという認識を持っていたが、日産のほうが先に手を打ったにもかかわらずリードするチャンスを失ったことになる。

海外進出に見るメーカーの違い

一九八〇年には日本の自動車生産台数は千百万台、不況により大幅に生産台数を落としたアメリカは八百万台となり、年間生産台数ではじめてアメリカを抜いた。アメリカへの輸出は増加が続いた。アメリカへの輸出は、日本の自動車メーカーにとっては生命線のひとつになっていたが、アメリカのメーカーを圧迫する状況になっていた。ビッグスリーの一角を占めるクライスラーが経営的に苦しくなり、アメリカ政府に緊急融資を要請する事態になった。

ビッグスリーは、ヨーロッパにある傘下の自動車メーカーの力を借りるなどして日本車に対抗するクルマを投入したものの、日本車を凌駕するほどのものにはならなかった。

レイオフによる生産調整や工場閉鎖により組合員が仕事を失う傾向が強くなったアメリカ自動車労組(UAW)は、日本車の輸入増大による被害を補償せよという訴えを起こし、その原告にフォードも加わり、アメリカで注目を集めた。厳しい輸入規制を求めるUAW側に対して、日本側はアメリカのメーカーが効率の良い小型車の開発ができなかったせいであり、日本のメーカーに責任はないとアピールした。保護貿易の動きが高まったが、裁判では、かろうじて日本側の主張が認められて、自由貿易が原則であることが確認された。しかし、このまま輸出台数を多くするのは限界に達していた。

アメリカへの自動車輸出の増大は、日米間の政治問題になった。通産省の主導で、一九八一年から向こう三年間は、日本からの輸出は自主規制により毎年百六十八万台に抑えることで決着した。実際には、アメリカメーカーの弱体化を阻止するための圧力によるもので、自主的な規制というのは表面上のことであった。

日本車の台数が制限された結果、日本車はプレミアムがつくなど、人気が衰えなかった。

アメリカでは日本のメーカーに現地生産を求める声が日増しに強くなった。アメリカで生産することになれば、雇用をはじめとしてアメリカ経済に貢献できる。アメリカへの進出は待ったなしになってきたのだ。

貿易摩擦が問題になる前から現地生産にもっとも熱心だったのがホンダである。社長に就任したときから河島喜好は「日本一になるには世界一になることだ」という宗一郎の狙いに沿うように、四輪で海外に打って出るチャンスをうかがっていた。

トヨタや日産に比較すると、ホンダは資金力や販売力で劣っていたから、河島はアメリカ市場を重視することにしたのだ。フロンティア領域があるアメリカでは、トヨタや日産に先駆ければ、ホンダが伸びていく余地が大きいと考えられた。日本国内と違ってハンディキャップが少ないから、効果も早めに出てくると読んだのだ。国際化はホンダのもっとも得意とするところでもある。国内販売よりも海外進出に投資することを優先するのは、この時点では他のメーカーの経営者にはできない決断である。

二輪と四輪による現地生産の実現可能性の追求調査が実施された。現地の生産工場の状況、現地で生産したクルマと完成輸出車とのコスト比較、現地で生産するクルマが日本と同じ程度の品質を確保できるかなどが主要な課題であった。この結果、四輪車の現地生産でもコスト的に見合うことや日本製と同じ品質を確保することが可能であると結論づけられた。一九七六年にフォードとのCVCCエンジンでの提携交渉を持ち、その機会にフォードの生産の仕方を学んだことも参考にして、アメリカでの生産のために必要な項目を洗い出した。

これをもとに、アメリカのコンサルティング会社にどの地域に工場をつくればよいかの調査を依頼、全米に鉄道やトラック輸送で生産したクルマを運ぶのに適した地域としてオハイオ州に絞られた。

オハイオ州知事は、ホンダが工場建設の意志があることを知ると積極的に協力し便宜を図った。同州は労働力の質の点でも心配が少なく、必要な条件を備えた土地を確保することができた。

河島社長は、報告を受けるだけで担当する鈴木正己常務をはじめとするプロジェクトチームの判断を信頼して、現地を視察することなく決定している。

まず二輪車の生産から始めるというのがホンダの強みであった。二輪の場合は、アメリカの主要な産業ではなかったから貿易摩擦に発展することがないうえに、四輪生産のトライアルとしての意味があり、投資する金額も四輪より少なくて済む。

生産のための現地法人ホンダ・オブ・アメリカ・マニュファクチャリング（HAM）が一九七八年二月に設立され、七九年九月に二輪の一号車が完成した。日本人駐在員の指導のもとに、ホンダで培った生産方式で押し通すことができたから、それをもとに四輪生産の準備に入ることができた。四輪の生産ラインも新しいシステムを導入して効率の良いものを採用し、採算や品質の面でも希望が持てるメドが立った。

生産は主要車種になりつつあったアコードである。日本ではシビックやカローラが大衆車であるが、大きなクルマに慣れたアメリカ人には、アコードクラスがそれに匹敵する。

アメリカで二輪生産に携わった人たちのうち優秀な作業員を指導的な地位につけ、現地で調達できる部品を増やし、さらには関連企業のアメリカ進出に便宜を図る努力がなされた。

一九八〇年に四輪工場の着工が始まり、当時の日本円にして五百億円という投資で年産十五万台の規模の工場、従業員は二千人という計画であった。部品だけでなく原材料もできるだけ現地調達する方針であり、現地に溶け込むことをめざした。アメリカはホンダにとって最大の市場であり、ここで成功しなくては本体そのものも脅かされることになりかねないという意識で取り組まれた。

立ち上がりの段階では、問題のあるままラインを流れるクルマがあり、市販するために相当の手直しをしなくてはならないなどの混乱があったものの、粘り強く解決していった。アコード一号車が完成したのは一九八二年十一月のことだった。

燃費が良く環境にも配慮したクルマであると、ホンダのシビックとアコードはアメリカやカナダでインテリ層に人気があった。アメリカ車に乗るユーザーよりクレバーに見えるという印象が定着した。

ホンダは、独自のクルマづくりが注目されて、ホンダと提携を希望するメーカーはいくつもあった。

ＣＶＣＣエンジンに注目したフォードは、ホンダとの提携を試みたが、資本参加してフォードが主導権を取ることが狙いと分かると、自主性を大切にするホンダはフォードの要求する条件をのむ意志がなかったので成立しなかった。ホンダとしては、多くのメーカーと等距離を保ってＣＶＣＣエンジン技術を導入してくれることが望みであった。しかし、やがて排気対策の本命は触媒を装着する方向に進むことになる。しかし、ＣＶＣＣはホンダのイメージを世界的に高めたから、その代償として見れば充分に引きあうものであった。

提携が実現したのがイギリスのローバー社（当初はブリティッシュ・レイランド）とであった。一九七九年十二月に提携に合意、ホンダでつくるクルマをローバーがイギリスで販売することになった。向こうからのアプローチに対して、河島社長が申し出を受ける決断をしたが、主導権をとれる状況であったからで、ヨーロッパに拠点ができることと、彼らの持つクルマづくりから学ぶことがあるかも知れないという思惑があった。アコードの上級車となるレジェンドはホンダ主導であるが共同開発されている。その過程で、彼らの仕事ぶりや開発に対する態度など、良いところは吸収したものの、反面教師として学ぶこともあったに違いない。その後、ローバーはヨーロッパのメーカーと提携することになり、ホンダとの縁は切れるが、この提携でホンダがマイナスになることはなかった。

ホンダが世界に出て行くことで企業としての成長を図ろうとするのに対して、世界的な企業になっていたトヨタと日産は、貿易摩擦を避けるためにアメリカへの進出が欠かせないから実行したのであった。それでも、日産とトヨタでは海外戦略に違いがあった。

日産は、石原体制になって海外進出に積極的な姿勢を見せた。川又から岩越と続いた時代にトヨタとの差が開いてバトンタッチした石原の最大の目標は、その差を縮めることであった。そのためには、海外に目を向けるほうがよいと考えた。国内のシェアを伸ばすには販売網の構築でトヨタに大きく差を付けられ、挽回するのに時間と費用がかかると思われたからだ。

石原俊が社長に就任した直後の一九七八年一月には「海外事業準備室」を設け、アメリカで工場建設のための調査を始めている。実際には、まだアメリカでは日本企業の進出を歓迎する状況になっていなかったので先送りされた。アメリカへの進出が、海外戦略のなかで重要であることは認識されていたものの、ヨーロッパやアジアなど、いくつかある拠点のひとつであるというスタンスであった。

一九八〇年にはアメリカでの工場建設計画を実行に移すが、売れ筋の小型トラックの生産から始めたのは、トラックへの関税が引き上げられたからだ。アメリカではピックアップトラックが乗用車とならんで人気があり、それに目を付けてトヨタに先駆けて一九六〇年代から力を入れていたのだ。

テネシー州に総投資額六億六千万ドルで月一万五千台の計画で進められ、一九八三年六月にダットサン・トラックの一号車を送り出している。工場建設計画を推進したのは、のちに社長となる塙義一であった。

日産の組織のなかではエリートコースを歩んだ塙は、その後、製品企画室長という役職をこなし、社長候補となっている。日本での生産方式をアメリカでも実行することに必ずしもこだわらず、日産ではフォード自動車の副社長だったマービン・ラニオンをスカウトして社長に据えている。もちろん、日産の進んだ生産設備を導入し、作業のノウハウなども生かしたものの、アメリカ流の人事や組織になった。そのぶん、現地では好評であった。

世界に目を向ける石原は、一九八〇年代になって、ヨーロッパへ足を伸ばして海外のメーカートップとの会談を持つなど、提携や海外進出が実行に移された。しかし、日産の将来のあり方を検討しての決断ではないことが多かった。

スペインのモトーリ・イベリカ社を日産に引き受けて欲しいという申し出があったのも、お荷物になっていた企業であったからだ。日産の資本を入れて商用車を現地生産することになったが、エンジンは現地でつくったものを搭載し品質が安定せずに、多額の投資をしたものの黒字になる見通しがつけられなかった。

イタリアのアルファロメオと合弁会社を設立したのは、赤字で苦しむ同社からの申し出による。ナポリ近郊で新工場を建設してアルファエンジン搭載のパルサーを生産し、ヨーロッパにおける日産の生産拠点にする計画だった。しかし、イタリアの大手メーカーであるフィアット社が反発を強めて、アルファロメオを子会社化し、この合弁会社は閉鎖となり無駄な投資に終わった。さらに、フォルクスワーゲンと提携して日本でサンタナの生産を始めたものの、これもたいした成果が得られなかった。

一九七〇年代に生産を開始したメキシコ工場でも赤字が続き、石原の積極的な海外進出は日産の財政赤字を拡大させ、経営を大きく圧迫するものであった。トヨタが海外進出はリスクが大きいものであると、慎重に対処したのと対照的であった。経営トップが、投資するときに懐が痛むのを自分のことと捉えるのがトヨタであるが、日産の経営トップは、投入する資金が多額になっても、そういう感覚を持っていなかったようだ。

これ以上、海外に多額の資金を投入すると財政が破綻しかねないという懸念を財務担当重役が示すと「俺のいうとおりにしろ」と石原が一喝して終わったという。

イギリスでは国内の自動車メーカーが壊滅状態に近くなっていて、産業の新しい展開を図るサッチャー首相の肝いりで、日産が進出する話が進んだ。これにも石原は積極的に対応した。しかし、川又会長と労組の塩路会長が難色を示して、計画はスムーズに進行しなかったが、最終的には石原が押し切って実現した。イギリスの工場進出も黒字になる見通しがなかなかつかずに、長いあいだ資金を投入し続けなくてはならなかった。

石原から久米社長にバトンタッチされてからも、メキシコやスペインなどの工場では赤字が続いた。それなのにメキシコからはエンジン工場の建設など、さらなる投資を要求された。財務部や役員たちからは縮小すべきであるという意向が久米社長に伝えられたが、久米の決断でそのまま続けられることになった。

縮小される方向であることを感じ取ったメキシコ大統領が、急遽メキシコ十字勲章を久米社長に贈呈するなどメキシコ側からの働きかけがあったからだといわれている。企業にマイナスとなる決断をしても、表だって批判するようなことはなく、したがって社長の地位が脅かされることはないのが日産の伝統になっていた。

トヨタは、アメリカへの進出では慎重であった。アメリカに工場をつくるとなれば投資額が大きくなるだけでなく、日本と同じような品質のものが同じような原価でつくることができるか疑問であった。しかし、躊躇しているわけにはいかなくなったので、まずは、いくつかの調査会社に依頼して、どのようなかたちで現地生産するか、トヨタの生産方式を受け入れる余地があるかなどの検討が始められた。

その結果、アメリカのメーカーとの合弁会社をつくる方式が、もっともリスクの少ないやり方であると結論づけられた。手強いUAW(全米自動車労組)という組織と交渉するのは提携するメーカーに任せることができるし、日本の生産方式を導入するに当たっても、どうしたらいいか検討することが可能になる。問題は、トヨタが培った生産方式のノウハウを提携するメーカーに提供することだ。トヨタ内部では反対意見があったが、そのくらいのことで、アメリカ進出のためのリスクを小さくできれば無駄ではないというのが英二の考えであった。アメリカのメーカーを味方に付けるチャンスでもあった。

戦前から提携交渉をしたフォードとは交渉の窓口があったから、合弁会社をつくることに興味があるか打診したところ、フォードがこれに応じて交渉が続けられた。しかし、フォードはトヨタが提供するクルマについて難色を示して交渉はまとまらなかった。

フォードとの交渉打ち切りに反応したのがゼネラルモーターズだった。フォードよりも燃費規制に対して強い危機感を持っていたゼネラルモーターズは、提携によって燃費の良いトヨタ車を自社商品として市場に出すことに魅力を感じていた。ゼネラルモーターズとの交渉は一九八二年三月から開始された。ロジャー・スミス会長が熱心であった。この機会を逃すわけにいかないと英二会長のほうも、結成された交渉団のメンバーに「何が何でも合意に達するように努力せよ」という指令を発した。

休止していたカリフォルニアにあるフレモント工場をゼネラルモーターズ側が提供し、トヨタが開発中のクルマ(スプリンター)を提供し、生産設備もトヨタ方式にすることなど、一年ほどの交渉でまとめられた。

交渉に当たったトヨタのメンバーたちは、二十年ほど前には、ゼネラルモーターズはとても追いつくことのできない巨大なメーカーであり、はるかに見上げる存在であったが、いまやトヨタのノウハウを提供する関係になったことに感慨を持ったのだった。

日本とアメリカのトップメーカーによる合弁会社の設立が、アメリカの独占禁止法に抵触するかどうかという問題があった。排気規制や燃費規制で苦しんでいるアメリカのメーカーの立場が考慮されて、アメリカ連邦取引委員会と司法省から認可された。これがNUMMI(ヌーミィ)と呼ばれた工場である。

工場の設備と作業工程などはトヨタが主導権をとるかたちで、指導的な作業員が日本で研修を受け、旧工場で働いていた人たちの多くが採用された。作業員はマニュアルどおりに働くだけでなく、チームで活動し、創意工夫で作業効率を上げる努力をするなどの指導を受けた。初めて他のメーカーの人たちがトヨタの「カンバン方式」の細部まで知る機会となった。UAWもトヨタのやり方にしたがう意向を示してスムーズにことが運んだ。最初の工場長はトヨタ自販出身で、商品企画室長をつとめた豊田達郎であった。豊田章一郎の弟であり、次期社長になる人物である。

NUMMIは一九八四年二月に設立されたが、期待したほどゼネラルモーターズブランドとして販売されたトヨタの小型車の売れ行きは良くなかった。とはいうものの、その後もトヨタとゼネラルモーターズは、各種の提携を進めるなど、表向きは良好な関係を保った。

この工場は二〇一〇年まで生産を続けた。スミス会長はトヨタの生産方式を他の工場でも取り入れることを望んだが、各地の工場を取り仕切る首脳陣は誇りが高かったせいか、それほど熱心ではなかった。むしろ、ヨーロッパのゼネラルモーターズ系のメーカーのほうが先にトヨタの生産方式を採用している。

アメリカのゼネラルモーターズのほうは、トヨタより進んだ生産方式にしようと全自動で作業員を極端に少なくした工場をつくったものの、完璧のはずの工場がトラブル続きで、その解決に手間取ってしまった。生産設備はトラブルを起こすもので、その対処の仕方がノウハウであるというトヨタ方式を理解していなかったためであったのだ。

ゼネラルモーターズとの合弁工場が軌道に乗るのを見届けて、トヨタは独自にアメリカ進出を決意する。慎重に、しかも用意周到なものであった。

英二会長と章一郎社長のふたりは、三か月以上かけてアメリカ各地を見てまわった。このとき通訳として同行したのがダン・ゴーハムであった。戦後すぐに日産常務となっていたウイリアム・ゴーハムの子息である。小学校から大学(東京大学文学部卒)まで日本の教育を受けて、太平洋戦争直前に日本に残る両親と分かれてアメリカに帰ったのは、アメリカ人であることを選んだからだ。日本語の読み書きが堪能なダンは、戦後になってからは日本との交流に力を入れ、アメリカの外交顧問をした経験もあった。体つきや顔つきはアメリカ人そのものだが、目をつぶって聞いていれば日本人のしゃべり方そのものである。それなのにメモは英語で取るという器用なところがある。日本人の感性や習慣も良く理解しており、細かいニュアンスまで間違うことなく伝えることができた。

トヨタの進出はアメリカ政府も関心を示し、各地を調査しているトヨタのふたりの首脳に大統領府から会いたいといわれて国務長官と会談している。予定は十五分だったが、いろいろな質問がとんで会談は四五分におよんだという。これは異例のことであったようだ。

アメリカ全土に輸送することや、地元の理解、環境などに配慮して選んだのがケンタッキー州であった。ここに、トヨタの生産方式の工場を建設、従業員がＵＡＷのメンバー中心でないことはトヨタに取って有利なことだった。ゼネラルモーターズはＵＡＷとのあいだで、退職後も医療保険や年金などを支払う契約をしており、退職した人たちが増えていったから大きな負担になったが、トヨタではそうした足かせから自由な立場を確保したのであった。

この工場の建設から設備までリードしたのは日本から派遣されたトヨタの人たちであり、リーダーは東京大学法学部出身ながら、トヨタ生産方式を確立させた大野耐一副社長について、その薫陶を受けた張富士夫であった。奥田に次いで社長に就任するのは一九九九年のことである。

トヨタのケンタッキー工場が稼働したのは一九八八年五月であった。アメリカで売れ筋になっているカムリが生産された。この後、トヨタはアメリカでの生産を増やし、確実にアメリカでシェアを伸ばしていった。その過程で、ホンダの「アキュラ」チャンネルに次いで高級車を扱う新しい「レクサス」ブランドを一九八九年に立ち上げる。レクサス店のサービスは、日本流のきめ細かくて行き届いたものにしたから、そうした親切になれていないアメリカ人に好評であった。日本の良いところも導入することで、トヨタは日本流(とりもなおさずトヨタ流)がアメリカでも通用するという感触を持ち、自信を深めていった。地元に溶け込もうとする姿勢でもトヨタは熱心であった。

日本のメーカーが、アメリカで販売を伸ばすことができたのは、アメリカのメーカーが、主力車種をサイズの大きいミニバンやSUV(スポーツ・ユーティリティ・ビークル)にシフトしたからでもあった。危機に陥ったクライスラーが立ち直ったのもフォードから転出して社長に就任したリー・アイアコッカが、いち早くミニバンの市場投入を図ったからである。商用車ベースであるから燃費規制がゆるやかであり、セダンより利益幅が大きい車種であった。しかし、燃費は良くないから、ビッグスリーは、根本的な問題を先送りしたことになり、日本車はアメリカでは依然として有利な立場を確保することができたのである。

なお、グローバル化という観点では、ヨーロッパや東南アジアなどへの進出についても触れなくては不公平になるが、日本のメーカーにとって主要な市場であるアメリカ中心に記述していることをお断りしておきたい。

セダンばなれに対応して好調な三菱

オイルショックのつまづきから立ち直りつつあったマツダと、販売を伸ばす三菱自動車が、ホンダを含めてトヨタと日産に次ぐ地位を巡る争いが進行した。そのなかで三菱は優位な状況に立とうとしていた。

一九八二年四月に発売した三菱パジェロがヒットした。パジェロはアメリカのメーカー(ウイリス社)と提携してつくられた四輪駆動車ジープの後継車としてデビューした。技術提携で製造していたジープの場合は、アメリカ市場で販売できない契約であったために、それに代わる四輪駆動車として開発された三菱の新しい戦略車であった。オフロード車であるジープよりもマイルドな方向にしたことが成功の要因であった。タイミング良くパリダカールラリーで活躍し、レクリエーショナル・ビークル(RV)ブームの火付け役となった。

三菱は、一九八〇年代になって、ユーザーがセダン離れの傾向を強めることにもっとも早く反応してシェアを伸ばした。パジェロやデリカなどのほかにシャリオを出しRVの分野で先行した。

一九七三年五月に社長に就任した久保富夫は、一九七九年に曽根嘉年にバトンタッチし会長になり、二年後の一九八一年六月に東条輝雄が社長になったが、久保が会長にとどまって采配を振るった。曽根と東条は、ともに航空技術者であった。この時代の三菱自動車は、三菱重工業の子会社であったから、首脳陣の人事は親会社のほうで決めており、その都合で自動車に経験のない人物が指名されることが相次いだ。東条英樹を父に持つ東条輝雄は、国産航空機YS11の開発に手腕を発揮し、意欲を持っていたが、開発や生産部門のリーダーたちを把握する久保会長が経営トップとしての手腕を発揮したので、存在感を示すことができなかった。

カリスマ性を強めた久保富夫は、一九八三年に三菱商事や三菱重工で総務部門にいた舘豊夫が社長になったときに会長を退いたが、久保が構築した車両開発と生産部門の組織体制は確固としたものになっていた。代わって東条輝雄が会長になり、社長に就任した舘の主要任務は、分離した自工と自販の合併、それに三菱自動車の株式上場の準備であった。子会社から脱皮して独立して経営するための実績をつくることが求められた。

車両開発を統括するポジションで頭角を現したのが中村裕一であった。入社してエンジン開発部門に配属された中村は、設計者として活躍し、レース用高性能エンジンの開発まで手がけた技術者であった。久保が社長になってからは、久保と同じ航空技術者であった小林貞夫が副社長で技術部門を統括していたが、中村は後継者として技術部門を統括する立場に引き上げられた。何人かいた出世コースに乗る人のなかから次第に中村が飛び抜けた存在になり、舘社長の時代になると、車両開発本部長として采配を振るうようになった。

当初は日産の仕掛けたターボが人気になるとフルインターボ路線を打ち出し、ＦＦ車への切り替えが進む傾向を見せると最上級機種のデボネアまでＦＦ車とするなど、自分のところのペースで進むより大勢に便乗する行き方であった。気筒当たり５バルブエンジンが登場すると軽自動車用にまで採用し、Ｖ型６気筒エンジンが登場すると高級感を出そうと直列４気筒エンジンで充分なクルマにも搭載するなど、製品にふさわしいことよりも優れた技術を持つことをアピールすることを優先する感じがあった。

一九八七年に登場した四輪駆動のギャランＶＲ４は、ライバルたちにない機構をアピールし注目を集めた。国際ラリー出場を意識した機構を備えており、新しいタイプの高性能セダンにすることに成功した。

三菱自動車が株式の上場を果たすのは一九八八年十二月のことである。舘社長の周到な計画と行動が実を結んだものである。これにより、三菱自動車は重工の子会社から一人歩きする企業になった。その半年後の上場後の初の株主総会で中村裕一が社長に就任、舘が会長になった。中村は自動車部門生え抜きの初めての社長であり、久保に次ぐエースの登場であった。技術者出身の社長である中村本人もやる気を見せ、周囲の期待も大きかった。

このときに、乗用車部門で見るとホンダにはリードされていたものの、トラックやバス、さらには軽自動車まである三菱は、自動車全体の国内販売台数では、わずかではあってもホンダをリードしていた。このときの三菱の国内シェアはおよそ九パーセントであった。

クライスラーとの関係の見直しも重要案件であった。一九八一年九月に契約が改訂されて、三菱が独自に販売網を構築できるようになり、一九八五年十月にクライスラーとの合弁で乗用車生産工場をイリノイ州に建設する。翌年にはここで生産されたクルマが三菱とクライスラーで、それぞれのブランド名を付けて発売されている。クライスラーの株を持ち、エンジンを供給するなど三菱が支援することが多く、三菱はクライスラーとの関係を弱める方向に進んでいく。三菱が所有するクライスラー株を売却して提携を解消するのは一九九三年のことである。

三菱自動車が、韓国の「現代自動車」に資本参加したのは一九八一年のことである。韓国の自動車産業が黎明期を迎え、三菱はエンジンやトランスミッションなどをアセンブリで提供することになった。自動車技術に関してのノウハウ獲得は、これからであった現代自動車は、これを足がかりにして自動車メーカーとして国際的に頭角を現していくようになる。三菱は、車両やエンジン開発のノウハウに関して他の自動車メーカーよりもガードがゆるいところがあったから、現代自動車にとっては技術的な成長につながるノウハウを獲得できる良い機会を持つことができた。八〇年代の後半になるとアメリカへの進出を図るなど、現代自動車は、三菱との提携をその後の発展にうまくつなげたのだった。

業績回復後につまづくマツダ

経営状態が悪化し再建のために乗り込んできた住友銀行系の人たちが主導して運営されたマツダは、それまでの経営手法とは異なる方向に進んだ。

フォードと提携したのは、マツダが単独では生き残れないという判断からであった。ビッグスリーのうち、フォードだけが日本に拠点を持たない状態が続いたが、マツダの事情が変わったことで、フォードも日本に橋頭堡を築くことができ、フォードから役員が派遣された。東洋工業という社名から、クルマのブランド名でもあった「マツダ」に変更するのは一九八四年五月のことである。

一九八二年には、マツダ車をベースにしたフォードブランドのクルマが日本にあるフォード販売店であるオートラマから発売され、アメリカだけでなくヨーロッパへの輸出にも力を入れた。トヨタやニッサン車に比較すると走行性能の良いクルマになっていたせいで、ヨーロッパでマツダは強かった。車両開発などの体制と人脈が引き継がれ、その手法も変化がなかったからだった。

スポーティなクルマが得意なメーカーになったマツダは、一九八〇年代の半ばを過ぎると輸出比率が六〇から七〇パーセントに達した。それによって、ドルやヨーロッパ通貨が円に対して弱くなると利益幅が縮小した。とくに一九八〇年代後半には円高が進んで、為替差損が大きくなるのがマツダの悩みとなった。

一九八四年十一月に技術部門のエースであった山本健一が社長に就任、コンビを組んで技術開発を推進した渡辺守之が会長になる。ロータリーエンジン開発で実績を持つ山本は、一九六〇年代の車両開発でマツダの技術を牽引し、当時の松田恒次社長にも信頼されていた。財務部門は住友系の人たちに握られていたものの、技術部門のリーダーとしての道を歩んできた山本が社長になるのは、マツダのなかでは自然なことと受け取られた。

山崎社長の下で無任所の専務取締役として中途半端な立場になっていた山本は、社長就任でようやく出番がまわってきたと張り切った。山本の社長就任は、マツダの住友による支配にひと区切りしたことを意味した。

しかしながら、山本はもともと強力なリーダーシップを発揮するタイプではなかった。与えられた課題を技術的に解決することに手腕を発揮し、それが評価されて技術部門のトップとなったが、経営者になるためのノウハウ獲得の機会もなかったようだ。ロータリーエンジンの開発でも、このエンジンの持つ限界や課題を知らないわけではなかったろうが、その疑問は封印して、その実用化がマツダにとっての生命線であるといわれれば、命を投げ出しても成功させるという心意気で臨んだのだった。

ロマンチストといわれた山本は、経営者としては優しすぎる心根を持っていた。それもあって、多くの人たちに慕われ特別な存在になっていた。山本は「人間に優しいクルマづくり」をめざすが、自動車を取り巻く環境が激しく変化するなかで、マツダの方向性を指し示して推進する強さに欠けていた。

社長になったからには、社長としてのやるべき仕事を全うしようと、自分の得意としない分野でも全力投球することが任務であると思い、個性を失うことが多かったように見受けられる。山本を立てるタイプの人たちに囲まれていたから、結局は山本ひとりで経営判断をしなくてはならない立場におかれた。情に支配されるタイプの経営者の場合は、それをカバーする首脳がいてコンビを組むことが重要だが、山本の場合は、そうした状況にはなかったため、経営の空洞化につながった面がある。

広島を本拠にするマツダは、地元では大企業であるが、中央にはコンプレックスを持ち、組織としても内向きな姿勢になっており、首脳陣も内弁慶なところがあった。

一九八七年にはアメリカのミシガン州に工場を建設して現地生産に乗り出した。フォードとの関係を生かすことができたものの、規模としてはトヨタやホンダより小さいものであった。部品メーカーをともなう進出であり、山本はこれに多くのエネルギーを注いだ。しかし、ホンダやトヨタなどと同じような効果を上げるのはむずかしく、資金や人材などの負担も大きかった。トヨタや日産よりも体力的に劣るメーカーの持つウイークポイントであった。

為替差損から逃れるには国内販売に力を入れる必要があるとして打ち出されたのが、新しいモデルの投入である。一九七二年に撤退した軽自動車への復帰、ブームとなりつつあるミニバン、さらには小型スポーツカーといったニューモデルの導入が計画された。しかし、軽自動車はエンジンから車体まで独自に開発して生産するには資金がかかりすぎるから、スズキからＯＥＭ供給を受けて販売することになった。ライトウエイトスポーツカーのユーノスロードスターは一九八九年に、ミニバンのマツダＭＰＶは一九九〇年に登場する。しかし、市販するのに手間どり、これだけでは根本的な解決にはほど遠かった。

山本からバトンタッチされて古田徳昌が社長になるのは一九八七年十二月のことである。古田を指名した山本が会長になり、山本・古田ラインでマツダは進んでいくことになる。

古田は通産省の官僚からマツダに副社長として招かれた人物で、自動車に関しての知識はあまりなかった。中央に弱いマツダは、関係する官庁との交渉では、他のメーカーに比較して苦労することが多かった。その悩みを解消する手段として大物官僚をスカウトしたのだが、天下り感覚でマツダにきたわけではないだろうが、自動車メーカーの経営者としてふさわしい人物とはいえなかった。こうした勘違い人事が、マツダを間違った方向に進めることになる。

このころに、通産省はヨーロッパへの輸出もアメリカ同様に貿易摩擦を恐れて自主規制する方針を打ち出した。ますます国内販売の伸びが重要課題になり、具体策の検討が進められた。

その結果、一九八九年になって「マツダ・イノベーション計画」がまとめられた。従来の国内販売チャンネルを三系統から五系統に増やし、それぞれのチャンネル向けにニューモデルを投入するという内容であった。ときはバブルの真っ盛りであり、価格の高いクルマが売れていた。この機会に、国内の販売網を大幅に拡張してトヨタや日産に迫ろうとする計画であった。当時のオートラマ社長だった安森寿郎の提案によるものだった。

大きな路線転換である。設備投資は節約するにしても相当な額になる。ホンダでも、国内の販売網を充実させようとさまざまな努力をしているが、このように一気に拡張するような大胆な方法をとっていない。それだけリスクの大きい計画だったが、首脳陣は大した議論もせずに決定したのである。

トップの方針に忠実に動く体質になっていたものの、車両開発で負担が大きくなる技術部門から疑問の声が挙がった。しかし、このままでは先行きが明るくないといわれればしたがわざるを得なかった。疑問の声が大きくならず、大勢に順応するムードが蔓延していたようだ。首脳陣は、リスクの大きい計画であるという認識を持たずに、この計画が推進されていく。

当時は販売チャンネルごとに異なるモデルを供給する方式になっていたから、チャンネルが増えれば、投入するモデルも大幅に増やす必要がある。だからといって、技術陣を増やすこともできないから、少人数で開発時間を短縮して多くのモデルを急いで開発することになる。ニューモデルの熟成のために費やす費用と時間が少なくならざるを得なかったので、完成車としての出来は多少問題のあるものがあり、同じプラットフォームを使用したクルマの販売チャンネルごとの差別化も充分なものになっていなかった。

ニューモデルの質がどうか、他のメーカーのモデルより魅力的になっているか、ユーザーに認知してもらうために何をするか。競争に勝ち抜くための基本がおろそかにされたまま計画が進行した。販売店を増やして、ニューモデルを供給すれば、販売台数が増えるなら苦労はいらない。

一九九〇年になって、マツダの五チャンネルの販売体制が出来上がり、慌ただしく開発されたニューモデル群が店頭に並んだ。

一九九〇年に発売されたユーノスコスモは、そのなかでも異色のクルマであった。ロータリーエンジン搭載車として、それまですべて2ローターだったものから3ローターにした高性能車だった。技術的にもむずかしい挑戦であり、市場を意識するよりもロータリーエンジンの枠をきわめた開発で、高級感を前面に打ち出したものだった。五チャンネル化のためというより、社長だった山本健一の功績を記念する意味合いのあるクルマづくりであった。それほどマツダのなかで山本は頂点に達した技術者として、また経営トップとして特別な存在であるという意識を持つ人たちに囲まれていた。高性能なエンジンにふさわしいシャシー性能にするために技術的に凝ったサスペンションにするなど開発にコストがかかるものになった。市場で評価されるクルマになるか疑問を感じて、この開発は中止すべきだという意見もあったが大きな声にはならなかった。ロータリーエンジン搭載車として頂点となるクルマではあったが、販売台数は限られたものであり、投資額に見合った販売は最初から期待できないものであった。

ロータリーエンジンに関しては、翌一九九一年六月のルマン24時間レースで優勝するという「良いこと」があった。八〇年代のマツダのルマン挑戦は、その傘下にあるマツダスピードの活動として細々と続けられていたが、マツダ全体の取り組みとして優勝を狙う体制がつくられて二年目のことだった。ルマンにはトヨタも日産も挑戦していたが、メルセデスやジャガーに阻まれて優勝できないままであった。レースマネージメントで優れたマツダスピードの活動を広島のマツダ本社が全面的にバックアップすることで、ポテンシャルを上げたマツダチームは、幸運にも恵まれて日本のチームとして初めてルマンに勝つことができた。

マツダの意気があがり、五チャンネルの拡大路線を祝福しているかに見えた。しかし、ムリのある計画であったから、期待したような販売増にはならなかった。そうでなくとも成功がおぼつかない拡大路線は、その直後にバブルの崩壊が訪れて、決定的な失敗とならざるを得なかった。国内販売は伸びるどころか、計画の実行以前より落ち込んだ。

結果としてマツダが、このときの景気低迷の影響をもっとも大きく受けた。オイルショックの直前にロータリーエンジン車の増産を決めて実行したときと同じ轍を踏んだのだった。

ふたたびマツダは深刻な経営不振に見舞われる。フォードに救ってもらうより方法がなかった。フォードからの資金提供を受けて、マツダは完全にフォードの子会社になった。リストラが進み、希望退職者がつのられ、車両開発も見直された。スリムになって出直しが図られた。

バブル崩壊を予想できなかったといえばそれまでだが、オイルショックのとき以上の経営の失敗であった。営業関係者からの提案であるとはいえ、無謀な計画には経営者がブレーキをかけるべきであったろう。少なくとも、どのようなリスクが考えられるか、それを避けるために何をすることが重要かを考慮しないままだったのは、経営の硬直化が進んでいたからである。そのツケの支払いは、生易しいものではなかった。

スバルのレガシィ登場

戦前の航空機メーカーのムードをもっとも残していた富士重工業は、外部から来る社長が、その社風を改めようとしなかったし、生え抜きの社長になっても、そのことがマイナスであるという意識を強く持っていたわけではなかったようだ。車両開発の方向も伝統にのっとったものであった。

水平対向エンジンのFF車の機構的な特徴を生かした四輪駆動車がスバルの特徴になったものの、その後は積極的な展開を見せなかった。そんななかで、ドイツのアウディが四輪駆動にすることで高速安定性を発揮するスポーティカー(アウディ・クアトロ)を完成させたのは一九八二年のことである。FF車中心であった同社が、ベンツやBMWに対抗する高性能な高級車として開発したもので、画期的なクルマとして新しい流れをつくった。

一九八〇年代中盤になって、主力モデルのレオーネを全面的に変更するために検討されたときには、日本国内で五パーセント程度のシェアを確保する行き方で特徴を出すのが良いという認識が出来上がっていた。エンジンの機構は古めかしくなったエンジンを新しく設計するに当たって、これまで同様に水平対向にすることになった。一般的な機構の直列方式のエンジンが良いという意見もあったが、エンジン関係の技術者たちの熱意をかって、興銀出身の田島敏弘社長が決断して決まった。

一九八九年に登場したレガシィは、RVが売れ筋になっていたことから、ツーリングワゴンが人気となり、富士重工業を支えるクルマになった。多くのユーザーを取り込もうとせずにクルマに思い入れのある人たちを引きつけようとする狙いが当たり、その路線は、一まわり小さいインプレッサも加わって、現在まで続けられている。

スバルを支持する層に支えられていたので、バブルの崩壊による落ち込み率は、他のメーカーよりも少なく済んだのは幸いであった。しかし、かつてはトップメーカーであった軽自動車の部門でも、スバルはスズキやダイハツなどには大きく水をあけられたままであった。高級スペシャリティカーのアルシオーネやリッターカーとなるジャスティなども市販したが、いずれも成功とはいえなかったから、レガシィが成功するかどうかに富士重工業の運命が掛かっていたのである。

なお、富士重工業も相次ぐ日本メーカーのアメリカ進出に刺激されて、いすゞ自動車と共同で進出した。一九八七年二月に計画が実施されたが、投資額が少なく規模の小さいものであるにしても、工場建設から販売網の整備、サービス体制の確保など、海外進出は大きなメーカーより遙かにリスクが大きいものだった。日本のビッグメーカーの戦略を、規模を小さくして後追いする傾向があった。しかし、それだけにムリのあるものだった。企業規模のわりに大きくなった投資資金の回収も思うように進まず、この進出は富士重工業の財務体力を弱めることになった。明らかに経営判断の失敗であった。

第八章　グローバル化の進行と変貌する自動車産業

パラダイムシフトと自動車メーカーの合従連衡

一九九〇年代になって、日本ではバブルが崩壊して景気の低迷が底流をなす時代に入ってきた。景気が回復したといわれる時期でも、それ以前の好景気と比較しようもない低レベルの経済状況が続き、企業の業績の好転が見られる場合も、製造業ではリストラやコスト削減などに支えられている傾向が強い。

世界的にいえば、冷戦の終結による影響が大きい。経済体制が大きく変わった中国やロシアで自動車の市場が拡大するようになり、自動車の需要が先進国といわれた地域以外に広がってきた。インドやブラジル、さらには東欧や東南アジアなどの経済発展により、自動車に乗る人たちが世界規模になりつつある。自動車メーカーの活動が、それまでにも増してグローバル化し、企業のあり方が変化してきている。自動車の世界規模での保有台数の増加は、人口の増加によるエネルギー消費の増大とともに、地球環境の破壊という問題への対応の緊急性がクローズアップされてきた。対症療法的な改良では追いつかない事態になっている。そして現在は情報革命ともエネルギー革命ともいえる変革の時代に突入しようとしている。

環境に悪影響のある有害物質の排出を規制することから始まって、当初は有害と見なされなかった二酸化炭素（CO_2）

を減らすことが強く求められるようになった。二酸化炭素の削減は、とりもなおさず燃費を良くすることである。しかし、同時に、魅力あるクルマにすること、コストを削減することなど、従来から追求された課題に関しても進化することが求められている。

一九九〇年代に入ったところでは、ガソリンエンジンが乗用車では主流であり、ディーゼルエンジン車が増える傾向を示し、燃費を良くすることの重要性が共通の認識になってきた。そこで、排気を出さない電気自動車、さらにはハイブリッド車や燃料電池車といった未来のクルマの姿を追求することが、世界をリードしようとするメーカー中心に実用化に向けた研究開発が促された。

先進国のあいだでは、IT関連企業や金融関係などの分野が製造業よりも重視される傾向を強めた。かつての「重厚長大」から「軽薄短小」産業にシフトしたといわれるようになり、ゼネラルモーターズも利益追求を優先して、自動車販売における金融関係の部門が、製造部門よりも利益を生み出す体質になっていった。

「四百万台クラブ」という言葉がささやかれるようになったのも、一九九〇年代になってからである。年間の生産規模が大きいことが生き残りの条件になったというものだ。ゼネラルモーターズやフォード、トヨタやフォルクスワーゲンなど限られたメーカーしか該当しない。生産台数の少ないメーカーは「寄らば大樹のかげ」ということになり、規模の大きいメーカーの傘下に入り、世界的な規模の合従連衡が見られるようになる。

その始まりは、有力なメーカーが得意分野を守る姿勢からライバルの得意分野に進出していくようになったことだ。高級車メーカーが大衆車をつくるようになり、逆に大衆車メーカーが高級車を売り出すようになった。伝統的に強い分野だけを守っていたのでは、将来的にじり貧になりかねないという判断であった。

ダイムラーベンツ社は、若い人たちの支持が減っている傾向に危機感を抱いた。若者に注目されるために、ベンツのブランドを生かしながら車両価格の安いクルマをつくることにした。その試みは一九八〇年代から始まっていたが、一九九〇年代になって本格化した。フォルクスワーゲンも高級車を市販するようになり、他のメーカーも生き残りをかけて攻勢に出た。競争が新しい段階に入り、得意分野を中心にした活動で棲み分けをしていた時代が過ぎ去る傾向を強めた。

ダイムラーベンツ社とクライスラー社という、ドイツとアメリカのメーカーが一九九八年十一月に合併する。この衝撃的な出来ごとが、世界の自動車メーカーを脅かし、新しいグローバル化を加速させた。生産台数の少ないダイムラーベンツと販売台数がじり貧になっているクライスラーが、危機感を持ったことによる選択であった。国境を越えた大型合併は、何でもありという印象を強くし、生き残りを図ることができるかどうか、自動車メーカーがそれぞれ自らに問い直す事態を生んだ。少数のユーザーに支持された個性的なメーカーが大メーカーの傘下に続々と入っていく。ゼネラルモーターズとフォードは、各国にある多くの少量生産メーカーを抱え込んだ。

日本の自動車メーカーも、トヨタとホンダ以外は、こうした合従連衡の大波に飲み込まれた。独立を保てないメーカーの多くは、抱えている弱点の解決法として、大メーカーの傘下に入る以外の選択がないように思われた。

しかし、その後ダイムラーとクライスラーが合併を解消したように、異なる伝統と企業風土を持つメーカーが、それぞれの良さを発揮して相乗効果を上げるのはむずかしいことだった。時間が経つにつれて得意でない分野に進出しても、成功していないことが多かった。量的な拡大が必ずしも、生き残りの条件でないことが明瞭になった。結果として、不安を抱えていたメーカーが右往左往しただけだった。その挙げ句の果てに、繁栄を誇ったゼネラルモーターズさえ、破綻に追い込まれる時代となり、メーカーそのもののあり方が、根本から問い直されるほどの状況になっている。

トヨタの社長交代と方向の転換

日本の自動車生産のピークは一九八九年で、この年に国内で生産されたのは一千三百万台、その後は一千台前後まで落ち込んで推移している。どのメーカーも減産せざるを得なくなった。バブルの崩壊後は、日本の自動車メーカーも、アメリカのメーカーのように、景気の波によって生産台数を調整する時代に入ったのである。

トヨタも例外ではなかった。販売が頭打ちになるなかで、士気を高めるための目標を立てることがむずかしくなってきたのである。長らくトップメーカーの後追いで済んでいたセカンドメーカーの地位に甘んじていられなくなり、自ら新しい目標を掲げなくてはならない時代に入ったところで、バブルの崩壊が起こったのである。

そのタイミングとトヨタの経営トップの交代が重なった。

豊田英二会長・章一郎社長の時代が終わったのが一九九二年九月である。八十歳を目前にして英二は経営の第一線を退くことにした。豊田章一郎会長・豊田達郎社長という兄弟が経営を引き継ぎ、英二は新設された名誉会長になった。

半世紀以上にわたってトヨタの意思決定に深く関わってきた英二は、そのままトヨタ自動車の成長を体現した人物である。経営トップとして最終判断は英二が首を縦に振らなければできない組織であった。だからといって、ワンマンとして何から何まで決めるのではなく、多くの権限を委譲してきていた。トヨタの経営に一貫性があったのは、英二が組織に君臨する体制が長く続いたからだ。トヨタの創業者は豊田喜一郎であるが、英二は第二の創業者といえる存在であった。

引退を決意した英二は、直接的に指示することはなくなったものの、自分の手を離れるトヨタの未来に対して、いくつかのメッセージを残している。

一九九二年初めに制定された「トヨタ基本理念」も、そのひとつであろう。これは、かつての佐吉時代から引き継がれた社訓をグローバル時代となった現代に当てはめて書き換えたものである。「法律を遵守し、各国の文化慣習を尊重し、住み良い地球環境と豊かな社会づくりに取り組み、最先端の研究開発で顧客の要望に応え、個人の創造力とチームワークを強みとして社会や取引先と共存共栄を図る」ことを骨子にしている。企業としての社会的な責任をしっかりと自覚することを求めたものである。

名誉会長になってから、英二はトヨタの協力部品メーカーで構成される「東海協豊会」の講演で、かつてのバブル期に高級車が売れ、全般に装備が贅沢になったことで、過剰品質・高コストとなったことに対して自己批判するような発言をしている。バブル期であっても、それに踊らされることなくメーカーのあり方を踏まえることが大切だという反省だった。これからもコスト意識をしっかりと持って臨むように要請している。景気がよいときでも浮かれてはならないし、そうでないときはなおさらであるというメッセージである。

どのメーカーよりも取引する部品メーカーや材料の購買で、トヨタほど徹底して価格低減を求め、達成しているところはないといわれている。それでも、多くの取引先との関係が継続しているのは、何が何でも安くするだけというのではなく、取引先が成り立つように配慮しながら原価低減を求めたからだ。トヨタと共存するのは厳しい試練であるが、それは国際的な競争に勝つための重要な条件と考えられた。

英二が引退を意識して開設したのが「トヨタ博物館」である。国産車だけでなく、世界の主要なクラシックカーまで歴史的な経過をたどれるように広く集めて展示されている。一九八九年四月に開館、これだけの規模の自動車博物館は世界的にも数少ないものであり、生きた自動車の歴史を知ることができるものだ。

一九九四年六月にオープンした「トヨタ産業記念館」は、豊田グループの原点ともいうべき技術や製品を展示するとともに、ものづくりの面白さや大切さをアピールする場になっている。トヨタ自動車が豊田グループの中心になって久しいが、グループの結束を緩めないために共同出資によりつくられたものだ。豊田佐吉の名古屋に置ける本拠地であった「豊田紡績」の工場跡地につくられたことが、この記念館の意味を象徴している。同時に、日本人の「理工離れ」が進むことへの危惧、ものづくりこそ社会貢献できるものであることを伝えようとしている。

英二は一九九四年にアメリカの「自動車殿堂」入りを果たした。本田宗一郎についでの名誉で、国際的に自動車の発展に貢献したことが認められた。自動車メーカーの経営トップとして功なり名を遂げたことになる。

会長の豊田章一郎・社長の達郎による兄弟コンビの体制になってから、とくに新しい路線が提唱されることはなかった。時代の変化に対応できずに、方向性を見失ったかのように見えた。しかし、豊田家の兄弟による経営は長く続かなかった。達郎が脳溢血で倒れたからである。その半年後の一九九五年八月に奥田碩が社長に就任する。それ以前から副社長になっていた奥田は、実力者となった章一郎の側近としてトヨタの意思決定の中核を占めるようになっていた。それによって、徐々にトヨタの経営の方向に変化が生じつつあり、奥田社長の実現で、それが明確になったといえる。

一九九四年に会長である豊田章一郎が経済団体連合会の会長に就任し、財界トップになったのは、自動車産業からは初めてである。日産の川又が、次いで豊田英二が副会長になっているが、自動車産業が日本の基幹産業になってから久しく、自動車のトップメーカーからの財界総理といわれるポストへの就任は当然のことと思われた。

豊田章一郎の経団連会長就任は、トヨタの経営の転換をも意味した。英二は、財界活動に対しては最初から距離を置いており、政治的に動くことはなかった。トヨタという組織の発展が第一であり、それと関係する自動車業界の動きには関心を示したが、川又のように、それ以上の野心は持っていなかった。トヨタ自動車と一体感を持っていたから、大切なのはトヨタが求心力を失わないことであった。そのために、ときには頑なと思われるほど内部を固めることに精力を費やし、モンロー主義といわれたこともあった。トヨタの経営以外のことにエネルギーを費やすのは、英二の考えるトヨタ流ではなかったのだ。

これに対し、トヨタが世界規模の自動車メーカーになっており、トヨタが政治的な活動と無縁であることはできないというのが奥田のスタンスであった。組織をバックにした活動は、必然的に政治性を帯びるものという認識があった。トヨタ自動車の会長が経団連の会長になることを、積極的に支持したのも奥田だった。

経団連会長となる章一郎を支える体制がつくられた。さまざまな場面で発言が注目される経団連会長の職を全うするには、事前に情報を収集し、どのように行動するか、発言の内容をどうするか、チームを組んで対処した。それまでは財閥企業や鉄鋼・銀行などのトップが長く経団連を牛耳っており、自動車は新参者という意識を持つ古狸がいるところであり、意地悪な質問で揚げ足を取ろうとする記者連中を相手に失言がないようにするには周到な対策が必要であると考えたからだ。若くしてトヨタの役員になり、中枢を歩んできた章一郎は、トヨタの中では御曹司として尊重されていた。それだけに、本人も自分の発言や行動がどのような影響があるか理解していたが、財界活動は勝手の違う場面ばかりである。このことを懸念してのことであった。

一九九八年までの四年間、奥田たちの支えによって章一郎は無事に経団連会長をつとめ上げる。

奥田碩がトヨタ自動車社長になったのは、豊田一族以外では三十年振りのことである。一九三二年十二月生まれの六二歳、やる気満々のアグレッシブな行動派だった。奥田は「方向が見えなくなりつつあったトヨタ」の進むべき方向を率先して示した。英二が経営の第一線から退いてから数年で、タイプの異なる実力派のトップがトヨタで誕生したことになる。経営トップが交代すれば、組織そのものが大きく変わる典型であった。

奥田が最初に発信したメッセージは「トヨタは変わらなくてはならない」ということだった。シェアはだんトツであるが、若い人たちの支持を失っていることに対する危機感を持って、無難なクルマづくりを続けて保守的になっている状況を変えなくてはトヨタの将来はないというわけだ。

リスクを少なくすることを優先した、従来の行き方では未来が切り開けないと、奥田が、その先頭に立つ姿勢を示した。かつて中国が自動車産業に注目し自動車メーカーを育てようと、ドイツのフォルクスワーゲンと日本のトヨタに提携などで協力するように要請があったときに、リスクが大きいとトヨタは消極的な態度であった。これに対してフォルクスワーゲンは積極的に対応して、成長を続ける中国でのシェア獲得に有利な展開を見せるようになる。リスクが大きいからと消極的になることは、企業の将来にとって必ずしも良くないというのがポスト豊田英二時代の経営者の共通認識になったところがある。

強力なリーダーが求められており、それにふさわしい人物が社長になった感じであった。

トヨタ自販で海外営業の経験を持つ奥田は、国際感覚を身につけており、広い視野で世界を見ることができた。その経験のうえに立って、グローバル化をいっそう推進することになった。それまでの求心力を大切にする内向きの企業から、広く世界を相手に発信力を高め、積極的に活動する方向に大きく舵が切られた。

明らかに英二の築いた方向からの転換であった。奥田は正面切って英二の路線を批判することはなかったものの、社内には「神様」といわれた英二の考えは時代遅れになっているという見方をする人たちが出てきていた。奥田の登場で、タブーだった英二のやり方を批判する声が聞こえるようになったのかもしれない。英二は、トヨタが世界一のメーカーになることよりも安定した企業になることをめざしたが、奥田によって、リスクを少なくして慎重に進むことを必ずしも良しとしない方向が選択された。若者の支持を得ることが大切であると、大胆な人事を敢行し、保守的なムードの販売チャンネルになっていたオート店を若者をターゲットにしたネッツ店に衣替えするなどイメージの転換が図られた。

一九九四年から九五年にかけて問題になったアメリカとの自動車貿易摩擦は、奥田を中心とするトヨタの政治性が発揮されて解決したものだった。かつてのように通産省がリードするものとは異なっている。このときはアメリカの民主党クリントン政府が日本の通産省に対して貿易摩擦に対応するように求めたものだった。

交渉は、両国の担当大臣どうしによるものであったが、日本側はトヨタ自動車が打ち出す方針に沿って交渉の進展が図られた。トヨタがアメリカで増産を図ること、部品メーカーもアメリカへの進出を促進させること、アメリカから材料や部品などをできるだけ輸入するように努力すること、そしてゼネラルモーターズのキャバリエを日本のトヨタ販売店で販売することなどの条件を出し決着した。

かつてのトヨタとは異なり、日本の政府を動かすことのできる政治力を持つようになったのだ。これ以降、しばらくはアメリカで自動車に関する目立った貿易摩擦が起こっていないのは、トヨタが着実に約束を履行しただけでなく、現地に進出した日本のメーカーがそれぞれの地域に溶け込む姿勢を示したからでもある。しかし、アメリカの底流を支配する保守的な勢力は根強く、アメリカの利害が損なわれるような状況になったと判断すれば、突然、牙をむく可能性を秘めており、海外に進出することのリスクは単純ではないところがある。

一九九九年六月の定期株主総会でトヨタ自動車の社長が奥田から張富士夫にバトンタッチされる。奥田は豊田章一郎に代わって会長に就任、章一郎が名誉会長になり、英二は最高顧問になる。

このひと月前に財界の組織であった日本経営者団体連盟(日経連)と経済団体連合会(経団連)とが合併して日本経済団体連合会となり、その会長に奥田が就任している。二つの経営者組織がひとつになったので、会長の政治力が大きくなり、それをまとめることのできる人物として奥田が選任された。それだけ「トヨタの奥田」の政治力が政府や財界で認められるものになっていたのである。

トヨタ自動車は奥田会長と張社長が役割分担を明確にして進む体制になる。主として奥田が外交、張が内政を担当する日本一の企業は一九五〇年代のアメリカにおけるゼネラルモーターズのように「日本にとっていいことはトヨタにとっていいことである」というかのごとくに、長期政権となった小泉自民党内閣が推進する経済政策を支持している。小泉純一郎がアメリカのブッシュ大統領と仲良くすることは、アメリカでの増産と販売拡大をもくろむトヨタにとっては都合の良い状況であった。そして、アメリカでのトヨタのシェアは確実に上がっていき、フォードを脅かす存在になり、トップのゼネラルモーターズを追撃する方向に進んでいく。さらには、中国やヨーロッパでも積極的な展開を見せていく。

また、二〇〇二年シーズンに、ホンダに続いてトヨタもF1グランプリレースに参戦する。それまでは国際ラリーやルマン24時間レースに挑戦していたが、若者に支持されることの重要さ、それにヨーロッパでトヨタのイメージを上げる手段として独自のチームをつくって挑戦、奥田の積極姿勢の発露である。ただし、モータースポーツに対する理解があまりないトヨタは、投入する資金のわりに成果を上げることができなかった。トヨタの担当者がチーム力強化のために的確な指示を出すことができずに、トヨタチームに雇われた外人部隊が思うように運営することで彼らがうまい汁を吸ったからであろう。費用対効果で見たときに、トヨタのなかでもっとも実りのないもので、リーマンショックに始まる経営悪化のなかでホンダに次いでトヨタも参戦を中止する。

二〇〇三年の組織改革で、トヨタは新設する常務役員に三人の外国人を起用する。遅きに失したともいえるが、かつて取締役は日本国籍を持った人に限るというルールを堅持したトヨタであるから、その点では大きな変革である。この少し前に、豊田佐吉や喜一郎などによる語録をもとに作成した「トヨタウエイ」という冊子をつくり、世界中のトヨタに配布している。日本流の考えや手法を各国のトヨタで広めようとするものであった。それだけ、トヨタ流が世界で通用するものであるという自信の表れであった。

二〇〇五年六月に長らく購買を担当していた渡辺捷昭が社長に就任する。豊田一族以外の社長が内部昇格によって続いた。このときに奥田会長は留任し張富士夫は副会長になったが、翌〇六年六月に日本経団連会長の任期を終えた奥田が名誉会長になり、張が会長に就任する。豊田一族以外の名誉会長は奥田が初めてである。

この年の八月に、日本でもトヨタは新しい販売チャンネル「レクサス店」を立ち上げる。ヨーロッパのプレミアムクラスのクルマをライバルとしたクルマを扱うもので、高級車の分野でもブランド性を獲得しようとする意図があった。とはいえ、世界に通用する高級車づくりの伝統がないトヨタは、高級車づくりでは試行錯誤せざるを得なかった。

新型車の発表会の挨拶で渡辺社長が「これからもいろいろな問題に愚直に取り組んでいくつもりです」などと愚直という言葉をよく使っていた。これは前述した「まじめで貪欲に」というトヨタの伝統を踏まえての発言であろう。

奥田から張、そして渡辺へと引き継がれる過程で、トヨタの組織の特徴ともいえる「まじめで貪欲」であることの方向が変化していったようだ。貪欲になるのは、販売台数を増やすことと利益を上げることが優先されたといえるだろう。企業の目標とすれば、これらを優先するのは当然のことであり、それに異議を挟み込む余地はない。しかし、シェア拡大と利益を優先する傾向を強めると短期的な見方になって長期的な方向性を見失いがちになる。貪欲であるにしても、技術進化や情報の収集など全体のバランス感覚が失われると、長期的に見ればリスクが大きくなる恐れがある。拡大路線を選択したことによって、世界各国へのさらなる展開で兵站が伸びきってしまった。トヨタ流の生産・販売体制を推進するには、そのノウハウを持った人たちを増やす必要があるが、簡単にできることではなかったのだ。

日産のルノーとの提携およびゴーンの登場

日産の場合は、低落に歯止めをかけることが最大の課題になっていたが、積極的な手は打たれないままであった。販売の落ち込みに対応して減産した日産は、辻義文社長による再建計画がまとめられた。一九九五年三月のことで、九八年までの三年計画であった。人員削減をはじめとして、原材料費の抑制、研究開発や設備投資の削減などである。何年にもわたって取り組んだ将来のための研究開発が、突然中止される事態が相次いだ。

二期四年間の任期を勤め上げた辻社長から一九九六年六月に塙義一にバトンタッチされる。このときに国内のシェアは十七〜十八パーセントと、トヨタの半分以下にまでに落ち込んでいた。

社長に就任した塙は「日産のシェアをできるだけ早い段階で二〇パーセントにすることをめざす」という目標を表明した。しかしながら、日産が元気になったといわれた一九八〇年代の終わり近くに、いくつかのヒット商品を出したときでさえ、シェアはわずか一パーセント上昇させるのがやっとであった。そのときの車両開発の先頭に立っていた園田善三副社長は「一パーセントシェアを上げるのがどんなに大変だったか身に染みて感じた」と語っていたが、そんな話は塙社長には伝わっておらず、希望的な観測で表明しているのが明らかであった。強い決意でシェアを伸ばすための人事や組織改革、さらには車両開発計画などが果断に実行されない限りムリであった。

社長に就任して日産の経営状況を良く知るにつれて、塙は、それどころではないという思いを強くしていった。販売組織でトヨタに大きく差を付けられたままであったが、販売チャンネルはトヨタと同じ五チャンネルを維持し、市販する車種もしぼることなく開発され、結果的に効率の悪い状態が続いた。得意といわれた技術開発でも、トヨタやホンダが先行すると張り合うためもあって実用化するが、追いつくのがやっとになっていた。優秀な技術者たちがいるのに、彼らの能力を引き出す組織的な対応がなおざりにされる状況から改善されていなかった。

一九九七年の決算では、トヨタが好調な決算で利益を大幅に増やしたのに、日産は赤字決算であり、まさに好対照であった。販売力と商品力で劣っていると自覚しても、どのように手を打ったから良いか、効果のある方法は見つからなかった。長いあいだのツケがまわってきたのだから当然のことであった。だからといって、歴代の経営トップが批判されるわけではなく、反省する声も内部からは起きなかった。「経営者の小粒化」の法則は、トップだけでなく重役や中間管理職のなかにも広くはびこっていたようだ。

赤字体質は改善の見込みがなかった。多額の有利子負債に苦しめられて、その対策が経営トップの最重要課題になっていく。辻の社長時代よりも差し迫った問題になったのである。

一九九八年五月に日産はさらなるリストラ策を打ち出す。モデル開発の削減、希望退職者の募集、販売チャンネルの二系統への削減など、経費を最大限に抑制して赤字を少なくするためであった。日産の体力に沿った組織にするためだが、このときのリストラ策は、従来の日産の観点からすれば思い切った対策であった。それでも、その場しのぎにすぎないことは塙社長自身がよく分かっていたことであろう。手術をほどこす前に体力の低下を抑える程度の効果しか見込まれなかった。

当面の課題は膨らんだ有利子負債の処理であった。方法としては、持っている資産のうち自動車の生産に影響のないものを売却することと、それで足りないぶんを低利の借金にすることだ。その融資に当たっては、日産の再生プランを立てて、それが有効で説得性のある計画にする必要がある。日産の負の部分を徹底的に排除する強力なリーダーシップを発揮できる経営トップがいることが条件となる。そうした経営者に恵まれなかったから、日産は長期低落傾向を打破できなかった。辻から社長の座を引き継いだ塙にしてみれば、もう少し前に社長に就任していれば打つ手もあったが、今となっては手遅れであるという認識だったようだ。遅れたぶん、リーダーシップの強力さ加減をレベルの高いものにすることが求められる。

それを日産内部に求めることができないとすれば、どうするか。アメリカの企業なら外部から有力な経営者をスカウトするなどの手が打たれるが、日本では、他の企業から実力者を引き抜くことはあまりない。内部昇格が長い期間にわたって続いている日産では、よけいに思い切った選択をすることはむずかしい。

そんななかで、ダイムラーベンツとクライスラーが合併し、同社のユルゲン・シュレンプ社長は、国境を越えての合併という選択に成算がありという希望に満ちた態度であった。

海外のメーカーに助けを求める選択が、ごく自然なものになった。提携するメーカーから資本金というかたちで資金が調達できるうえに、共同で車両開発や技術開発ができるから、首脳陣が泥をかぶって悪戦苦闘することが少なくて済むものだろう。外部からの介入しか解決の道が見出されない組織になっていたのである。

トヨタに差を付けられているとはいえ、日産は世界的に生産台数でも有力なメーカーであり、提携先としては魅力があるものだった。とくに、ルノーのようにドイツや日本のメーカーに技術力で大きく差を付けられているメーカーにとっては、技術的に優れた日産との提携は大いに食指が動くものだった。

ルノーは第二次世界大戦後はルノー一族から経営権を政府が取り上げて公団となっていたメーカーであり、フランス政府との関係が深い。現在は一部の株を政府が所有しているだけであるが、ルノーはフランスのエスタブリッシュメントによって経営される伝統がある。日本へのアプローチも、そうしたルートで打診されて日産との交渉に入っている。日産が受け入れやすい状況がつくられた上での交渉であった。

一九九九年三月に日産はルノーの傘下に入る。六千億円ほど(四四・四パーセント)の出資をルノーがすることになった。そのほかにも、日産は資金を獲得するために傘下の企業や資産などを広く売却している。

日産の再建を請け負うことになったのが、ルノーの副社長だったカルロス・ゴーンである。レバノン系のブラジル人として生まれ、ブラジルとフランスで教育を受け、タイヤメーカーのミシュランで経営者としての非凡な能力を発揮し、ルノーの経営陣に迎えられた。経費削減に奔走し「コストカッター」といわれるほどの敏腕振りを示した。塙社長がゴーンに再建を託したいという意向を示したといわれている。

当初、ゴーンは最高執行責任者であるCOO（筆頭副社長に当たる）という名称の経営トップに就任し、塙は最高経営責任者であるCEO（社長に当たる）になった。しかし、これはとりあえずのものであり、翌二〇〇〇年三月にはゴーンが社長になり、塙は会長に就任しているが、最初から日産の経営はゴーンに任された。丸投げされたといえるものだった。ゴーンは、自分の思いどおりに日産の組織を動かすことができる立場を確保し、意欲満々で乗り込んできたのであった。

伝統的に上層階級に属するエリートたちが大企業の中枢にいて組織を支配するフランスで、ゴーンのような出自の人が経営の中枢に入り込むのは、相当に優秀で実績をつくることが条件である。エスタブリッシュメントといわれる人たちも、辣腕振りを発揮して組織を活性化させてくれる人物がいれば任せたほうがいい。ゴーンが日産にやってきた任務は、差し出した資本金額以上の働きをすることであった。ルノーを支配する人たちの、そうした要求どおりにゴーンが手腕を発揮すれば、ルノーでの地位をさらに確かなものにするチャンスでもあった。

自分の働きをスムーズにできるように何人かの幹部とともに日本に乗り込んできたゴーンは、予想以上に働きやすいところであることを早々に感じ取ったに違いない。それまでの日産の首脳陣が、ゴーンに経営のすべてを委任したのであるから、敗戦国の日本にやってきた連合国最高司令官であるマッカーサー元帥に匹敵するほどの権限を持って日産に君臨した。

日産の幹部連中は、最初からゴーンの指示にしたがおうとする態度であった。ゴーンは、これほど忠実に行動しようとする人たちの上に立った経験がなかったに違いない。しかも、日本で最高の教育を受けて頭脳明晰と折り紙付きの人たちの組織であった。

「右を向け」といえば、次の指示があるまで右を向いているように躾けられた優秀な人たちを御することは、自分のやりたいことがはっきりしているリーダーにとっては理想に近い状況である。少数の抵抗しそうな人たちを排除することもむずかしいことではなく、組織的な抵抗に遭うことはなかった。すぐに「ゴーンさん」という呼び名が定着したのも日産らしいことだった。

ゴーンは精力的に活動し、半年ほどで、活動の成果をリバイバルプランとしてまとめた。何ごとにも積極的な姿勢を見せるゴーンは、それまでの日産の経営トップとはまったく違う存在であった。理解の早さと決断の早さは、若いころから鍛え上げた手腕と情熱的な野心によるものであろう。

一九九九年十月にゴーンは「日産リバイバルプラン」を発表する。かなり長文であったが、きちんと分かる発音の日本語で、プランの骨子を説明した。熱心に練習したのであろう、外国人が日本語で話すことは、多くの日本人に感銘を与えることであり、その計算どおりであったろう。「これ以外に選択肢はありません」と語ることによって、自分の思いどおりに日産の再生を進めることを宣言した。

その内容は、村山工場の閉鎖、リストラ策、購入部品の価格の見直しをはじめとして、商品の開発力を高めるために車両開発体制も見直され、従来から弱かったデザインに関しては、いすゞ自動車からデザイン部長をスカウトした。リバイバルプランの作成には、日産の将来を案じていた若手の従業員の有志が積極的に協力したともいわれている。

自動車メーカーは多くの部品を購入しているから、購入する際の価格がコストに与える影響が大きい。日産では、部品などを購入する系列会社に幹部が天下ることが多く、取引価格に対してシビアさを欠くところがあった。ゴーンがひとりで事業仕分けをリードしたといっていい。「コストカッター」とヨーロッパで呼ばれていただけに、当然のことながらきわめてタフな要求が突きつけられ、系列そのものが瓦解するほどであった。

トヨタは、長いあいだ部品の価格を引き下げる努力を続けていたが、日産では、厳しく切り込んだのは、このときが最初といってもいいくらいであったから、ゴーンが取り組んだコスト削減は成果が上がるものだった。しかし、トヨタが価格引き下げ要求とセットで、部品メーカーの経営が成り立つように生産効率向上策に共同で取り組むなどの関係構築に配慮したのに対して、日産は単純にコストを下げることだけを要求することが多かった。

日産は、開発システムや実用化されている技術などの分野でレベルの高い蓄積があったから、内心の驚きを隠すのにゴーンは苦労したのではないかと思うくらいだ。

この後、ゴーンは日産を再生した立役者として自動車業界を超えて、日本のマスコミなどでもてはやされるようになる。日本企業が世界的に優れているといわれたのは一九八〇年代のことであるが、その後は自信喪失気味になっており、ゴーンは新しいタイプのヒーロー扱いであった。ゴーンは、マスコミなどに登場する際にも、なかなかの役者ぶりを発揮した。

二〇〇二年三月に、リバイバルプランを一年前倒しして達成したと宣言する。黒字を計上し、予定より早く再建がなったとゴーンは胸を張った。

ゴーンが日産に君臨してから十年以上たっても、依然としてその支配が続いている。

二〇〇五年五月にゴーンはルノーのCEOに就任し、日産とルノー両メーカーのトップになった。これにともなって、日産のナンバーツーとなるCOOに常務であった志賀俊之が就任している。塙とともにルノーとの提携交渉に当たった志賀は、ゴーンが日産に赴任して以来信頼されていたようだ。「ゴーンのいいなりになるから」とゴーンのワンマン体制を支えるにふさわしい人物であるという声も聞かれた。フランスと日本を往復することの多いゴーンが不在のときには、日産代表としての役目を果たしていくことになる。

この年の十月にゴーンは「日産の再生プロセス」が終了したことを宣言する。このことは彼がコミットメントした「日産１８０」の達成をも意味した。この数字が意味するのは、最初の１が生産台数１００万台の増産を、次の８は連結決算で8パーセント以上の営業利益の確保を、最後の0は有利子負債のゼロをめざすものである。三つの目標をセットで設定して、それを達成することによって日産の再生が果たされたと評価されることを意味した。目標に向かって一丸となって進むことが、組織の活性化に欠かせないとアピールして、日産の内外に大号令をかけたのである。ゴーン効果によって日産の収益性は向上したものの、日本国内の販売は全体的に落ち込んでいたので百万台の増加は簡単ではなかった。目標を事前に公表していたから新聞記者に「コミットメントを達成できない場合は責任をとるのか」といった質問がとんだりした。アメリカでの販売が伸びたのでかろうじて「日産180」プロジェクトは達成することができて、ゴーンも胸を撫で下ろした。

これ以降、こうした具体的な目標説定はしていないが、カリフォルニアにあったアメリカ日産の本社組織を工場のあるテネシーに移し、銀座の本社を売却して横浜に移すなど、経費節減を優先した動きを見せている。これにより、アメリカで有能な人材が日産を離れたが、ゴーンはコスト削減を優先してひるまなかった。

ルノーのCEOになったのは、日産での活動が評価されたからだろうが、それでも日産の社長を続けているのは、日産のルノー従属を強める意味があると思われる。業績が回復した日産は、ルノーの株を十五パーセント持つようになったから、ルノーの日産への出資額はかなり減ったことになり、ルノーは日産から配当を得るうえに、日産の技術を生かすことによって、最初に資金提供した以上の利益を受けたといえるだろう。

ホンダの世界戦略と新しい体制

「四百万台クラブ」のメンバーになる資格は、一九九〇年代のホンダにはなかった。海外生産を加えても、その半分ほどであり、世界の自動車メーカーのランキングでもベストテン入りしていなかった。他のメーカーなら焦って提携先を探すなどの模索をするところだが、ホンダは自主独立路線に迷いはなかった。日産が独立を保てない企業になったのに対して、勢力を伸ばすホンダは自主性を発揮した活動を続けた。

ホンダの組織的な意思決定に一貫性があるのは、経営姿勢や思想が人間によって引き継がれていく伝統がつくられているからだ。エンジン開発などを担当した技術者が、経営の中枢で活動してから社長に就任している。経営陣のベクトルが合っているから、そのなかで新しい社長は前社長の路線に沿って行動しており、その路線を継承して、ホンダの意志が受け継がれる。ベクトルが合わない場合は自らホンダを去ったり、あるいは排除されるなど非情な側面を持つこともあるのは、組織である以上避けられないことなのかもしれない。ドロドロとした出世競争のドラマがひそかに展開していたところもあったろう。

ホンダの強みは、積極的な姿勢を持った人たちが幹部として登用される組織になっていることだ。一度の失敗でも出世の道が断たれる可能性がある日産とは異なり、積極的に提案し、行動することが評価される。失敗を恐れて消極的になる人は、リーダーにふさわしいと見なされなかった。これは宗一郎と藤澤武夫がつくりあげた伝統である。

本田宗一郎が亡くなったのは一九九一年八月、八四歳だった。引退してからの宗一郎は、講演や各種の行事に出席するとともに、本田技術研究所にときどき顔を出し、気軽に技術者たちと交流した。希有な経営者として、また常人では及びもつかない行動の人として豊富なエピソードが語られた。徒手空拳から大企業に育て上げたこと、一族をホンダに入れなかったこと、技術的な洞察力に優れ、その製品化で社会に貢献したこと、潔い引き際であったことなど、宗一郎は、成功者としての手本であり、理想的な人物として語られた。

期せずして宗一郎は引退したあともホンダの広告塔であり、宣伝マンであり続け、ホンダのイメージアップに貢献した。歴代の社長も、インタビューではまず宗一郎との関係から質問されるのがふつうだった。インタビューを受けるほうも、その質問を歓迎し、宗一郎と身近に接した体験を語り、ホンダの伝統を引き継いでいることを強調した。

宗一郎は、青山葬儀場で社葬などすると交通渋滞を招いて多くの人たちに迷惑をかけるからと、社葬をするなという遺言を残していた。それに基づいてホンダの青山にある本社をはじめとして各地にある工場や研究所などで「お礼の会」

として宗一郎の業績をしのぶセレモニーが開催された。それ以降も、マスコミなどで宗一郎の業績や行動などが報道され、宗一郎ブームといわれるほどであった。ホンダは、宗一郎と一体であり続けた。

宗一郎が亡くなったのとバブル崩壊が重なり、アメリカでの販売も伸び悩むようになり、企業としての転換を図らなくてはならない時期が訪れた。

久米是志のあとに社長に就任した川本信彦が、宗一郎亡き後の舵取りを託された。ポスト宗一郎になってから順調に進んできたホンダが、初めてともいえる苦しい時期を迎えていた。その原因は、時代の変化にホンダの組織が追いつかなくなっていると考え、川本は、それまでのホンダの行き方に忠実であることに疑問を持った。

就任早々に川本は「ホンダは恐竜のように、やたらに大きくなるばかりが能ではない。食べたものをエネルギーとして効率よく使う。そのような観点から優れていると言えるような企業体質にしていかないと生きていけない」とホンダ社報臨時号の座談会で述べている。世の中の変化に敏感に反応し、的確に商品を市場に投入していく必要がある。そのためにどのような人事をし、どのような組織体制にしていくか。レースに勝つためにとる対策同様にホンダが世界のなかで生き残って発展していくことが、川本に課せられた任務であった。困難にぶち当たって突破していこうとチャレンジすることは、経営トップとしての川本にとっては、レース以上にエキサイティングなことであったろう。

バブル崩壊の影響も大きく響いて、ホンダの業績は一九九二年に続いて九三年も落ち込んだ。二輪部門と汎用部門が業績を回復したものの、円高による為替の差損があり、アメリカでの四輪車の販売も伸び悩んだ。

一九九二年シーズンでＦ１への参戦からも撤退して第二次の挑戦は八年で終わった。勝ち続けることと資金の投入がむずかしくなったからである。社内には撤退反対の声が根強くあったが、川本は、不安なくレースに挑戦できる体制のホンダにすることが先決であると考えたのだった。

世界の変化に対応した組織にするには、なによりもスピードが求められている。そのためには、フレキシビリティと決断の早さが必要であり、経営トップの指令に速やかにしたがう組織に変えようとした。ワンマン体制の構築である。宗一郎・藤澤時代以来の路線が継承されてきたなかで、次第に中央集権的な組織ではなくなる傾向があったから、それをしっかりと経営の中枢で手綱を締めてコントロールできる組織に改める必要性を感じたのである。

川本の就任当初は、社長の有力候補と見られた入交昭一郎が本田技術研究所社長兼本田技研副社長として、営業を受け持つ宗国副社長とで川本社長を支える体制であった。しかし、一九九二年になって入交の辞任により、川本は技術研究所社長も兼務することになり、同時に営業部門の人事権をはじめとする決定権も掌握した。久米時代の営業部門は独自に方針を立てて活動していたが、それを川本が改めたものである。販売の落ち込みをなくし、販促を図ることがホンダの重要課題であり、経営トップが車両開発と販売の両部門を掌握するほうがいいと考えたからである。トップダウンにより動く組織に変わったのであった。

独断的に行動する川本は「ヒトラーのようだ」という陰口が聞こえるほど、自分の思う方向に進めていった。「シンプル・スピード・集中」というキーワードで、変わらなくては生き残れないという危機感があったからだ。

川本を中心にした首脳陣が、国内はいうに及ばず世界各地のホンダの工場などに出向き、徹底した話し合いで問題点を洗い出し、組織改革と人員の配置転換、そして経費やコスト削減が図られた。

一九九二年六月に四輪部門の組織変更により、従来から国内・北米・欧州・アジアと四つの地域本部は、営業活動と開発生産活動の一体化が図られ、各地域ごとに戦略を立てて独立採算をめざすことになる。また、北米で開発した車両を各地域に輸出するなど、世界的な活動が見直された。各地域ごとにユーザーの嗜好の違いに対応して、各マーケットにあった車両開発が実施されることになった。

さらに、その二年後には「マーケットイン」という考えに基づき、世界に展開する四輪部門の各地域本部制の見直しが実施された。

各地域に共通する課題に効率良く取り組むようにと、縦割り中心の各地域本部に、横軸となる三つの本部組織が新しく設立された。世界展開で重要性が増す部品の調達などのための部品購買本部、人・情報・社会・システムを中心にサポートする管理本部、資金とビジネスに関する調整を実施する事業管理本部である。縦軸と横軸を組み合わせた組織にすることで、複雑で多様な課題に重層的に取り組むようにするものだ。結果として、総合的な効率化を図るために、日本のホンダ中枢によるコントロール強化が図られたのである。

各地域が独立した事業として運営されながら、いっぽうでホンダという自動車メーカーにとって「最適」を追求する組織として考え出され、それが「マトリックス運営体制」といわれた。

一九九四年に国内本部が日本本部と改称されるとともに、年間販売台数を八十万台に増やす計画がスタートした。このときのホンダの年間販売実績は五五万台程度までに落ち込んでいたから、かなり強気の計画である。一九八〇年代のRVブームは商用車をベースにしたものが主流であり、商用車を得意としないホンダは遅れをとった。そこで「クリエイティブ・ムーバー」と称されるミニバンやSUVなどのニューモデルをホンダが得意とした乗用車をベースにして次々と登場させる。

そのトップとなったホンダ・オデッセイはアコードをベースにして工場の生産ラインの改変を最小限にしてつくられた。同様に、シビックベースの四輪駆動車ホンダCRX、さらにはステップワゴンなど開発期間を大幅に短縮して市場投入した。セダン離れに対応する新しい展開の仕方であり、生産効率の良いモデルの投入を可能にしている。これで、ホンダは日本の市場で遅れを挽回することに成功した。

一九九七年には、日本、アメリカ、アジア・大洋州、ヨーロッパという四つの地域ごとに、異なるスタイルと装備の「アコード」を順次送り出していく。地域ごとのユーザーの要求や好みの違いに対処した仕様に「最適化」できる体制にしたのである。各地域の市場にフィットしたクルマにしながら、エンジンやシャシーなどで構成されるプラットホームは、世界共通にすることでコスト削減を図っている。

ホンダは苦境を脱して、新しい発展を確かなものにした。その開発手法はホンダらしさを生かしたものであったが、製品群はホンダの独自性を発揮したというより、内外の有力メーカーと真っ向勝負するなかで優位性を見出していくものであった。規模が拡大し、さらに発展していくことをめざすなら、トヨタや日産と商品力で対等以上に勝負することが、ホンダの生き残りの道として選択された。市場の動向に敏感に反応しようとすれば、どのメーカーも同じようなコンセプトのクルマになりがちだ。

宗一郎と藤澤が引退してから二十年以上経ち、大企業になっているホンダに入ってきた従業員が多くなり、リーダーたちの世代交代も進んできている。ホンダの企業風土に、そのことが影響を与えるようになり、その意識も変化せざるを得なかった。

一九九八年六月に川本信彦から吉野浩行に社長が交代する。入交昭一郎の退社以降、吉野がその後任のポジションについて、ホンダ・オブ・アメリカ・マニュファクチュアリングの社長を経て、本田技術研究所の社長に就任するというステップを踏んでの就任であった。川本と同じ一九六三年入社組であったが、川本が八年におよぶ在任であったことで、吉野は歴代社長のなかでもっとも年配になっての就任であった。それでも、五九歳であるから、他のメーカーに比較すれば決して遅くはない。

F1参戦への復帰決定は、業績の回復の結果としての川本の置き土産でもあった。

川本ほどワンマンではないのは多分に吉野の性格によるものであろう。川本の進めた改革を継続する方向であった。吉野が社長に就任した年が本田技研設立五十周年に当たった。栃木県の茂木に新しいサーキットを建設し、ホンダコレクションホールも鈴鹿サーキットから移設し、充実された。宗一郎は歴代のF1マシンもスクラップにしてしまえと命じたほど、過去を振り返らずに未来を見据えて進もうとする姿勢だった。展示されているホンダ製のマシンのいくつかは、宗一郎から廃棄せよといわれたにもかかわらず、内緒で保管したものが含まれている。

吉野が社長に就任した直後にダイムラーとクライスラーの合併で世界の自動車メーカーに衝撃を与えたが、吉野は自信を持って自主独立路線を進めていく。五十年の節目で社長になったこともあって、歴史を振り返るチャンスがあり、ホンダの培った伝統を護ろうとしたのである。

世界展開するホンダは、世界規模での効率の良さの追求に熱心だった。需要と供給のバランスを効率良く追求するには、世界中に展開する工場に空きのある生産ラインがあれば、車種に関係なく他の地域で販売するクルマをつくるようにする計画が立てられた。世界のホンダ工場をひとつのネットワークにしようとする意欲的な取り組みである。最終的には、注文を受けてから素早く製造して、顧客の要望に応えることを理想としている。それだけ世界が狭くなったからだろうが、これからもスピードをますます速めて進んでいくのであろうか。

二〇〇二年にホンダ会長となった宗国旨英が日本自動車工業会の会長に就任する。それまでの工業会会長はトヨタと日産の社長や会長経験者が交代で就任していたが、それにホンダが加わったのはホンダが日本を代表するメーカーのひとつになったからだ。日産と同等の生産台数や販売台数を獲得しており、数年前から要請されていたホンダが断り切れずに応じたものである。ちなみに、ホンダでは一九八二年から会長職が設けられているが、その地位は社長引退後のものではなく、企業の代表として社長の代わりの仕事の一部を引き受けるためで、副社長から就任していることが多い。

吉野から福井威夫に社長の座がバトンタッチされるのは二〇〇三年六月のことである。一九四四年生まれで五九歳、一九六九年に入社した福井は、ホンダマンらしくレースが何より好きで、ものごとに意欲的・情熱的に取り組むタイプであり、順調にホンダの組織のなかでエリートコースを歩んできた。入社してすぐにCVCC開発チームに加わり、二輪車の開発、さらには二輪グランプリマシンの開発を指揮し、一九八八年に本田技研取締役となり、浜松製作所所長、ホンダ・オブ・アメリカ・マニュファクチュアリングの社長、本田技術研究所社長などを歴任してきた。社長就任の直前にはアメリカでのインディカー用エンジンの開発も指揮している。歴代社長同様に実績のあるエンジン技術者だった。

ホンダ車の販売の伸びはアメリカ市場に支えられる傾向が顕著になり、アラバマやインディアナなどに新しい工場を建設して需要に応じるようになっていた。連結決算での収益もアメリカ依存を強めた。もちろん、新興市場である中国では現地企業との合弁活動で生産と販売に力を入れ、ヨーロッパ市場でもディーゼルエンジン搭載のアコードを投入するなどしている。

一九九〇年代の終わりから始まった次世代動力としての燃料電池車の開発でも、体力に優るトヨタに匹敵する開発能力を発揮し、技術的には世界の最先端をいくポテンシャルを持っていることを示している。

歴代社長が技術系であることで、開発に関しての指示が行き届くと同時に、発破の掛け方が尋常でない迫力があるからであろう。組織が大きくなっても、開発スピードの速さは宗一郎時代同様にホンダの強みとして発揮されている。

技術開発の中心は、当然日本にある本田技術研究所であり、世界のホンダの中枢部としての軸足は、これまで以上に日本に置かれるようになっている。各地域本部の独立性を高めるにしても、製品としての魅力のうち、新しい技術に関しては日本発が多くなるからだ。かつては、本社の機能さえ海外に移ってもおかしくないといわれるほど世界企業になる方向に進むように見えたホンダも、絶え間ない技術革新で先頭を切ろうとすれば、先進的な技術開発を日本で集中的に進めることになり、それが企業の発展の最重要事項になっているからだ。

いまやホンダの進む技術の方向は、トヨタや日産だけでなく世界のメーカーが進もうとする方向と同じといってもいい。そのなかで、明確に先頭に立つ意欲を持って進めてきたのが福井であった。歴代ホンダ社長のなかで、日本一であるトヨタを、もっとも強く意識した社長であったといっていい。

福井社長が「最もCO_2の排出が少ない工場で、最もCO_2排出量の少ない製品を生み出す企業をめざし、業界で初めて全世界での製品と生産活動でのCO_2の低減目標を公表する」という姿勢を率先して打ち出すのも、技術系社長であるからだろう。

三菱の凋落のはじまり

一九九〇年代の三菱自動車は、前半は飛躍したものの、後半になってからはさまざまな問題に直面して大きく落ち込む展開となる。

バブルの崩壊の影響をまともに受けたマツダやホンダに比較すると、三菱はその影響が比較的少なくて済み、販売台数の落ち込みは目立ったほどではなかった。バブル崩壊の直前に市販した三菱ディアマンテ、それにモデルチェンジしたパジェロの販売が好調で、一九九〇年代に入ってもシェアを少しずつ伸ばしていった。この時点では、三菱がトヨタと日産に次ぐポジションを確かなものにしつつあるように見えた。

久保社長による薫陶を受けた中村裕一が社長になって采配を振るい、車両開発で手腕を発揮した成果であった。デザインの良さが販売に結びつくとして、デザイナーの育成にいっそう力をいれ、イタリアのデザイン工房とのつながりも強化された。

消費税の導入にともなって物品税が廃止され、小型車と普通車の垣根が小さくなったことに素早く反応して、三ナンバーでありながら小型車並みの税率や保険料で済ますことができる仕様にしたディアマンテは、室内空間も広くなっているのに車両価格が抑えられ、時代の流れにあったセダンとして登場した。

また、八年振りにモデルチェンジされた二代目パジェロは、旧モデルのイメージを残しながらフロントピラーを寝かせるなどマイルドなムードを持つクルマにするとともに、運転しやすくして成功、それまで以上のヒットとなった。比較的車両価格が高く設定されているパジェロは、一台当たりの利益幅も大きく、三菱の業績アップに貢献した。さらに、コンパクトなパジェロミニを出し、RV路線のモデルを出している。また、セダンでも、ランサーに特別仕様のスポーティなエボリューションシリーズを一九九二年から市販して、モータースポーツファンにアピールしており、トヨタや日産とは違う特徴を出そうとした。

一九九五年の三菱の国内販売のシェアは十二パーセントを超えるまでになった。乗用車部門の国内販売でもマツダはいうに及ばず、ホンダもリードした。トラックやバスを含めた自動車全体の国内販売では年間八十万台を超えて、日産の販売台数の百万台に迫る勢いだった。このときにトヨタの販売は二百万台を超えており、日産の倍以上になっていた。

舘社長の時代には技術担当の副社長として、常に舘を立てながら技術をリードし、社長になってから業績を伸ばし自信を深め、中村社長は、次第にワンマン体制を築いてきた。「日産の背中が見えた」として、中村はさらなる飛躍により日産に追いつこうという意欲を見せた。

任期の六年を勤め上げた中村は、一九九五年六月に副社長だった塚原董久にバトンタッチして会長になる。引き続いて采配をふるうつもりで、当時の三菱自動車では本命と見られていた副社長の鈴木元雄ではなく、三菱自動車の柱のひとつである大型トラック・バス部門出身の塚原を指名した。鈴木元雄は中村と同じエンジン開発で力量を示した技術者で、一家言を持つ鈴木が社長になれば、その手腕を発揮して采配をふるうことになり、会長となる中村が、経営手腕を発揮する機会は少なくなることを避けようとしたようだ。

塚原は社長になったとたんに体調を崩して、ほとんど活動しなかった。一年で交代することになり、次に中村が指名したのは意外にも木村雄宗だった。一貫して生産畑を歩んできた木村は、工場全体を統轄する立場の専務から退いて、パジェロ製造という子会社の社長になっていた。本社から離れて子会社に移動した人が、本社の経営トップに改めて就任するのは異例のことであった。またしても周囲の予想に反して、鈴木社長は実現しなかった。

こうした社長人事が、その後の三菱自動車の方向に大きな影響を与えることになった。

中村会長は、エンジン設計出身のトップらしくエンジン技術で、さらなる飛躍を期そうとした。シリンダー内に燃料を直接噴射させるガソリンエンジンの開発に成功したからだ。

ガソリンエンジンの直接噴射システムは、精密な機構にするためにコストがかかるものの、燃費が良くなり、性能も向上する。次世代エンジンとして多くのメーカーが開発していたものだが、実用化では三菱がいちばん乗りを果たした。一九九六年八月にギャランをはじめとして多くの三菱車に搭載されて、このエンジンを主流に位置づけた。わずかに遅れてトヨタも実用化したが、技術開発で常にリードし続けていたトヨタには、三菱に先行されたのはショックであった。

ハイブリッドカーのプリウスが発売される一年ほど前のことで、燃費を良くすることの重要性が高まっていた時期だけに、このエンジンの良さを前面に出したキャンペーンで三菱は拡販を狙った。

このGDIと呼ばれた直接噴射式エンジンは、確かにカタログに記載される10・15モード走行燃費では良好なデータを示した。それに合わせてセッティングしたからで、実際の使用では必ずしもモードどおりの走行ではないから、数値的なずれが生じる。そのずれが大きいクルマもあった。燃料に対する空気の割合を高める(薄い空燃比にする)ことで燃費を良くすることができるが、エンジンの負荷が大きい場合は、出力に見合うよう燃料の割合を濃いめにするので燃費は良くならない。また、車両重量の重いクルマの場合は、エンジンの負荷が大きいから、さらに薄い空燃比で走る範囲が狭くなり効果は少なくなる。

それでも、キャンペーンでは「すばらしいエンジン」であるとアピールした。中村は、一時は軽自動車を含めて、すべての乗用車をこのGDIエンジンにする計画を立てるほどの熱の入れようであった。

技術の売り込みにも熱心だった三菱は、GDIエンジンをアメリカのメーカーに対して技術提携を持ちかけた。ゼネラルモーターズやフォードなどが興味を示し、話し合いがもたれた。アメリカでも燃費の良いクルマが求められており、このエンジンは注目される技術であった。問題はガソリンに硫黄ぶんが含まれていて触媒に悪影響を与えることだった。アメリカのガソリンは日本よりも硫黄ぶんの含有量が多かったから、このエンジンのために開発された特製の触媒を使用するには、硫黄ぶんを取り除いた燃料にする必要があった。しかし、アメリカの石油メーカーはそうした燃料を供給するには石油施設に多額の投資をしなくてはならないから、すぐにできないものであった。このため、アメリカのメーカーの採用するところとはならず、アメリカへの輸出でもこのエンジンを主力にすることはできなかったのだ。

日本でも、排気規制が厳しくなると同様の問題が生じる可能性があり、ブームとなりつつあるように見えた希薄燃焼を採用した直接噴射エンジンは、トヨタなども仕切り直しをすることになり、三菱もこれまでのエンジンに戻さざるを得なかった。結果として三菱が押し進めたGDIエンジン路線は、販売にプラスをもたらさずに終わった。ちなみに、フォルクスワーゲンやマツダなどで採用している最近の直接噴射ガソリンエンジンは、希薄燃焼をしない新しいタイプのエンジンになっている。

また、中村会長は、スタイリングを数値化することで、すばらしいデザインのクルマにしようと考えた。「成功の継続化」がテーマとなって、中村はニューモデルの成功を約束する優れたデザインにするために、データをもとに数値化することで人間のカンや感覚に頼る状況から脱しようと意図したのだ。

しかし、複雑きわまりない条件設定をしなくてはならず、暗礁に乗り上げる状況になっていた。クルマのスタイリングは、技術的な制約や時代的な傾向などを反映し、その条件や要素は単純なものではなく、そのときどきで人間がイメージし、人間の感覚をもとに練り上げるものである。コンピューターによる数値化で、ある程度の方向性は出るにしても、それは単に手助けするものにすぎないから、これもミスリードであった。

三菱自動車は、一九九〇年代の後半になってからさまざまな問題を引き起こし、その処理の仕方がまずいこともあって、社会的に断罪されることになる。

その最初はアメリカでのセクハラ問題であった。従業員の女性が職場の男性従業員を訴えたものだが、この処理で会社がもみ消しを図ったとして糾弾され、三菱に対して不買運動が起こるまでになった。当時のアメリカの三菱の生産工場のトップは技術関係出身であったが、問題解決のための処理を誤り、大きくこじれたのである。

さらに、一九九七年には総会屋に利益供与があったとして問題視された。この当時は、こうした問題で企業が曖昧な態度を取ることが許されなくなってきていたのを、三菱の経営陣が認識していなかったことが原因である。これにより、中村会長・木村社長は、この年の十一月に引責辞任に追い込まれる。企業におけるガバナンスで問題があることを露呈したのだ。

ふたりの退陣によって、河添克彦が社長に就任する。相談役になった木村の指名によるもので、河添は木村のもとで名古屋自動車製作所長を務めるなど、木村の忠実な部下であったことによる。木村は、中村に相談することなく社長人事を決めた。退任することになった中村にとっては、予想もしなかった新しい社長の出現であった。その後は中村の影響力はなくなるとともに、方向性を示す首脳が不在になった。経営トップになるための訓練も受けず、またその覚悟もない人物が、社長に就任する人事が続いたからである。

その河添も二〇〇〇年十一月にリコール隠しが問題になって辞任に追い込まれる。河添の失脚で、小型車部門の総務・経理畑を歩み海外営業部門で活躍した園田孝が社長に就任したが、流れを変えることはできなかった。

さらに、三菱トラックのホイールが外れて人身事故を起こすトラブルが発生し、リコール隠しをしたとして警視庁の捜査を受ける。毎日のようにテレビや新聞で取り上げられ、著しいイメージダウンとなる。乗用車とトラックの相次ぐリコール隠しで、メーカーとしてのモラルの欠如であるとするパッシングは容赦のないものだった。

車両にトラブルが発生する恐れがあるときには、安全性を重視する観点から監督官庁にリコールとして届け出て、不具合箇所を無償で修理することがメーカーに義務づけられている。その届け出を怠ったことになるが、リコールとして届け出るようなトラブルであるかどうかは、メーカーの判断に委ねられている。したがって、どちらともいえない微妙なグレーゾーンの場合もあるし、メーカーはリコールとなることを避けたい気持ちが強い。三菱以外にも、監督官庁との見解の相違でリコールを届けなくて問題になることがあるのは、そのせいであり、ときどきリコール問題がマスコミを賑わすことになる。

三菱の場合は、品質管理部門の組織的な弱さを抱えていたことがあって、不具合箇所の発生を少なくする体制に問題もあったようだが、対応のまずさも問題を大きくした。前記したガバナンスのウイークポイントが露呈するという組織的な問題を抱えていたからだ。それが表面化し後手後手にまわったのであった。

相次ぐ激しいパッシングが、販売に大きな影響を与えた。そうでなくとも、一九九〇年代の後半から落ち込みが見られるようになった乗用車部門は、さらにその勢いが加速した。

不祥事による経営トップの辞任は、自動車メーカーでは、ほとんど見られないことだった。

河添体制になって以降は、経営の空洞化に陥っていた。その穴を埋める方策が、ダイムラー・クライスラーとの提携である。経営危機に陥った三菱が、助けを求める相手として車両開発で実績と伝統のあるダイムラーに期待したのだった。資本の提供を受け、提携して三菱副社長として派遣されてきたロルフ・エクロートが二〇〇二年四月に社長に就任、園田の在任は一年半ほどだった。

日産と同じように海外メーカーから来たトップが采配を振るうことになった。しかし、エクルート社長はゴーン社長ほど豪腕でなく、三菱の組織体質や経営内容が変わることはなかった。むしろ、軽自動車や大衆車開発で三菱の持つノウハウの獲得にダイムラー側は熱心だった。同社系列でつくられる超コンパクトカーであるスマートの四人乗りバージョン実用化の技術がほしかったのだ。ちなみに、トラック・バス部門は、二〇〇三年に分離して三菱ふそうとして独立した。もともと乗用車部門とは開発から製造・販売まで異なる分野であり、「三菱ふそう」はダイムラーが親会社になり、三菱は単なる株主になり経営権は失っている。

三菱自動車は、一九九〇年代後半から続く低迷に歯止めがかからない状態が続いた。乗用車の年間国内販売で見ると、一九九五年には四十五万台だったのに、その後は少しずつシェアを落とし、二〇〇〇年には三十万台を切っており、〇四年には二十万台にも届かなくなった。この間、業績を回復したホンダは一九九六年には乗用車の年間販売台数で三菱を抜き、その後は順調に販売台数を伸ばして日産に追いつくまでになっているのとは対照的であった。その後のホンダは年間六十万台から八十万台で推移しているから、三菱は三分の一以下にまで落ち込んだ。

経営不振に陥った三菱自動車は、スリム化が進められたが、大きな犠牲を強いられたのは三菱系ディーラーであり、三菱自動車本体は不祥事の責任が大きいにもかかわらず、泥をかぶる度合いが少なかった。旧来からの財閥グループに属していることから、厳しさに欠けた経営を続ける体質のせいと思われる。

二〇〇四年に経営危機に陥った三菱自動車は、さらなる支援を受けようとダイムラー側に資本金の提供を求めたが、その要請は拒否され、提携も解消されることになった。拡大路線をとるシュレンプ社長は、三菱の要請に応じる考えだったが、クライスラーとの合併も成功とはいえないことが明瞭になりつつある段階で、シュレンプのとる路線にダイムラー社の監査役会は「ノー」という決定を下し、シュレンプ社長の解任を決めたのだった。アメリカの社外重役が経営トップの人事を決めることがあるように、ドイツでは監査役会が大きな権限を持って組織を動かしている。その決定により、救済に手を差し伸べないことになり、三菱は放り出される結果となった。

創業以来の危機的な状況であった。この間に優秀な技術者たちが他の自動車メーカーに転職するなど、三菱は戦力ダウンが避けられなかった。

ここで、三菱グループが救援に乗り出す。主として、三菱重工業、三菱商事、三菱系銀行である。三菱自動車が財閥グループのなかの企業でなかったら、このときに倒産は必至であったろう。株が最安値になっていることで、国内のファンドも資金提供し、経営に参画している。そのファンドも銀行が紹介したもので、三菱自動車の株価が上昇に転じた数年後に、売り抜けて利益を獲得し手を引いている。

経営危機のなかで、慌ただしく三菱重工業からきた岡崎洋一郎がショートリリーフとして、また海外営業部門の多賀谷秀保が内部昇格で社長に就任したが、いずれも経営者としての訓練を積んでいないままの就任であり、荷が重いこともあって、在任は短期間に終わっている。

二〇〇五年一月に社長に就任したのは三菱商事出身の益子修で、その後の舵取りを任せられることになる。商事時代に韓国の現代自動車との提携業務に携わり、三菱自動車と現代自動車のあいだに立って双方の要求を調整するなどして活動し、その後三菱自動車に出向していたもので、支援する三菱グループの期待を受けての就任であった。その後に三菱重工業の西岡喬会長が、三菱自動車の兼任会長から自動車だけの会長に就任して重しの役目を果たしている。

久保から中村へ引き継がれた技術中心にした流れは、企業の発展を促すことができた。こうした継承が次の世代までスムーズに実施されていれば事態は違っていたであろう。迷走による後遺症を現在も抱えたままである。

フォードの傘下に入ったマツダ

マツダは、五チャンネル化の失敗による経営の行き詰まりを打開することが最大の課題になった。そのために一九九一年十二月にメインバンクである住友銀行出身の和田淑弘が社長になっている。ふたたびマツダは銀行管理となり、リストラを実施しスリム化が図られる。希望退職が募られ、マツダを愛した人たちの多くがマツダをはなれた。アメリカで計画されていた新しい高級車の販売チャンネルである「アマティ」は中止、ルマン24時間レース参戦も休止された。

広島では「アマティ」の中止が大々的に報じられたのは、部品メーカーなどへの影響が大きかったからで、中央では「ルマン中止」が報道のメインであった。優勝したマツダは、ロータリーエンジンに代わってレシプロエンジンで挑戦しようとしていたが、休止が経営の苦しさを象徴するものという受け取り方をしたからであった。一九九二年にモデルチェンジしたファミリアは、ターボエンジン付きのフルタイム四輪駆動車で、新しくつくられた国際ラリーの規格のクルマとしては競争力のある仕様であったが、ラリー出場からも撤退を決めた。

一九九三年からフォードとの話し合いが進められ、九六年四月にフォードから三三・四パーセントとなる出資を受け入れて傘下に入った。

マツダの再建を主導するのはフォードから派遣された人たちだった。最初はヘンリー・ウォーレス社長である。フォードからきた幹部がマツダに在駐して、車両開発をはじめとして組織全体を取り仕切った。次いで、一九九七年十一月にジェイムス・ミラーが社長に就任、さらに一九九九年十二月には三九歳の若いマイク・フィールズが販売を担当する専務から社長に昇格する。その後、二〇〇二年六月にはルイス・ブースに交代する。ブースはマツダ顧問からの社長就任だった。これらの社長交代はフォードの人事異動にともなうものであるが、いずれも、彼らの経営者としての訓練の場でもあった。歴代のフォードからきた社長は、最後のブースを除くとアメリカの経営学を学んだヤングエリートたちだった。

七年のあいだに四人の社長が入れ替わるという、真剣に経営に打ち込む時間がないような慌ただしさだった。フォードがマツダの再建よりも自分のところの都合を優先させた人事であったのは明らかだ。そのあいだにマツダの組織に変更があったものの、実際には効果的なものとはいえなかったようだ。

再生のエネルギーは、元気な技術者たちがマツダらしさを貫くクルマづくりを続けたことによる。フォードから来た首脳の指示で、マツダらしいスポーティなクルマづくりが推進され、技術力のあるマツダは、フォードの世界戦力のなかに組み入れられた。その間に、デミオのようなヒットモデルを生んだ。

フィールズは「ズーム・ズーム」路線を提唱し、マツダ車のスポーツ性を強調した。再建のために、ブランドすべてが見直され、エンジンも主力となる直列4気筒などが新しく開発された。高性能なセダンが中心となり、ますますヨーロッパのメーカーのような色合いを強めている。

フォードとの交流が強められたなかで、技術者たちはマツダの技術レベルが高いことを確認することができたようだ。車両開発部門だけでなく生産技術に関しても、伝統あるフォードに劣ることはなく、効率の良い方式になっていることが分かり、自信を持つことができた。

二〇〇三年八月にルイス・ブースがヨーロッパフォードの社長就任にともなって、生産技術者である井巻久一が社長になった。日本人社長になったことは、マツダの再建が軌道に乗ったことを意味し、フォードがマツダの独自性を認め、共同開発などでお互いにメリットを出そうとする関係になった。カルロス・ゴーンがいつまでも日産を支配しているのとは対照的な人事であった。

日本人が経営トップになっても、フォードの意向を気にする首脳陣は、フォードのほうを向いていたようだ。しかし、その後、リーマンショックによるアメリカメーカーの弱体化にともない、フォードの持ち株は減少してきて、フォードとの提携は維持しながらも、マツダは独自性を強める方向に進んでいる。

二〇〇八年十一月に副社長だった山内孝に社長が交代している。この間、レシプロエンジンの進化を優先するなど、日本のメーカーとしてはトヨタなどの後追いとは、異なる路線を進んできている。

存在感を強めるスズキ

俄然、注目されるようになったのがスズキである。一貫して軽自動車に注力にして、この分野で底力を見せ続けた。撤退していたホンダが、一九八〇年代になって軽自動車部門に復帰しているが、十年におよぶブランクで、トップ争いをするスズキとダイハツに及ぶクルマづくりができていない。軽自動車に傾注するメーカーとの違いでもあるが、軽自動車が時代とともに変化してきていることを深く理解するのがむずかしいせいでもあろう。

一九九〇年十月に、それまでの鈴木自動車から社名を「スズキ」に変更している。

軽一筋ともいえるスズキは、軽自動車にはコスト削減と徹底した実用性を踏まえたクルマづくりが何よりも優先されることを理解したメーカーである。そのうえで、ユーザーの好みや要求に合わせたアレンジで魅力的に仕立てる。それが、軽自動車トップの座を維持してきた秘訣である。

一九七九年に社長に就任して以来、会長になっても経営権を持ち続けた鈴木修が経営トップで采配を振るい続けたことがスズキ健闘の大きな要因である。娘婿としてスズキの経営者となる伝統を引き継いで、自動車の開発から生産・販売、さらには海外展開までひとりで率いてきた。軽自動車という傍流のクルマづくりに徹し、実力を養い、日本だけでなく世界を相手に通用するメーカーに成長した。どの自動車メーカーとも異なる路線を進み、マイペースを保ち続けた。スズキは、大メーカーではできない発想を生かす貪欲さ・過激さを持っていた。中小業であるかのごとく小まわりがきく体制で、トップの意向が末端まで素早くいきわたる組織になっている。

アルトに続いてのヒットは一九九〇年代に入ってから登場したワゴンRという背の高いミニバンで、室内空間を大きくする限界に挑戦したクルマであった。サイズに制限がある軽自動車であることから、過激と思える形状にすることで新しさを出した。実際には、ホンダが一九七〇年代の初めに市販した軽自動車ステップバンのコンセプトをパクったものだが、時代の要求にあったものだったから市場に受け入れられ、各メーカーが追随した。

軽自動車のユーザーは経済性を優先するから、コスト削減の厳しさは格別であり、長年にわたってそれを優先してきたスズキの強さは、並たいていではない。そこで培ったノウハウを生かしながら、小型車部門にも進出した。経済的に豊かでない国々のクルマは、スズキのクルマづくりを生かしたものがぴったりであった。インドやハンガリーなどで現地生産を開始し、しっかりと基盤をつくった。

スズキは一九八〇年代から積極的に海外進出を図った。その最初がゼネラルモーターズとの提携である。ゼネラルモーターズが不得意なコンパクトカーをスズキが受け持つことになり、企業の規模としてみれば「ツキとスッポン」ほどの差があるにもかかわらず、対等にわたり合うことができた。彼らにない強みを持っていたからである。

それもあって、二〇〇九年にゼネラルモーターズが破綻してスズキとの提携を解消することになったときも、スズキはびくともしないで済んだのだった。マイペースでコツコツと力をつけて得意分野をしっかりと持っていたからであるが、それをひとりで牽引した鈴木修の経営者としての能力に支えられたものである。

軽自動車の分野でスズキとトップメーカーの座をかけて争うダイハツは、トヨタの傘下に入ってからは、トヨタから社長が派遣される体制になっている。軽に注力させようとするトヨタの意向と、技術的な伝統のあるダイハツの技術者たちの開発意欲とが衝突することもあったようだが、スズキと対抗できるのはダイハツ以外になくなっている。ダイハツという強力なライバルがいることがスズキを強くしている要因のひとつでもある。

二〇〇八年ころからダイハツが軽自動車の分野でスズキよりも販売台数が増えているのは、スズキが小型車に力を入れるようになったからで、スズキは軽自動車トップの座を守るためにメンツをかけて無理な増産体制を敷くようなことはない。なお、二〇一〇年になって、スズキはドイツのフォルクスワーゲンと提携を結んだ。これはポスト鈴木修をにらんでのものであろう。メーカーどうしの提携の多くは弱みを抱えてのものであるのに対して、現在までのところ、この提携が唯一の強者連合であるといえるだろう。

経営トップが外部から派遣される体制が続いた富士重工業は、軽自動車の分野でのシェアは下降の一途をたどった。一九七〇年代に排気規制との関係でエンジン排気量が360ccから550ccに引き上げられてから、新しいエンジンにする際に他のメーカーは2気筒か3気筒だったなかで、スバルだけは直列4気筒エンジンにして差別化を図った。他のメーカーも、4気筒エンジンをつくるようになるが、時代が進むとエンジンも含めて軽量化の要請が強くなり3気筒が主力となる。このときには販売が伸び悩むスバルは、新しいエンジンをつくるための資金投入ができずに、ハンディを抱えるなかでニューモデルを出さざるを得なくなり、軽自動車を主力とするメーカーとは商品力の差が決定的になった。その挙げ句に車両開発から撤退することになった。

日産自動車から派遣されて富士重工業社長に就任した田中毅は、一九九九年十二月にゼネラルモーターズと資本関係を含む総括的な提携を結び、日産との提携を解消する。ゴーンを迎える日産に期待することができなくなったからだが、将来技術としてのハイブリッドカーや燃料電池車などまで独自に開発する体力がないから、ゼネラルモーターズに依存することにしたのであった。

しかし、二〇〇五年にゼネラルモーターズの経営が苦しくなり提携は解消された。単独では生き残れず、トヨタに救いを求めた。すぐに提携できたのは、トヨタが水平対向エンジンに魅力を感じたことと、全方位路線をとるトヨタは技術者が足りない状況であったことなどの背景があったからだ。

田中に代わって、二〇〇一年六月にスバル生え抜きの技術者である竹中恭二が社長になったが、経営者として訓練を受けることがなかったこともあって、経営トップがスバルの進むべき道を示し、活性化を図ることができないままだった。そして、二〇〇六年六月にスバル海外営業本部長だった森郁夫が社長に就任する。営業経験者らしく「攻め」の経営を標榜する。スバルらしい技術追求が実施されるいっぽうで、トヨタとの関係を深める方向に進んだ。

各メーカーのクルマづくりのあり方

一九九〇年代になってから、ミニバンやSUVが販売を伸ばした。セダン離れが進んで、かつてはトヨタや日産の主力としてコロナやサニーをはじめとして親しまれた車名が次々に消えていった。それでも、トヨタでは、伝統のあるカローラやクラウンなどはモデルチェンジされて引き継がれている。しかし、クルマのイメージの連続性は次第に希薄になっている。車名として継続している日産のスカイラインやフェアレディにしても同様である。

ミニバンやSUVをいち早く出したホンダは、それらを新しい乗用車の主流になるクルマに仕立て上げ、セダンから移行するユーザーを吸収することができた。体力に優るトヨタは、あまり遅れることなくミニバンやSUVを次々に投入して、シェアを確保し続けた。日産は、そうした対応でも遅れをとった。

トヨタは、拡大路線をとるようになってからは、独自の構想や伝統の上に立って投入するニューモデルに加えて、他のメーカーでヒットしているクルマと同じコンセプトのものを出す傾向が強くなっている。体力と技術力があるトヨタは、そうしたモデルを魅力的に仕立て市販した。利益の上がるクルマづくりを優先するために、売れ行きが下がりつつあったセリカやMR-S（ミドシップカー）のような個性的なスポーツタイプ車は生産中止された。さらに、スープラやソアラも過去のクルマとなった。

トヨタは、売れ行きの良い分野すべてに進出する態度で、いわゆる全方位作戦をとっていく。ミニバンやSUVはいうに及ばず、アメリカではゼネラルモーターズやフォードの金城湯池であった大型ピックアップトラックの市場まで手を広げ、売れ筋狙いの傾向をそれまで以上に強めた。

一九九九年に出した大衆車のヴィッツはトヨタの世界戦略車であった。車両サイズが小さいわりに室内を広くし、プアーなイメージにならないスタイルになっている。ヨーロッパにあるデザインセンターで現地のデザイナーがまとめあげたものである。

これに対抗するように、ホンダではミニバンの要素を取り入れたコンパクトカーのフィットを発売してヒットした。トヨタのヴィッツが細部まで入念に設計してコンセプトを実現しているのに対して、ホンダのフィットは燃料タンクを床下センターに配置するなど新しい技法を採用して室内を広くし、燃費性能を優先したエンジンにした。ともに小型車のエントリーカーとして成功しており、ライバルである日産のマーチに差を付けた。

一九九七年に発売されたトヨタのハイブリッドカー・プリウスは、新しい可能性を示すクルマとして登場した。エンジンだけでなくモーターを動力として使用することで、燃費を大幅に削減したクルマであった。

二十一世紀のカローラはどんなクルマになるか、通常のモデルチェンジではなく長期的な展望の上に立った実験的な開発としてスタートしたのは、一九九三年であった。燃費を当時の二倍まで良くすることが開発の狙いとなり、それを達成できるシステムとしてハイブリッド車が選択された。それをニューモデルとして発売に踏み切ったものだ。

ハイブリッドカーには、一九九〇年代を迎え、アメリカ・カリフォルニア州で新しく打ち出した排気規制をクリアするために取り組んだ電気自動車の技術開発が生かされている。

排気汚染に悩む同州は、アメリカ全土の規制に先駆けて常に厳しい規制を実施してきたが、このときにゼロエミッションカーとして電気自動車を一定の割合で販売することを自動車メーカーに義務づけることにした。これができないメーカーは同州で自動車の販売ができなくなる。ロスアンゼルスをはじめとしてカリフォルニアは自動車保有台数が多い地域だから、どの自動車メーカーも電気自動車を真剣に開発せざるを得ない状況に追い込まれた。

電気自動車がなかなか実用化できないのはバッテリーの性能が上がらないからであり、一気に技術革新をメーカーに迫ろうとする意図があった。旧来のバッテリーのままでは航続距離は短く、搭載するバッテリーも重くなる。その解決のためには、蓄電能力を飛躍的に高めなくてはならない。その技術開発は百年前から取り組まれているものの、依然としてはかばかしい成果を上げていなかった。

トヨタ、ホンダ、日産などが、アメリカのビッグスリーとともに熱心に取り組んだ。バッテリーの性能を飛躍的に上げるためにニッケル水素バッテリーやリチウムイオンバッテリーの実用化をめざし、バッテリーメーカーや電機メーカーをまき込んで取り組まれた。駆動用の電動モーターも、このときに効率に優れたものが開発された。

一定の成果が見られたものの、電動モーターによる電気自動車は、旧来からの内燃機関を搭載した自動車とは、性能でも価格でも対抗できるものにはならなかった。このときも、電気自動車の普及はムリと判断され、カリフォルニア州の排気規制の方向も、それを踏まえて変更された。

バッテリーの性能を上げることに限界があるなら、それを補うためにエンジンを動力としてだけでなく発電にも使用する。同時に、エンジンの足りないパワーやトルクをモーターで補うことでエンジンの負担を少なくすれば燃費が良くなる。エンジンとモーターの良いところをうまく使用することで効果が出る。これがハイブリッド・システムである。

電子制御技術の進化により、電気自動車とガソリンエンジン車と二つの動力を用いるハイブリッドカーが成立する土壌ができていた。ただし、モーターとバッテリー、さらにそのための制御システムを従来のクルマの機構に追加して搭載しなくてはならないから、重量とコストがかかる。そのためのマイナスと燃費性能の向上とのバランスがどうかであるが、部品点数が増えるからコスト増はバカにできないものだ。

プリウスが発売された一九九七年は、京都議定書が採択されるなど、地球環境に対する問題意識が高まりを見せた年である。そのときに画期的な燃費性能のクルマとして発売されれば大いに注目される。当時のトヨタの奥田社長は、開発陣がもう少し時間をかけて熟成したいという要望を退けて、プリウスの発売を急がせた。トヨタの先進技術をアピールする絶好の機会であったからだ。したがって、採算やクルマとしての完成度は二の次にされた。

他のメーカーは、予想より相当に早い時期にトヨタがハイブリッドカーを発売したことに驚きを見せた。ハイブリッドカーは過渡期の製品であり、大したものではないとコメントするメーカーもあったが、その発言自体が衝撃を受けていることを表していた。トヨタの技術成果を過小評価することで、ハイブリッドカーを否定的に見るように世論を誘導しようとする姿勢があった。

トヨタは、環境に配慮することの重要性を前面に打ち出し「21世紀に間に合いました」というキャンペーンを展開した。アメリカを中心にして、その狙いどおりに評価が高まり、プリウスはトヨタの技術が進んでいることをイメージづけた。アメリカではコンパクトカーでありながら、高性能車に優るイメージのクルマであると評価された。環境に配慮することがステータスになった観があった。

発売してから二年後にマイナーチェンジされて、プリウスの性能向上とコスト削減が図られた。首脳陣の強い要望で市販を早めたので、発売当初のプリウスには未熟なところがあり、手直ししたのであった。それでも、発売時期を早めた政治的な判断は成功したと見ることができる。

トヨタは、プリウスの成功により拡大路線に弾みを付けることができた。次の動力装置として期待される燃料電池車の実用化が簡単でないことが次第に明らかになり、燃費性能を良くすることのできるハイブリッドシステムの評価は世界的に高まった。トヨタは、このシステムを付加価値として高級車にまで採用したが、装備を充実させてコストと重量が増すクルマのハイブリッド搭載は成功したとはいえない。

ホンダは、ハイブリッドカーの重要性を認識して、すぐに後追い開発を始めた。ホンダらしくエンジンを主体にしてモーターがエンジンの駆動力をアシストするタイプにした。エンジンを幅広く使用するのでモーターの負担が少なく、バッテリーも含めてトヨタ方式よりもコストがかからない機構であるが、それゆえに燃費性能ではトヨタのシステムには及ばない。トヨタが世界に先駆けて市販したハイブリッドシステムは、もっとも進化したものであり、そのぶん複雑な機構になっていたのだ。

プリウス登場の二年後に市販されたホンダの最初のハイブリッドカーであるインサイトは、車体の軽量化を図り、ふたり乗りにして空力的なボディ形状にするなどクルマ全体でも燃費性能を良くするコンセプトであった。こうすることで、初代プリウスより燃費データを良くした(トヨタはすぐに対抗して、燃費性能をそれ以上に向上させた)。ホンダは、インサイトと同じハイブリッドシステムを搭載したシビックを発売することで、量産ハイブリッドカーを持つメーカーとなっている。その技術開発の素早さは、他のメーカーの追随を許さないものであった。

ホンダが急いでハイブリッドカーを出したのは、技術的にトヨタに劣らないことをアピールし、ライバルとしてのトヨタを強烈に意識したからだ。これ以降、次世代自動車として注目される燃料電池車の開発でも、トヨタとホンダは先陣争いをくり広げている。

技術系の社長をいただくホンダは、以前にも増して先進技術に関して、世界で先頭を切って進む決意を示し続けている。ゴーン支配の日産は、この争いからも一歩遅れた感じになっている。

二〇〇九年にモデルチェンジされたホンダの二代目インサイトは、初代が少量生産だったのに対して、量産ハイブリッド専用モデルとしてガソリン車並みの価格にして発売した。プリウスよりかなり安い価格設定であることから、トヨタはホンダの挑戦として受け取り、その数か月後にモデルチェンジした三代目プリウスが登場する際に、二代目プリウスの生産を続けることにしてライバル意識を剥き出しにしてインサイトと同じ価格設定にしている。

その後、ホンダは売れ筋の大衆車フィットにもハイブリッド仕様を用意し、ハイブリッドシステム搭載車を増やしていく作戦である。もちろん、トヨタもハイブリッドカー路線の拡大を図っていくことになる。

新しい技術競争の時代のなかで

二〇〇八年九月のリーマンショックに始まる世界におよんだ不況は、アメリカのメーカーだけでなく、アメリカでの利益に依存していたトヨタとホンダに大きな影響を与えた。両メーカーが日本を代表する存在であっただけに、日本の自動車産業そのものまで見直す機運が生じるように思わせるほどの衝撃を与えた。

トヨタは、その前年までは他の企業がおよびもつかない利益を計上し、その安定ぶりは際立っていた。しかも、ゼネラルモーターズが販売でシェアを落とすのに対してトヨタはじりじりとその差を詰めて、生産台数は世界トップとなったとたんに、急ブレーキがかかりコースアウトしたような、経営の根本から見直す機運が生じるという変わり様であった。あたかもトヨタそのものがバブル現象となり、それがはじけた感じであった。拡大路線がいつまでも続くはずはないのは、歴史的に見れば明らかであるにしても、その時期を見分けることはむずかしい。渦中にいて活動している場合は、方針転換を図る時期をどうするか。トヨタほどの組織であっても、それができていなかったことになる。

二〇〇九年のゼネラルモーターズとクライスラーの破綻で、世界の自動車産業は新しい段階に入った。

クルマのかたちも、大きく変わろうとしている。電気自動車やハイブリッドカーが、これまで以上に注目を集めるようになっており、既存の動力を使用するクルマも劇的に燃費を良くすることが求められている。世のなかの大きな変わり目を迎えるなかで、クルマの未来像をどのように描いていくのか。技術開発は、これまで続けられてきた以上に激しい競争の時代に入ってきている。

重要な技術開発として、電気自動車のためのバッテリーの効率化（蓄電能力の飛躍的向上およびコストの低減）の追求およびモーターの性能向上が課題となっている。

いっぽうで、依然として主流であり続ける動力は、ガソリンエンジンを中心とする内燃機関である。目下の最大の課題は、燃費の飛躍的な向上と軽量コンパクト化である。そのためにコスト上昇は許されないから、新しいシステムの開発よりも、コストを下げるために技術が使われる傾向が強くなっている。

ガソリンエンジンの分野では、一九八〇年代から日本のメーカーが世界をリードしていた観があったが、フォルクスワーゲンのＴＳＩエンジンに見るように、性能と軽量コンパクト化を実現した革新的なエンジンが登場し、日本の優位性は失われてきているという印象がある。ガソリンエンジンの性能向上を図る手段としては、従来は動弁系を中心にして複雑な機構を採用してきた。ところが、ＴＳＩエンジンは、性能向上を図りながら機構的にシンプルになっており、時代の要求にかなう方向に進んでいる。日本のメーカーがハイブリッドカーや電気自動車の進化に目を奪われていたせいか、ガソリンエンジンの分野で技術進化が促進されていないように見える。

技術進化が消耗戦の様相を見せる状況になっているのは、目先の競争にばかり目を奪われて方向を見定めることができなくなっているからであろう。

二〇〇九年六月にトヨタ自動車は、十数年ぶりに豊田一族、それも喜一郎、章一郎と続いた直系の豊田章男が社長に就任した。歴代のトヨタ社長のなかで、これまでにない困難と問題が山積する時期での就任であり、直ちに力量を発揮しなくてはならない状況でのことであった。

世界への展開の仕方は複雑きわまりないものになっており、地域や国の事情による違い、そしてクルマのあり方の将来的な展望も単純なものではない。どこまで全体を抜かりなく見て采配をふるうことができるのか、社内のさまざまなしがらみや人的な関係のなかで、トヨタが進むべき方向を指し示すことができるのか。困難なときだけに、トヨタの経営を豊田家に託したのであろう。

トヨタと同じ時期にホンダでも福井社長から伊東孝紳にバトンタッチされた。福井の在任は六年であった。伊東は、技術者である点では従来からの伝統を引き継いでいるが、それまでの社長がエンジン技術者であったのとは異なり車両開発に関わった技術者であった。川本が主導して開発された本格的なミドシップスポーツカーの開発からアスコット・ラファーガといった国内販売の乗用車の開発責任者となり、その後アメリカでの車両開発を経て、本田技術研究所の社長に就任している。入社したのは一九七八年であり、福井より十年近く後のことになる。宗一郎が完全に引退してからで、最初から主力の四輪乗用車の開発に携わっており、ホンダの新世代経営者ということができる。第三次グランプリレース挑戦からの撤退は、トヨタよりも一年早かったが、前回の挑戦に続いて、撤退がホンダの活動そのもののひとつの節目になった。

ホンダのF1参戦は、第一次がエンジン供給のつもりで始めようとしたが、独自にチームをつくってのものになり、第二次はエンジン供給というかたちであった。そして、二〇〇〇年から始まった第三次は既存のF1チームと組んでの参戦であった。七年のブランクのあいだにF1の世界が様変わりしており、かつてはホンダに有利に展開した事象が同様に働かなくなっていた。

第二次のときには、日本とヨーロッパの時差を利用して時間効率の良い開発が可能だった。夕方にテスト走行が終了して問題点を日本に連絡すると、日本は朝になっているからすぐに手を打つことができた。地球の表と裏であることがプラスになった。しかし、第三次では、どのチームも情報管理をコンピューターで即時に実施する体制を整備していて、その蓄積された豊富なデータをもとにして、何をすべきかタイムラグなく方向を見出すようになっていた。ホンダが組んだチームがトップクラスの実力がなかったためにチーム体制で遅れをとることになり、得意とするエンジン開発などでも、相次ぐ車両規則の変更に縛られて優位性を発揮することができなかった。そのうえ、かつてはエース級の技術者を投入して性能向上が図られたが、市販車の開発で多くの技術者を投入しても間に合わないほどの課題を抱え、主要な自動車メーカーと真っ向から勝負する消耗戦を展開していたから、さすがのホンダもF1レースを優先するわけにはいかなかった。それだけレース挑戦の意味が、ホンダのなかで重要度が低くなったのである。ホンダが、他のメーカーと同じような体質のメーカーになってきたからといえるだろう。

ホンダも、アメリカに利益を依存する体質であったから、リーマンショックによる影響が小さくなかった。体制を見直さざるを得ない状況になり、新しい方針や組織的なあり方の検討が図られている。

ポスト宗一郎・藤澤の最初の世代は河島および久米時代であり、ホンダらしく発展することを目標にしていた。川本から始まる吉野・福井までの第二世代は、ホンダらしさを表現しながらも、自動車メーカーとしての存在感を示す方向に進んだ。そして、現在は伊東に始まる第三世代になり、ホンダらしさの表現も、それまでとは違うものにならざるを得ないようだ。

ゴーン支配が続く日産はどうなっているか。

ルノーのCEOになってからのゴーンは、ニッサンとルノーを足場にして、他のメーカーも巻き込んで大きな連合体を形成しようとするなど、その野心は大きくなるばかりだ。日産は、ゴーンにとって重要な存在であろうが、ひとつの手駒になっているように思われる。

ルノーとの提携で、日産単独ではできなかった新エンジンへの切り替えなど効果を生んでおり、ルノーと日産という異なる国籍の企業がともに未来をつくっていくためには、無国籍的なところのある有能なトップを必要としているのかもしれない。しかしながら、ゴーンが支配したことによって日産は変わったと見ることができるにしても、組織の持つ旧来からのウイークポイントは、そのまま受け継がれて、上司に逆らわない体制のままである点では、少しも変わっていないように見える。

日産は電気自動車に力を入れ、二〇一〇年十二月に小型車では初となるニッサン・リーフを発売した。フランスが原子力による発電で世界をリードしている関係から、フランスの自動車メーカーは電気自動車の開発と実用化に熱心である。市販された電気自動車は、ガソリンエンジン車と比較すれば未熟なところがあるもので、今後の課題は大きい。

トヨタやホンダが、電気自動車の分野で日産よりも技術的に遅れているわけではなく、次世代自動車に対するアプローチの仕方、企業戦略が違うだけである。一段と電気自動車に近いシステムであるプラグイン・ハイブリッド車が出現し、ますます技術競争は激しくなる。しかし、内燃機関を動力とするクルマの技術進化を図ることは、当面の重要課題であろう。

とはいえ、本書はクルマと自動車メーカーの未来についてまで言及するわけにはいかない。現在までの経過(それもほとんどリーマンショック以前までに限られるといっていい)をたどるものだからだ。

これからの方向は、日本の自動車メーカーの経営トップが中心になって、それぞれに企業発展のためにプロジェクトを実行していくことになる。どのような未来をつくっていくのか、それが、これからも問われ続けていく。

あとがき

とくに関心もなく大企業の本社の立派なビルを見上げた場合、そのなかではエリートたちが世界のあらゆる情報を集めたうえで、会議を開いて重要な決定をするに当たって、間違いをおかすことなく未来に備えて正しく行動していると思えるものだ。しかし、実際には対立意見もあり、派閥的な動きもあり、さまざまな思惑が交差していることがよくある。それでも、いずれかに決定しなくては先に進めないから、経営トップの決断や担当部署の長の意見が採用され、企業の意志が示されて行動に移される。どんなに業績が良い企業でも、一枚岩で進むことはほとんどないといえるのではないだろうか。これまで見てきたように、経営トップが後継者を決める場合も、さまざまな選択肢のなかで、ひとりの人物に特定しなくてはならない。すんなり決まる場合もあれば、そうでない場合もある。

トヨタ自動車の場合、創業当時からクルマの技術開発と生産方式を模索しながら進んだ豊田喜一郎と、組織の維持発展を優先させようとした義弟であり初代社長になった豊田利三郎とのあいだで進むべき方向に違いがあった。しかし、実際にはその両方の活動がトヨタの発展のために必要であったわけだ。

それを身近で見てきた豊田英二は、どちらも大切であることを身に染みて知っていたから、技術部門を掌握してからは、トヨタ全体に目配りをして経営者として成長し、トヨタを日本一の企業に育ててきた。

同じように、技術を受け持つ本田宗一郎と、そのほかの企業運営を取り仕切った藤澤武夫の両人から企業のあり方を学んだ河島喜好が、ポスト宗一郎となったホンダを見事に大企業に育てる道筋を構築していった。藤澤の経営手法に学ぶことの多かった技術者であったことが、河島を的確な判断のできる経営者に育てたということができる。

意見や見方など、さまざまな対立や違いがあることが組織のダイナミズムを生み、それらを検討して方向を見出すことが活性化に欠かせないものであろう。対立や方向の違いを綜合して前に進む機会を体得した経営者は、その経験をもとに一段とスケールの大きい指導者になっているように見える。

たとえば、意見の対立があった場合、その対立を全体として受け止めて、可能なら両方の良い部分を選び出すほうがよいだろうし、どちらかを選択しなくてはならない場合も、単にいっぽうを否定して省みないのではなく決める。いずれにしても、指導者は、長期的な見解のうえに立って短期的な方向を決めることが重要で、一枚岩でない状況を生かすも殺すも指導者次第になりがちだ。

また、どのようにバトンタッチされたかで、企業の方向が大きく変わる。ホンダの場合、宗一郎から藤澤武夫にバトンタッチされていたら、また入交昭一郎が社長になっていたら、その方向はかなり違ったものになっていたに違いない。

トヨタも、戦後に赤井久義副社長が経営の手綱を握り続けていたら、また復帰の決まった豊田喜一郎が健在で経営トップとして采配をふるったら、さらに奥田碩社長になっていなければ、その後の方向は現在とは違っていたかも知れない。

日産でも、川又社長になっていなければ、どのようになっていたのだろうか。

もちろん、仮定の話をしても始まらない。しかし、それぞれの組織には分水嶺ともいえるときがあり、そのときの決定が、その後を大きく左右している。それが、属する従業員に大きな影響を与えるだけでなく、ライバルたちにも影響を及ぼしている。

自動車メーカーにとって、革新的な技術の実用化が最も大切なことのひとつである。そのアイディアは、過去のなかから掘り出すことが可能なものが多いように思えるから、コロンブスの卵のようなアイディアをもとに実用化するなど、技術者たちの新しい技術を生み出そうとする意欲をフルに引き出すことができる組織になっているかどうかが問われるであろう。優秀な人たちの確保もさりながら、将来の方向をしっかりと見据えて活動することのできる組織であることが重要であり、そのためには、余裕や遊びの要素がスパイスとなって、人々の支持を得るために欠かせないものになると思われる。

一部の経営者に対して厳しい記述になっていると思う人もいるかもしれないが、能力を発揮する機会を奪われて無念な思いをした技術者の例をいくつか実際に知っていることが影響しているのかもしれない。しかし、優秀な技術者たちの能力を存分に発揮させないことは、日本の自動車産業にとっても損失であると思われる。こうした事例は、ほかにもかなりあるであろうし、自動車に限ったことではないかもしれない。

筆者自身は大企業に勤務した経験がなく、自動車メーカーのような組織について良く分からないところがある。大組織の人間関係や上下関係などについては、想像の域を出ないというのが正直なところである。しかし、そのぶんだけ、どのメーカーとも等間隔で客観的に見ることができるのではないかとも思っている。

本書は、十年ほど前に出した『日本における自動車の世紀』をもとにして、メーカーの経営的な側面を中心にしており、車両開発などでの詳しい内容に関して興味がある方は、こちらのほうを参照していただければと思っている。

最後になったが、本書ができるまでには、多くの方々にひとかたならぬお世話になった。いちいち名前を挙げることができないが、ここで改めて感謝したい。また、思い違いや情報の取得の仕方や情報不足で正しく伝えていないところがあるかもしれない。関係各位のご寛容を願うとともに、お気づきの点があればご指摘いただければ幸いである。

桂木　洋二

主要参考文献

トヨタ自動車20年史　トヨタ自動車社史編集委員会
トヨタ自動車30年史　トヨタ自動車社史編集委員会
想像限りなく――トヨタ自動車50年史　トヨタ自動車社史編集委員会
絆・目で見るトヨタグループ史　トヨタグループ史編纂委員会
日産自動車30年史　日産自動車総務部編
日産自動車社史（１９６４～７３年）　社史編纂委員会
日産自動車社史（１９７４～８３年）　社史編纂委員会
日産自動車開発の歴史（上下）　説の会編
21世紀への道――日産自動車50年史
日産労働組合史　日産労働組合編
ホンダの歩み　本田技研工業編
Dream2　創造・先進へのたゆまぬ挑戦　本田技術研究所編
語り継ぎたいこと・チャレンジの50年　本田技研工業編
TOP TALKS 語りつがれる原点　本田技研工業広報部編
東洋工業50年史　東洋工業編
三菱自動車工業社史　三菱自動車編
いすゞ自動車50年史　いすゞ自動車編
日野自動車工業40年史　日野自動車工業編
鈴木自動車工業70年史　スズキ自動車工業編
ダイハツ工業１００年史　ダイハツ工業編
六連星はかがやく・富士重工業50年史　社史編纂委員会編
日本自動車工業史稿　日本自動車工業会編
日本自動車産業史　日本自動車工業会編
日本の自動車産業の歩み　日本自動車工業会編
自動車ガイドブック　各年度版　日本自動車振興会・
　日本自動車工業会
通商産業政策史　通産省通商産業調査会
日本の自動車工業　年度版　通商産業研究社
自動車工業資料月報　自動車工業振興会編
自動車統計年表　自動車工業会編
自動車新車登録台数年報　自動車販売店連合会編
日本自動車史年表　ＧＰ企画センター編　グランプリ出版
豊田喜一郎文書集成　和田和夫編　名古屋大学出版局
豊田喜一郎伝　由井常彦・和田和夫著　豊田自動車発行
決断――私の履歴書　豊田英二　日本経済新聞社
自分の城は自分で守れ　石田退三　講談社
初代クラウン開発物語　桂木洋二　グランプリ出版
私の考え方　鮎川義介述　ダイヤモンド社
川又克二・自動車とともに　日産自動車発行
日産財閥の自動車産業進出について　宇田川勝　経営志林
国際比較・国際関係の経営史（鮎川義介の産業開拓活動）

宇田川勝　名古屋大学出版局
日本人になったアメリカ人技師・ゴーハム伝　桂木洋二　グランプリ出版
ダットサン開発の思い出　原禎一　（私家版）
私の歩んだ道　石橋正二郎　（私家版）
プリンスの思い出　日産プリンス睦会編
プリンス自動車の光芒　桂木洋二　グランプリ出版
ざっくばらん　本田宗一郎　自動車ウイクリー社・ＰＨＰ研究所
やりたいことをやれ本田宗一郎　ＰＨＰ研究所
おもしろいからやる　本田宗一郎・田川五郎　読売新聞社
松明は自分の手で　藤澤武夫　産業能率短期大学
経営に終わりはない　藤澤武夫　文藝春秋
「ひらめき」の設計図　久米是志　小学館
ホンダはいかにＦ１を戦ったか　桂木洋二　グランプリ出版
一冊まるごと本田宗一郎　月間経営塾臨時増刊号　経営塾
俺は、中小企業のおやじ　鈴木修　日本経済新聞出版社
私の履歴書　日本経済新聞社
鮎川義介、豊田英二、石田退三・神谷正太郎、本田宗一郎、川又克二、石原俊など
自動車技術の歴史に関する調査報告　自動車技術史委員会
豊田英二、奥村正二、鍋谷正利、佐々木定道、中村健也、百瀬晋六、長谷川龍雄、原禎一、原田元雄、山本健一、川原晃、松本清、渡辺守之、園田善三、河島喜好、久米是志など
自動車資料シリーズ・日本自動車工業口述記録集
日本自動車工業会　白井武明、久保田篤次郎、浅原源七、後藤敬義、池永羆、寺田市兵衛など
自動車資料シリーズ・日本自動車工業史座談会記録集
自動車工業振興会
轍をたどる　岩立喜久雄　オールドタイマー連載　八重洲出版
日本における自動車の世紀・トヨタと日産を中心に　桂木洋二　グランプリ出版
トラックの歴史　中沖満＋ＧＰ企画センター　グランプリ出版
苦難の歴史・国産車づくりへの挑戦　桂木洋二　グランプリ出版
歴史のなかの中島飛行機　桂木洋二　グランプリ出版
モーターファン誌　三栄書房
カーグラフィック　二玄社
モーターマガジン　モーターマガジン社
日刊自動車新聞　日刊自動車新聞社
トヨタ技術　トヨタ自動車工業
トヨタ博物館たより　トヨタ博物館編
モーターエイジ　日産自動車
日産グラフ　日産自動車
昭和経済史　中村隆英　岩波現代文庫
近代日本歴史年表　岩波書店編
権威の概念　アレクサンドル・コジェーヴ　法政大学出版局

車名および歴史事項索引

人名索引

著者紹介

桂木 洋二(かつらぎ・ようじ)

フリーライター。東京生まれ。1960年代から自動車雑誌の編集に携わる。1980年に独立。それ以降、車両開発や技術開発および自動車の歴史に関する書籍の執筆に従事。そのあいだに多くの関係者のインタビューを実施するとともに関連資料の渉猟につとめる。最初の著書であるスバル360の開発ストーリーの『てんとう虫が走った日』のほか、『欧米日・自動車メーカー興亡史』『日本における自動車の世紀・トヨタと日産を中心にして』(いずれもグランプリ出版) などがある。

企業風土とクルマ・歴史検証の試み

2011年5月10日初版発行

著　者　桂木洋二

発行者　小林謙一

発行所　株式会社グランプリ出版

〒101-0051　東京都千代田区神田神保町1-32

電話03-3295-0005(代)　振替00160-2-14691

印刷所　シナノ パブリッシング プレス

ISBN978-4-87687-316-6　C-2053